国图名家讲座集

格致 | 考工 | 源流

中国古代科技发明创造

国家图书馆（国家古籍保护中心）
中国科学院自然科学史研究所　编

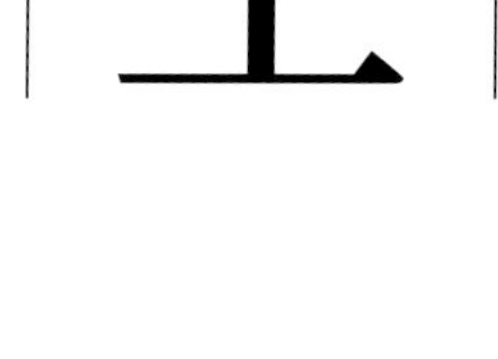

北京大学出版社
PEKING UNIVERSITY PRESS

中华古籍保护计划

成　果

编 委 会

主　编　饶　权　张柏春

副主编　张志清　陈　朴　马辛民

编　委　孙显斌　郑小悠　翁雯婧

向　辉　安　平

出版缘起

古籍作为中华文明的主要载体，是当今全面实现小康社会、建设社会主义强国的智慧源泉。灿若星辰的中华古籍不但包含了中华民族的思想传统、道德观念、文学艺术，也记载着历代先民赖以生存发展的科学发现、技术发明和生产经验。中国古代科技的卓越成就，以四大发明著称，又远不止于四大发明。许多对世界文明发展进程、人民生产生活水平提高具有重大影响的科技成果，都因为时代的隔膜和专业的限制而不能为今人所了解。因此，以人民群众喜闻乐见的形式宣传介绍我国源远流长的科学发展脉络、浩如烟海的科技发明成果，是当今科技、文化工作者的重要社会担当和历史使命。

国家图书馆是古籍存藏的殿堂、社会教育的阵地；中国科学院自然科学史研究所是当今科技史研究的“国家队”，是未来中国科技发展的思想库。2018 年 4 月，两家单位联合主办“格致 • 考工 • 源流——中国古代重要科技发明创造名家讲座”，由自然科学史所延请全国科技史领域具有专门之学的十二位学者，在国家图书馆文会堂面向社会公众开讲，普及中国科技史知识。

4 月 13 日，中国科学院自然科学史所张柏春所长首先以“关于中国古代科技发明创造的思考”为题，对中国古代科技史研究的重大问题、主要线索进行总括性综述，使听众整体了解中国古代科技发展的成就与特点。随后，十一位科技史学者依次登台，就中国古代数学、玉器加工、天文历法、指南针技术、法医学、冶金技术、农作物栽培、丝织工艺、航海造船、中西交流与技术传播等诸多问题进行讲解。选题兼顾科学发现与技术发明、文献记载与实践应用、技术变革与社会影响、时代价值与中西比较等方方面面。

历时三个月的系列讲座通过传统媒体与新媒体相结合、资讯速递与深度挖掘相结合、新闻报道与展览展示相结合的全方位宣传，成为面向大众的科技盛宴。十二位主讲人不但是本学科内卓有成就的一线学者，且大都具备丰富的科普工作经验，是以讲座风格厚积薄发、深入浅出，受到现场听众和线上听众的充分认可，社会反响十分热烈。

讲座的顺利开展，为国家图书馆（国家古籍保护中心）与中国科学院自然科学史所两家单位，乃至全国文化传播机构与科学研究机构合作开展科普工作，提供了可资借鉴的成功范式。在这样一次有益尝试的基础上，中国科技文化强大的精神内核，与国家图书馆的社会影响力相结合，必能进一步构建出既传承经典又贴近时代，既传播知识又推进研究，既涵养精英又教育大众的可持续发展模式。

为回馈大众的厚爱，并使名家灼见得到更大范围的传播推广，讲座结束后，主办方委托北京大学出版社将讲稿出版，是为本书。此外，本系列讲座的筹备运作、讲稿的整理校订等工作，主要由自然科学史所陈朴博士、孙显斌博士，国家古籍保护中心办公室郑小悠博士具体承担。在此谨缀数语，聊致谢忱。

本书编委会

2019 年 7 月 2 日

目　录

关于中国古代科技发明创造的思考

张柏春

中国古代科技发明创造是个老话题，这方面已经出版了很多的论著。今天，我想就编写《中国古代重要科技发明创造》一书及挂图，谈谈自己的点滴心得。

一、为什么选介“重要科技发明创造”？

谈到中国古代科技，可能有人要问：中国古代究竟有多少重要发明创造？有的科技成就是不是被拔高了？是不是有些民族主义倾向？我们的基本态度是：弘扬中华优秀传统文化，强调文化自信，应当实事求是，克服贬低或拔高的倾向。

“四大发明”是欧洲人先提出的说法，或者说先贴的标签。比如，培根（Francis Bacon）、伏尔泰（François-Marie Arouet）和马克思（Karl H. Marx）都对火药、指南针、印刷术等发明评价甚高。李约瑟（Joseph Needham）用 26 个字母列举中国古代发明创造，其中有很多是伏尔泰等思想家没说过的。

中国人至少在 20 世纪初就开始探讨古代的发明创造。李俨、叶企孙等中国第一代科技史探索者，在一百年前就对中国历史上的数学和天文学等自己感兴趣的方面，做过历史研究。竺可桢、赵元任在哈佛大学读书时听过科学史学科奠基人萨顿（George Sarton）的科学史课。到了20世纪50年代初，科技史这门学科在中国遇到特殊的发展机遇。中国人民志愿军入朝抗美一个多月后，《人民日报》发表1951年元旦社论，文中以古代四大发明来说明中国是世界早期文明之一。显然，政府认为弘扬古代发明创造，有助于开展爱国主义教育，增强民族自信心。

《人民日报》当时还邀请著名科学家撰写文章，讲述中国古代发明创造的故事。梁思成、钱伟长、华罗庚等都写过这样的文章。另外，李约瑟把自己编写《中国科学技术史》（*Science and Civilisation in China*）的计划寄给中国科学院，想征询中国学者的意见。时任副院长的竺可桢在1951年1月13日与李四光谈到要成立一个中国科学史委员会，既为《人民日报》组稿，又给李约瑟的写书计划提意见，还为建立一个科学史研究室做准备。经过一系列的努力，1957年元旦，中国科学院创建中国自然科学史研究室（自然科学史研究所的前身），这标志着科学史成为一项国家举办的事业及科学史研究的职业化。从那时起至今，国内出版了许多科技史论著。为什么现在还要向读者再推介古代发明创造？因为社会上的确有这方面的需求。

说到中国传统科技，如果只讲“四大发明”，好像很不解渴，因为重要的发明不止这四个；如果讲得更多，则说法不一，有一些争议，有时还有拔高的倾向。鉴于这种情况，中国科学院自然科学史研究所考虑再梳理古代的重要发明创造，为读者列个清单。2010年10月，一件偶然的事促使我们将这项工作提上日程。中国科学院理论物理研究所的所长吴岳良院士陪同美籍华裔教授杨炳麟访问自然科学史研究所，带来一幅美国出版的《科学里程碑》挂图，建议我们把中国的发明创造补充到这张挂图里，以克服西方中心主义。经过讨论，大家认为，编排中国科技发明创造挂图比修改美国出版的挂图更可行。

于是，自然科学史研究所组织讨论如何向广大读者推介中国古代科技发明创造，并在 2013 年 8 月成立“中国古代重要科技发明创造”研究组，启动“发明创造评选”活动及相关出版物的筹划。中国科学院科学传播局对这项工作给予了鼓励和支持，中国科学技术出版社积极参与筹划。经征求百余位国内专家学者和部分国外专家的意见，2016 年研究组选定了 88 项重要发明创造（见附表）。2016 年 6 月，《中国古代重要科技发明创造》挂图及一册专书由中国科学技术出版社正式出版。我们希望挂图和专书具有科学性和可读性，能够在中小学校和社会上流传开来。解说词性质的专书出版后，被评为 2016 年“中国好书”，而挂图发行却滞后，不为广大读者所知。

二、怎样估量古代发明创造？

与通常的分类有所不同，自然科学史研究所将科技发明创造大致分为三类：（1）科学发现与创造，（2）技术发明，（3）工程成就。其中，工程成就展现古人创造性地利用先进技术的能力，反映了土木、水利、建筑、冶铸、航海等技术门类的发明创造。这 88 项只是诸多古代科技成就的代表，算是中国人自己贴的“标签”。当然，中国古代还有更多的发明创造。比如，仅在机械工程领域，就还有犁镜、记里鼓车、磨车、舂车、水转大纺车、高转筒车、走马灯、竹蜻蜓等。

推选发明创造清单时，我们重点考虑三个方面，或者说三项遴选标准：一是突出原创性，即强调知识的增量；二是反映古代科技发展的先进水平，即较其他地区的类似知识先进；三是对世界文明产生过重要影响。当然，评估某项发明的原创性，须有可靠的文献或考古依据，能证明它是迄今所知世界上最早的，或者属于最早之一且独具特色的。为慎重起见，我们未推荐那些因史料不详而不易判断其科技内涵或原创性的发明，包括一些长期争论的发明创造，如三国时期的“木牛流马”。

有些发明创造，其重要性和影响力并不逊色于“四大发明”，比较容易推选出来。比如，中国大概在 1 万到 1.2 万年前就人工栽培水稻。现在，水稻是世界的三大主食之一。类似的，中国最先栽培世界三大饮料作物之一——茶，最重要的豆类作物——大豆，最重要的水果作物之一——柑橘。中国不仅首先栽培大豆，还首先制作出了豆腐、酱油等食品。这些重要科技发明创造对中国经济、社会和文化的发展，对维护国家安全影响很大。比如，丝绸、瓷器、茶叶等中国拳头产品在古代世界贸易中显示出很强的竞争力。在当代，我们费很大的力气想要掌握欧美的大飞机制造技术，但至今还不能说破解了他们的先进发动机技术。在古代，欧洲人想打破中国瓷器的垄断，就想办法找到合适的原料，破解关键技术。然而，他们花了几百年时间，到 18 世纪才达到目的。中国保持了很长时间的制瓷技术优势，既满足了国内需求，又从国际贸易中获利。

中国冶金术不是起源最早的，却曾是古代最先进的。中国人发明了块范法和以生铁为本的钢铁冶炼技术，铸造出世界上最精致的青铜礼器，使兵器和生产工具铁器化。借助先进的钢铁技术，汉朝军队在与匈奴人作战时拥有兵器方面的技术优势，以至于一个汉兵可以敌得上几个匈奴兵。宋朝的火器虽然威力不足以挽救王朝衰亡命运，但为后世的枪炮，乃至火箭的发明提供了原创知识。

中国是一个发明的国度，也擅长工程创造，而在科学创造方面似乎相对偏弱，以至于有人提出“中国古代有没有科学”的问题。在新文化运动时期，有学者以伽利略时代以来的近代科学为标准，认为中国古代没有实验科学，甚至就没有科学。经过多年的研讨，科技史界已经把这个问题搞得比较清楚了。例如，中国古代有自己独特的知识体系，形成了农、医、天、算四门学问。中国人勤于观测，积累了非常丰富的天象记录，创造了历法体系。中国人在数学方面多有创见，解决了各种实际问题，建立了以《九章算术》等论著为代表的数学知识体系。

说中国古代有没有科学，要看跟什么对象比较。参照物不同，结论就不同。将中国古代科学和欧洲近代科学做纵向的和地域的比较，显然是不对等的、错位的。欧洲传教士来到明清两朝，夸赞过中国的文化和文官制度，但也看出了中国天文、数学等科学的缺点，向中国人传播了欧洲的科学与技术。通过传教士和其他人的介绍，莱布尼茨、伏尔泰等欧洲思想家间接地了解到中国的知识传统和技术，对其优点给予了褒扬。其实，直到 18 世纪，中国与欧洲在技术方面各有所长，具有明显的互补性。

我们不认同“中国古代没有科学”这样的观点，但不否认中国古代科学知识体系存在缺陷或弱项。至少在某些领域，中国古代学者对自然规律的研究未达到欧洲同时代的程度，例如，墨家对力和光等现象的探究在战国之后基本没有延续下来。1627 年耶稣会传教士邓玉函（Johannes Schreck）和中国学者王徵编译《远西奇器图说录最》，介绍欧洲的力学理论，并试图以力学理论帮助读者理解五十多种机械。另一位耶稣会传教士南怀仁（Ferdinand Verbiest）以力学知识说明其天文仪器设计的合理性，甚至提到伽利略关于材料和落体运动的知识。然而，两位传教士介绍的这些知识未能引导中国学者研究力学理论问题。18 世纪，力学依然是游离于中国传统社会文化之外的知识。

三、如何看待知识传播的作用?

科技史并不只讲人类发明创造的故事。理解科技史，既要看发明创造，又要看科学知识的传播和共享。历史上，不同文明的技术和科学知识具有很明显的相似性和一致性，这表明或者暗示着知识的跨文化和跨地区的传播及共享。很多科学知识和技术在传播与共享的过程中被改进，甚至激发出新的发明创造。这样的例子有很多，如桔槔、二牛抬杠犁、轮轴等。

进行跨文化、跨地区的比较研究，追踪知识的关联和传播是十分必要的。在这方面，李约瑟是很好的榜样。他对不同文明间可能存在的知识联系很敏感，擅于做大胆的假设，并积极求证。例如，他考察了欧洲、阿拉伯地区和中国的常平架，认为中国汉代的“被中香炉”是最早的常平架，并且可能经阿拉伯地区传到欧洲。相反，中国的筒车技术可能来自西方。中国人因地制宜地改进了筒车，形成了自己的技术传统。

水运仪象台是北宋官员苏颂和韩公廉主持制作的一套大型天文装置，是以一个水轮同时驱动计时装置、浑象和浑仪内环的机械系统。它汇集了漏壶、秤漏、杠杆、水轮、筒车、齿轮传动、链传动、浑象与浑仪等技术，装有特殊的擒纵机构，是集成创新的杰作。1096 年苏颂撰《新仪象法要》，这部奇书以四十多幅机械图和文字描绘水运仪象台的构造。根据这部书及相关研究，中国学者王振铎在 1958 年制成 1 ： 5 的水运仪象台复原模型。后来，英国学者康布里奇和日本工程师土屋荣夫等人进一步解读《新仪象法要》，先后复原出能够正常运转的水运仪象台。

学者们应该大胆假设，但是，要找到知识传播的直接证据，作令人信服的求证通常是比较困难的。朱文鑫、李约瑟和刘仙洲是最早研究水运仪象台的学者。李约瑟认定水运仪象台上控制水轮运转的机构是中国式的擒纵机构。他在《中国科学技术史》的机械工程分册里论证“中国天文钟的传统和后来欧洲中世纪机械钟的祖先就有了更为密切的直接联系”这一判断，但论据却不能令人信服。实际上中国机械钟与欧洲机械钟属于不同的技术传统，二者的擒纵机构的控制原理也不同。欧洲早期机械钟的驱动力来自垂重势能，如果没有擒纵机构，垂重的势能很快就会释放掉。中国水运仪象台首先以一组漏壶均匀流出的水为动力源，这是整个装置持续稳定运转的基础。

发现、发明、传播、共享和互鉴是科学技术发展的常态。中华文明为世界贡献了自己的创造，也兼收了许多外来的科学知识和技术。中国的水稻、大豆等作物栽培技术传向境外，而来自境外的小麦、玉米、南瓜等作物栽培技术则被中国人分享。15 世纪初期，郑和的船队实现“下西洋”壮举，这既充分利用了中国的水密舱壁、平衡舵、硬帆、指南针等多项造船与航海技术，又借助了阿拉伯水手及其导航技术——牵星术。在郑和之后，欧洲人进行了更大范围的航海和探险，开辟大航海时代，不断进行扩张，牟取丰厚的利益和资源。相比之下，中国人缺少称雄海上的动机和冒险精神。

四、怎样理解“李约瑟问题”？

14 世纪以前，中国在科学技术领域取得了卓越的成就，但从元朝后期以降，却很少有重大发明创造，到 19 世纪跌入“落后就挨打”的困境。我们曾认为欧洲中世纪是黑暗的，但那里产生了近代科学。长期以来，大家自然地接受“中国领先却未产生近代科学”及“欧洲黑暗却发生科学革命”的矛盾说法。

李约瑟称得上中国文化的“高级粉丝”。所谓“李约瑟问题”，就是引导他从事中国科技史研究的核心问题，其表述是：“为什么在公元前 1 世纪到公元 15 世纪期间，中国文明在获取自然知识并将其应用于人的实际需要方面要比西方文明更有成效？”换一个说法是：科学在古代中国的应用水平很高，那为什么近代科学出现在欧洲，而不是出现在中国？其实，美籍德裔汉学家魏特夫（Karl A. Wittfogel），中国科学家任鸿隽、竺可桢等人在李约瑟之前就提出了类似的问题，并引发见仁见智的探讨。例如，有些学者批判中国的文化传统，指出传统知识体系的缺陷及妨碍科学发展的社会因素。

中国文化传统中的儒家文化注重人文和社会，有助于治国安邦。其实，儒家思想与自然科学基本上没有本质的冲突，从人文与科学的关系上看，还颇具互补性。妨碍其他学术成长的似乎不是儒家思想本身，而是“独尊儒术”的取向和制度安排。儒家成为维系秩序的官方意识形态，这很可能压缩了其他学术的发展空间。科举制作为选拔人才的“指挥棒”，在朝廷构建文官体制方面发挥了关键作用，但也将社会精英引向远离自然科学的知识领域。

“李约瑟问题”本身在逻辑上是值得商榷的。他所谓的自然知识的应用主要指的是技术。这样，他关注的问题似乎就是：古代中国在科学知识的应用方面有成效，即在技术方面有成就，因而就应该产生近代科学。从逻辑上来分析，这种思路是有问题的。历史表明，古代实用技术发达，这未必会引起科学知识的变革。例如，天平在战国时期已经是一种广泛应用的精确称重的工具，但那时中国先贤还没提出定量表述的杠杆原理。天平是经验知识的工具化，而不是杠杆原理的应用。实际上，古代很多技术都算不上是科学的应用。

再比如，早在八千多年前中国先人就掌握了酿制含酒精饮料的技术，但到了近代，科学家才弄清楚酿酒工艺中的化学原理，这也说明科学的滞后发展未必就妨碍技术在一定时期的问世和广泛应用。因此，技术（或所谓自然知识的应用）的领先不一定会促成近代科学的产生。在古代，学者的科学传统与工匠的技术传统尚未密切结合，技术与科学的互动要比今人想象的慢得多。即使在当代，科学和技术相互融合，相互渗透，形成一个更大的体系，但是，科学和技术依然有各自的特质。

李约瑟的问题表述可能与他的科学家出身有关。在许多现代科学家看来，科学知识形成之后，要应用于实践，促进技术发明。这是现代知识发展的一种现象，古代科学与技术发展往往不是这幅图景，技术往往不是在科学指导下产生的。

有的历史学家认为李约瑟问的是某事为什么没发生；问某事为什么发生，这才是好的历史问题。李约瑟的问题的确不好回答，但无疑富有启发性，激励着许多关心中国科学的学者思考，深究中国的知识传统与社会，并将中国与欧洲做比较。尽管李约瑟有时大胆假设有余、小心求证不足，说了过头的话，但他的许多猜测是很有想象力的，有启发性的。我们不能因为怕猜错而束缚思维。

李约瑟用了近半个世纪，组织写出皇皇巨著，也没就“李约瑟问题”给出系统的满意解答。也许，这正是历史研究的魅力所在。

五、如何为重构古代科技史打基础?

经过百年的探索，中国古代科技史已经成为世界科技史的一个重要分支和中外学者共同研究的一门学问。在这一领域，已经发表了相当多的论著，其中，最重要的大部头代表作是两套书，即李约瑟的《中国科学技术史》（25册）和中国科学院自然科学史研究所组织编研、卢嘉锡主编的《中国科学技术史》（26卷）。前者将跨文化的宏观叙事、比较研究和细致的微观考证相结合，是英文读者了解中国科技传统的主要窗口。后者充分利用中文文献和考古新资料，系统考证和深入述说古代科技成就，可与李约瑟的著作媲美和互补。

历史是常新的。随着新史料和新解读的涌现，人们在不断深化对古代科技传统的认识。为了将来重构，即重修中国古代科学技术史，学界应提出新的学术问题，追踪古代科技知识体系原有的逻辑结构及其文化语境，改进研究范式，尝试新的理论与方法，加强思想史、社会史和文化史的专题研究。在文献研究方面，有组织地整理研究大量的科技典籍，同时利用数字化技术和大数据方法分析典籍；在考古资料方面，与考古和文博等部门合作，消化吸收新的考古发现，并进行文物的科技认知研究；在田野调查方面，调研民间传统技术和科学知识，弥补文献记载和考古资料的缺憾，也为合理保护文化遗产提供学术依据。当然，还须着力培养具有国际视野的新一代青年学者，加强国际交流与合作，以广阔的视野审视世界文明中的中国科学和技术，通过国际合作解决复杂的跨文化学术问题。

目前，重修中国古代科技史既不具备条件，又非十分必要。如果重修中国古代科技史，须充分利用丰富的新史料，更要提出新的研究思路、方法和撰写框架，做足够的学术积累。近十年来，中国科学院自然科学史研究所试图突破过去偏重“成就描述”的研究模式，例如，组织研究历史上的科学知识和技术是如何创造和如何传播的。我们希望这样的尝试有助于深化视角多样的专题研究，为以后重构中国古代科技史摸索新路径，做学术积累，培养锻炼年轻学者。期待在20年或更长时间以后，新一代学者能够超越前辈们，写出“中国科学技术史”

的新作。

很显然，中国古代科技史研究及相关的文献整理工作大有可为！

（附记：感谢孙显斌馆长和陈朴副研究员帮助将演讲记录整理成文。）

附表：中国古代重要科技发明创造清单

序号	项目名称	发明时间
科学发现与创造		
1	干支	商代有干支纪日，汉代以后有干支纪年
2	阴阳合历	商代后期
3	圭表	不晚于春秋
4	十进位值制与算筹记数	不晚于春秋
5	小孔成像	公元前 4 世纪
6	杂种优势利用	不晚于东周
7	盈不足术	不晚于战国
8	二十四节气	起源于战国，成熟于西汉初期
9	经脉学说	不晚于公元前 3 世纪末
10	四诊法	不晚于公元前 3 世纪末
11	马王堆地图	不晚于公元前 2 世纪
12	勾股容圆	不晚于西汉
13	线性方程组及解法	不晚于西汉
14	本草学	东汉初期
15	天象记录	汉代已较为系统
16	方剂学	汉代
17	制图六体	不晚于公元 3 世纪
18	律管管口校正	公元 3 世纪
19	敦煌星图	公元 8 世纪初

续表

序号	项目名称	发明时间
20	潮汐表	始见于公元 8 世纪后半叶
21	中国珠算	宋代
22	增乘开方法	不晚于公元 11 世纪初
23	垛积术	不晚于公元 11 世纪末
24	天元术	不晚于公元 13 世纪初
25	一次同余方程组解法	不晚于 1247 年
26	法医学体系	1247 年
27	四元术	不晚于 1303 年
28	《本草纲目》分类体系	1578 年
29	十二等程律	1584 年
30	系统的岩溶地貌考察	1613 年至 1639 年
技术发明		
31	水稻栽培	不晚于距今 10000 年
32	猪的驯化	距今约 8500 年
33	含酒精饮品的酿造	距今约 8000 年
34	髹漆	距今约 8000 年
35	粟的栽培	不晚于距今 7500 年
36	琢玉	距今 7500 年到 8000 年
37	养蚕	距今 5000 多年
38	缫丝	距今 5000 多年
39	大豆栽培	距今 4000 年到 5000 年
40	块范法	3000 多年前
41	竹子的栽培与综合利用	3000 多年前
42	茶树栽培	周代

续表

序号	项目名称	发明时间
43	柑橘栽培	不晚于东周
44	以生铁为本的钢铁冶炼技术	春秋早期至汉代
45	分行栽培（垄作法）	不晚于春秋时期
46	青铜弩机	不晚于战国时期
47	叠铸法	战国时期
48	多熟种植	战国时期
49	针灸	不晚于公元前 3 世纪末
50	造纸术	不晚于公元前 2 世纪
51	胸带式系驾法	西汉时期
52	温室栽培	不晚于公元前 1 世纪
53	提花机	不晚于公元前 1 世纪
54	指南车	西汉时期
55	水碓	不晚于西汉末期
56	新莽铜卡尺	公元 9 年
57	扇车	不晚于公元 1 世纪
58	水排	公元 1 世纪
59	地动仪	132 年
60	翻车（龙骨车）	公元 2 世纪
61	瓷器	成熟于东汉时期
62	马镫	不晚于公元 4 世纪初
63	雕版印刷术	不晚于公元 8 世纪
64	转轴舵	不晚于公元 8 世纪
65	水密舱壁	不晚于唐代
66	火药	公元 9 世纪

续表

序号	项目名称	发明时间
67	罗盘（指南针）	不晚于公元 10 世纪
68	顿钻（井盐深钻汲制技艺）	不晚于公元 11 世纪
69	活字印刷术	公元 11 世纪中叶
70	水运仪象台	建成于 1092 年
71	双作用活塞式风箱	不晚于宋代
72	大风车	不晚于公元 12 世纪
73	火箭	不晚于公元 12 世纪
74	火铳	不晚于公元 13 世纪
75	人痘接种术	不晚于公元 16 世纪
工程成就		
76	曾侯乙编钟	战国早期
77	都江堰	公元前 256 年至前 251 年
78	长城	始建于战国后期，秦代形成万里长城
79	灵渠	公元前 221 年至前 214 年之间
80	秦陵铜车马	秦代
81	安济桥	建成于 606 年
82	大运河	隋代大运河于公元 7 世纪初贯通，京杭大运河于 1293 年贯通
83	布达拉宫	始建于公元 7 世纪，重修于 17 世纪中叶
84	苏州园林	沧浪亭始建于 910 年前后
85	沧州铁狮	953 年
86	应县木塔	1056 年
87	紫禁城	建成于 1420 年
88	郑和航海	1405 年至 1433 年

中国传统数学的机械化特征

王渝生

一、格物致知，史海撷珍：科技史学科的历史与当代价值

我 1943 年出生于重庆，今年 75 岁。我人生的一个转折点，就是 40 年前的改革开放，继 1977 年恢复了高考后，1978 年又恢复了研究生招生，我就考上了中国科学院研究生院。我人生的另一个关键点，就是我和我老伴儿的结合，前几天我们刚刚庆祝了 50 周年金婚。她是我的同学，跟我同岁，我们两个岁数加起来整整 150 岁。有个年轻人不懂事，说："王馆长，你这方面的经验不够，一辈子只结过一次婚，所以缺乏经验。"我不仅只结过一次婚，还只谈过一次恋爱，因为我和我老伴儿是中学同学，青梅竹马。但是声明一条，中学的时候绝对没有谈恋爱，只是有一点爱恋，有一点暗恋。现在改革开放 40 年了，我也结婚 50 周年，已经 75 岁了。

我是学数学出身的，后来跟着严敦杰先生拿到了中国第一个科学史博士学位，然后到德国慕尼黑大学做博士后。回国后，担任过自然科学史研究所的副所长，后来又到中国科技馆当馆长，现在退休了。

"数理化天地生"都很有意思，我今天给大家讲数学。我们这个讲座的题目叫"格致·考工·源流"，什么叫格致？《礼记·大学》有

所谓“八目”，即格物、致知、诚意、正心、修身、齐家、治国、平天下。但是我们现在的国学老师讲究的是“修齐治平”，他忘了前面还有“格致诚正”。我个人认为“格致诚正”是本，“修齐治平”是末，所以我们要正本清源。

《考工记》是《周礼》中一部记载关于中国古老技术规范的著作，“格致”相当于现在“科学”这个词。“科学”一词从欧洲经由日本传到中国，你们估计至今有多少年？300年？200年？100年差不多。大概在五四运动前夕，1919年1月15号，被毛泽东称为“五四运动总司令”的陈独秀在《新青年》6卷1号上撰文，认为在当时：“只有这两位先生（德先生“民主”、赛先生“科学”）可以救治中国政治上、道德上、学术上、思想上一切的黑暗。”从而举起了民主与科学的大旗，这也是五四运动的精神。我们今天还需要让民主与科学的精神在我们中国的大地上、在每一个炎黄子孙的头脑中扎根，这样我们才能够实现国家富强、民族振兴、人民幸福的伟大的中国梦。

科学史是很重要的，这个学科对我们继承古今中外的优秀的传统科学文化遗产、对我们建设创新型国家、对我们成为科技强国都有重要的意义。我个人对科学史学科也有一点小贡献，就是把它变成了一级学科。本来它是在哲学下边的二级学科，叫科学哲学与科学史。我心想我们搞科学的跟哲学的关系大概没有跟理工、农业的关系大吧，所以坚决要求科学史这个学科跟哲学并列。当时人家已经决定了，已经在开国务院的学位委员会了，但是我觉得只要有道理，就可以破格，于是我只好去闯那个会场，声泪俱下地讲了我们科学史这个学科为什么要成为一级学科。当然，我也有“尚方宝剑”，当时我在路甬祥院长的指导下，请了六七个院士、科学家签名，最后终于改过来了。

图1中这位老人叫吴文俊，是1919年五四运动的时候出生的，去

年这个时候（2017年5月7日）去世的，活了98周岁。你们知道不知道这个人？听说过他的名字没有？听说过的、知道他是干什么的请举手。不简单，手放下，我到有些机关、部队、高等院校，都没有这么多人举手。那不知道这个人的请举手，手放下。两次都没有举手的请举手。我是学数学的，这是个集合问题，这三种情况每个人都应该举一次，你要么你知道，要么不知道；要么似是而非，两次都没有举手。结果知道的有十来个人，不知道的有几个人，那我就认为今天会场上只有十几个人。开个玩笑。

图1　吴文俊
（1919.5.12 — 2017.5.7）

我再了解一下，今天在座的是学数学史出身的请举手！是学数学出身的请举手！是学历史学出身的请举手！我参与的一个集体项目“中国科学技术史•数学卷”获得了第四届郭沫若中国历史学奖一等奖，所以前几天我在四川的乐山参加了一个关于“中国现代历史进程中的郭沫若”的国际学术讨论会。会议分了七个专题，都跟科学无关，我说我增加个第八专题，讲郭沫若对新中国科学事业的奠基性贡献。别的不多说，他是我们中国科学院第一任院长，当了30年一直到他去世；他又是中国科学技术大学的第一任校长，当了20年。郭沫若对科学史学科的建立也起了重要的奠基性作用，尽管不像竺可桢先生那样，作为历史学家实质上为科学史学科奠定了基础，但是郭沫若作为中国科学院院长对科学史事业是很热心支持的。1950年前后，他当了科学院院长后说：“我们现在中国科学院要进行两项紧迫的工作，第一就是要整理和研究中国古代的科学的历史，第二就是要翻译和介绍西方近代科学的历史，这样我们就可以古为今用、洋为中用，把中国的科学事业搞上去。”你看，郭沫若对科学史还是很重视的。

言归正传，数学界的泰斗吴文俊对中国科学史学科的建立起了重要的奠基性作用。吴文俊38岁就当选为中国科学院的院士，直到98岁去世，整整当了60年。他还是中国科学院的首届自然科学奖一等奖的得主，当时和他共同获奖的是钱学森和华罗庚。钱学森是“海归派”的榜样，华罗庚是德高望重的数学大家，二者早在50年代就名闻天下，吴文俊和他们一起获奖，足以证明他成就之高、意义之大。后来吴文俊先生就一直在中国科学院数学所，也就是后来的数学与系统科学研究院工作，也是第四届中国数学会理事长，是他提出来的理事长只当一届。各位知道袁隆平的请举手，全部都举起来了，所以我们一定要宣传科学。2000年，我们国家设立国家最高科学技术奖，一年一位，最多两位，可以空缺，第一届获奖者就是吴文俊、袁隆平。袁隆平作为杂交水稻之父闻名世界，吴文俊作为1997年Herbrand自动推理杰出成就奖的获奖者也是闻名世界，现在自动推理、人工智能已经成为科技发展的最前沿，中国就他一个人得了世界自动推理的最高奖。

40年前，也就是我考上中国科学院研究生院的那一年，第一堂数学课就是吴文俊上的，当时他59岁，讲几何定理的机器证明。吴文俊认为数学有两个方向：“以《九章算术》为代表的中国传统数学同以《几何原本》为代表的古希腊数学，犹如两颗璀璨的明珠，在世界的东方和西方交相辉映，在世界数学发展的历史长河中此消彼长、互为取代。一度西方数学占了上风，以至于我们今天一提到数学，言必称希腊——欧几里得、阿基米德；言必称欧洲——牛顿、莱布尼茨。但是我认为在电子计算机出现后的今天，计算机的原理和中国传统数学的思想方法不谋而合。因此我可以说，在未来，特别是21世纪，以《九章算术》为代表的算法化、程序化、机械化的数学思想方法体系，要凌驾于以《几何原本》为代表的公理化、演绎化、逻辑化的数学思想方法体系之上，不仅可能，甚至说是已成定局，本人也并非过甚之词。”

很可惜吴文俊先生去年（2017年）5月去世了，当时我正在印度公干，飞机飞越喜马拉雅山时我看到了珠穆朗玛峰，就联想到数学家苏步青在吴文俊90周岁的时候给他写的一副寿联：“名闻东西南北国，寿比珠穆朗玛峰。”这相比常说的福如东海、寿比南山，意境就高远了。还有一个数学家叫闵嗣鹤，是江西人，我在他书房里看见过一副对联：“有纸皆算草，无瓷不江西。”可见有些数学家、科学家的文学水平也是蛮高的，所以我们现在主张要文理交融、全面发展。

2016年5月30日，全国“科技三会”在人民大会堂召开，部分科技工作者提议将每年的5月30日定为全国科技工作者日并得到批准。会上，习近平总书记发表重要讲话：“在绵延五千多年的文明发展进程中，中华民族创造了闻名于世的科技成果，我们的先人在农、医、天、算等方面形成了系统化的知识体系，取得了以四大发明为代表的一大批发明创造。”天学、算学也就是数学，与农学和医药学共同组成中国传统的四大科学体系，而四大发明则代表着中国的发明创造。我认为四大发明太少了，应该加上更多的东西：我们自古以来就有丝绸之路，所以丝绸应该加；中国英文名称China，也是瓷器的意思，所以我们的制瓷技术也应该加，等等。所以我们现在还没有充分挖掘出中国的发明创造，围绕这个问题，最近我们自然科学史研究所也出了一系列的专著，少的有30项大发明，多的有88项发明，都是经过深入系统研究后出的“大部头”，是科技史方面的最权威资料，中央领导查阅、引用也是要用的。

马克思在一个半世纪以前，在《经济学手稿》中讲：“火药，指南针，印刷术——这是预告资产阶级社会到来的三大发明，火药把骑士阶层炸得粉碎，指南针打开了世界市场并建立了殖民地，而印刷术则变成新教的工具，总的来说变成科学复兴的手段，变成对精神发展创造必要前提的最强大的杠杆。”中华文明是四大文明古国中唯一延续了四五千年的文明，从夏、商、周三代至今，文明从未中断。我们的文明也受到过质疑，比如我研究生过后去国外访问就说到中华文明上下五千年，有个美国的汉语学家就质疑我说：“王博士，你们中华文明没有五千年。你们《史记》年表是从西周共和元年，也就是公元前 840 年才开始记载的，满打满算不到三千年。”我说：“除了文字记载的历史，我们还有传世的文物和考古发现，那上面就有年代。”他继续质疑我说：“殷墟甲骨有文字三千多年，你们国家哪有四千多年、五千多年的历史遗存呢？你们所谓的夏商周，夏根本是个传说中的时代。”他说得我汗流浃背，因为我们无论是从文字记载还是碳十四测年等方面，确实都没有证据。尽管我们说浙江河姆渡有七千年前人工培植的稻谷的碳化遗存，这可以说明中国南方在六七千年前就已经有了农作，就算文明了，但是这种孤证无法说明问题，所以人家只承认我们三千年的历史。所以我们要研究中国的历史，中国科学院、社会科学院、科技部等一起承担了夏商周断代工程。

中华文明是以哲理为指导的天人合一、格物致知。刚刚我讲了格物致知，现在该讲天人合一了。有人可能会质疑天人合一是迷信，那它到底是不是迷信呢？我给你们讲个小故事。1997 年我在自然科学史所当副所长时，科学院院长让我来帮他写一篇讲中国传统科学的指导思想和现代意义的文章，时间很紧，要一个礼拜完稿。我先是写了五六千字，后来又按要求改到了七百字。交上去后接到中央重要领导同志办公室的电话，说“首长说你这个天人合一是不是有点迷信呐？”我说错了，我们中国的天不比西方的天，西方的天是造物主、是上帝，中国的天从来就是一个客观世界、自然界，比如荀子说的“天行有常，不为尧存，不为桀亡”；比如我们中国讲天地人三才，天时不如地利，地利不如人和；比如人法地，地法天，天法道，道法自然。所以我们讲的天人合一，就是把天看成自然规律，就是告诉我们要按自然规律办事，取得人与自然的共生共融，取得双赢。

我说中华文明是以哲理为指导的，比如说我们讲太极生两仪，两仪生四象，四象生八卦；我们还讲金木水火土五行，日月五行相加为七曜等等。这个哲理里面就有数字，从一到九都有，甲骨文里也记载有一二三四五六七八九，就是十进位值制。位值制和今天讲的中国传统数学的机械化特征有很密切的联系。很多人都主张八卦是二进制，包括一些很知名的学者。改革开放后李政道到中国科学院研究生院作学术报告，说：“我们今天做了研究生也不要忘了我们中国古老的科学技术，也要多学经典。但是我们不一定学一般文科的什么五经、六经，一定要学三经：第一，《易经》；第二，《墨经》；第三，《山海经》。如果是学医的，还要加一个《黄帝内经》。”我当时听了很惊奇，觉得李政道对中国古代科学的了解很多。接着他就问我们八卦是不是二进制，我坐在第一排就说八卦不是二进制。李政道很冷静地说：“这位同学请起来，看来你是学数学出身的，你说八卦不是二进制，那你说出理由来。”我说：“一个数字进制要满足几个最基本的条件，比如十进制：第一，一定有十个符号，从0到9；第二，十个符号有从小到大的排列顺序；第三，既然是十进制，那这是个符号逢九就要进一，就没有第十一个符号；第四，里面一定要有四则运算，至少要有加法和乘法的运算规则，这样我们才能够区分二加三等于五，二乘三等于六。”李政道觉得有意思，就说要考察一下八卦是不是满足这四个基本条件。第一，八卦是不是有两个符号？大家都说有，一个阳爻一个阴爻，可以一个当 0，一个当 1。第二，有没有从小到大的排列顺序，大家说有，阳爻大，阴爻小。我问依据呢，李政道非常幽默，他说：“你是学数学的，但是数学要联系实际，我出一个谜语考你一下。重男轻女，打一个城市。”谜底是贵阳，李政道接着说：“我们中国古代从来都是重男轻女的，都是贵阳的。”好，那我就承认阳爻大了。但是第三，有没有进位规则？第四，有没有加减乘除运算法则？都没有。我说中国的进位制从我们有了文字开始，就有一二三四五六七八九，就有百、千、万，都是十进制。二进制在中国数学里面前无来路，后无去迹，为什么八卦是二进制？ 2000 年，李政道又到中国科学馆参观，我作为时任馆长接待了他（图 2）。

图 2　李政道（右）在中国科技馆（2000 年），王渝生（左）陪同

还有传言说莱布尼茨自己也说他受到了八卦的启发从而发明了二进制。后来我在慕尼黑大学做博士后，专门利用假期时间跑到汉诺威，到莱布尼茨博物馆里去查原始资料，终于查到了。莱布尼茨生活的年代是中国清朝的康熙时期，从明末就有一些传教士到了中国，这些传教士回到德国后就去拜访莱布尼茨，看到他的二进制，就说在中国看到过，还把宋代邵雍的《先天八卦图》给他看。莱布尼茨看到后说了一些非常严谨的话：八卦是中国五千年前的君王兼哲学家、兼数学家伏羲的发明创造，可惜中国人把八卦里面本来可以发展成二进制的东西忘掉了。后来因为翻译、交流的原因，就传成了莱布尼茨说八卦就是二进制。后来莱布尼茨还利用二进制原理做了一些机械的计算器，还送了一个到中国，现在在故宫博物院里面。所以我们一定要把历史、特别是科学的历史搞清楚。我们科学史鼻祖萨顿说过一句话："只有科学史是人类史中唯一正确的、可靠的、生动活泼的历史。"因为科学就是实证的，而其他的历史以及对历史人物的评价都可以不停地翻烧饼，一会儿是好人一会儿是坏人。科学的本质属性、自然属性是求真，社会属性是向善、为人民服务，还有美的艺术属性，科学与艺术是一枚硬币的两面，所以学科学是真善美。

二、中国传统数学的演变历程

数学是不是科学？在我国，数学的定位就有个变化。毛泽东在 80 年前，也就是 20 世纪 40 年代就说过，世界上的知识有两门，一门是自然科学知识，一门是社会科学知识。按照这种说法，我们可以理解成比如说"数理化天地生"是自然科学知识，"文史哲政经法"是社会科学知识。但是他在后面又加了一句"哲学则是自然科学和社会科学的概括和总结"。这一下不得了了，哲学就凌驾在一切学科之上了。说哲学是社会科学的概括和总结，那我服气；说哲学是自然科学的概括和总结，那我不服气。我认为数学的性质和哲学类似，是自然科学和社会科学的基础和工具，也应该被单独拎出来强调其重要性。

要学科学、学数学的另外一个原因，是我们中国根深蒂固的"辩证基因”。举个例子啊，“文革”时我家小孩才3岁，回家跟我说：“老爸，我们幼儿园老师给我们讲了辩证法，你知道吗？你平常批评我做坏事，做坏事不应该受批评，因为坏事可以变好事。”我心想这就好坏不分了，变化也要讲条件啊，我就问他：“那如果老爸的钱包被扒手偷了，是不是坏事？”结果我儿子说：“钱包被扒手偷了，对你来说是坏事，对扒手来说是好事。”我觉得很奇怪，我们中国人真的有辩证法基因，春秋战国时期古人就辩白马非马，今天我儿子辩钱包丢了是好事。另外比如说我们工作搞糟了，投资失误了，钱明明打了水漂，我们会美其名曰“交学费”。

还有一个原因，让我们一定要学科学、学数学。我们中国有两千余年的封建时代，比起跨越1000年的欧洲中世纪，中国的封建时期整整多了近一千年。所以我觉得我们现在除了要防止资本主义侵蚀，也要抵御腐朽的封建思想的毒害。

我们的科学教育已有百年历史了。20世纪20年代开始是传授科学知识，20世纪中叶是教会学生科学方法，从80年代开始到现在一直是强调提高我们的科学素质。我写过一本书叫《中国算学史》，也算是科学教育的一部分。这本书除去导言、结语外，共有四章：算学家和算学著作；传统算学理论和计算方法；中国古代历法计算中的数学方法；算学教育与中外交流。讲中国传统数学的机械化思想，我要把整个中国数学史先理一遍。

在导言中我回溯了中国数学的大致发展过程。中国传统数学采用了筹算体系，我们没有笔算，而是用竹棍进行筹算。筹算发展到宋元时期到达高峰，之后转向珠算。到明末清初和清末民初这两个时期，西方数学逐渐传入中国，到最后达到了中外数学的融会。

第一章讲算学家和算学著作。从先秦至汉唐，中国数学已经有了商高和勾股定理、测量术，《墨经》里也有了“圆，一中同长也”等基本数学概念。最有代表性的成果之一就是《九章算术》，它把当时的数学问题分为246个，包括方田、粟米、衰分、少广、商功、均输、方程、盈不足、勾股九个部分。魏晋时期的刘徽对《九章算术》作注，同时另外写了一本书叫《海岛算经》。此后赵爽给《周髀算经》作注，写成了后来被吴文俊归纳成出入相补原理的《勾股圆方图说》。除此以外，还有《孙子算经》《张丘建算经》等著作，祖冲之提出了圆周率的计算方法，唐代则出现了王孝通《缉古算经》等总结性的著作。到了宋元时期，贾宪的《黄帝九章算经细草》和李冶的《测圆海镜》与《益古演段》是最有创造性的数学成就。南宋的秦九韶写出了《数书九章》，杨辉发明出系统的实用算术。元代的朱世杰在《算学启蒙》和《四元玉鉴》中总结了高次方程的数值解法，有了方程组。明清时期，明末的程大位写出了珠算著作《算法统宗》。清朝初期梅文鼎在历算学领域取得较高成就，他的孙子梅瑴成在康熙末年组织编撰了《数理精蕴》；蒙古族数学家明安图写成了《割圆密率捷法》。清朝中期，焦循的《里堂学算记》、汪莱的《衡斋算学》和李锐的《李氏算学遗书》可谓最有名的开创性研究著作。清朝末期涌现出项名达、戴煦、李善兰、华蘅芳、夏鸾翔等一大批数学家，曾国藩的次子曾纪鸿酷爱数学，著有《对数评解》《圆率考真图解》《粟布演草》等数学专著。从李善兰的《方圆阐幽》《弧矢启秘》《对数探源》等著作中，我们可以看到他在三角函数、对数函数领域中的成就，从他的尖锥术中我也得出结论：中国古代数学中的隙积术、垛积术与尖锥术一以贯之，直到清代李善兰时期都没有受到西方数学的本质性影响。

第二章我讲了算学理论和计算方法。中国最早有结绳记事、契木为文、甲骨数字等，后来的筹算一直是十进递位制，又叫十进位值制，因为不仅有零到九十个符号，还用不同的位置来表示个、十、百、千、万。相应的，筹算有四则运算，有九九乘法口诀，珠算也有珠算的口诀。另外，中国传统算学的数字逐渐从整数扩大到负数、分数和小数。中国人最喜欢用分数，比如中国的古六历四分历，年、月、日都没有公倍数，两千多年来一年都等于三百六十五又四分之一天。负数在中国也出现的很早，比如《九章算术》里讲 “经四则运算，得失相反，要以正负以名之”，可见负数是从计算中来的。比如说，5 减 3 等于 2，但是 3 减 5 就减不尽了，得失相反了，不是得到而是失去了，就以正负命名了，正是得到，负是失去。从我们熟悉的对立统一律来看，正负是从实践中来的，比如粮食增产了是正，减产了是负；借给别人钱是正，借了别人的钱是负。但是从《九章算术》以及中国数学史来看，负数是从运算的过程中得来的，不能说所有的东西都是从实践中来。当然，最终实践是检验真理的唯一标准。除了代数问题、算数问题以外，中国古代数学还有几何问题与勾股测量，具体包括几何图形观念的形成、规矩等工具的发明和使用、对角的认识和应用、关于圆和球的计算等。宋代以来出现了高次方程的解法，贾宪三角（也就是帕斯卡三角）、增乘开方术、正负开方术等都是辉煌的成就。另外还有天元术、四元术、隙积术、垛积术等，这都是高阶等差数列的不同表达形式。

第三章讲中国古代历法计算中的数学方法。中国古代的数学是跟历法计算紧密联系在一起的，汉历中有上元积年的计算，到南宋秦九韶总结出大衍总数术和大衍求一术等等，这些都是数学。再举个例子，拆八字也不是迷信，而是数学的排列组合，所谓堪舆也是有一定科学依据的。比如看手相，掌纹都是在母体中形成的，如果母亲在怀孕时生活富贵、心情好、身体好，那么婴儿的掌纹就会很清晰、分叉少；如果母亲生活条件艰苦，整天都要出去劳动，那么胎儿在肚子里就不安稳，就会出现乱七八糟的纹路。除此以外，中国古代历法里还有各种“调日法”，这就是分数的近似算法；还有内插法和垛积招差法，到元代授时历采用了“平定立三差法”。

第四章讲算学教育与中外交流。我是国家教育咨询委员会委员，在代表“科协”去参加国家中长期教育改革和发展规划纲要会议的时候，就有人说中国古代没有科学教育。我说这简直是胡说八道，孔子有六艺，礼、乐、射、御、书、数，其中数就是会计，就是学计算，这就是数学教育。细说起来，六艺里有四项都跟科学有关。唐宋时期就有了书院、学校，并且对朝鲜、日本都产生了影响。那时朝鲜、日本是我们的附属国，在我国有遣隋使、遣唐使。科学教育、数学教育，在今天都是很有意义的。联合国刚刚公布了全球人口数量，中国有 14.05 亿人口，第二名是印度，有 13.04 亿。有统计认为我们的经济总量已经是世界第二，大大超过日本、逼近美国了，但我们的人均只及人家的八分之一、六分之一，恐怕二三十年我们在人均上也很难赶上人家。所以我希望大家要对统计数据敏感，在宣传时要稍微有一些数学意识。再比如，现在我们正在创建创新型国家，中国还不是，全世界有 30 个，亚洲有 3 个：日本、韩国和新加坡。这三个国家，特别是新加坡，虽然小，但是人家各项指标都达到创新型国家的水平了，而我们虽然是个大国，但还没有达到。所以不要因为我们现在是科技大国、教育大国，就满足了，我们科技人员多、科技投入的绝对数量也比较多、教育人口多，所以我们是科技大国、教育大国是很自然的，我们还是要努力成为强国。一比较，就发现印度对我们是极大的威胁，人口跟我们差不多，近几年 GDP 增长率都很像我们改革开放初期，7%、8%，甚至接近 10%。

西方数学传入中国主要有两个时期。第一个时期是明末清初的早期译著。比如说徐光启就认为我们的学术向西方学习有三步：第一，翻译；第二，汇通；第三，超胜。“欲求超胜必先汇通，欲求汇通必先翻译”。所以我们要规规矩矩、老老实实地把别人的东西引进、消化、吸收，再创新。第二个时期是清末民初，我们在翻译西方数学的同时，近代的科学教育、学校开始兴起。实际上，跟国际接轨的科学教育、学校在我国存在不超过120年，那西方的科学教育有多久的历史呢？最近教育部与文化和旅游部搞了个研学旅行，请我走了一趟意大利的科学之旅，走的都是伽利略、布鲁诺这些人的路线。意大利的博洛尼亚大学是世界上最早的大学，创立于1088年，它的分系、分科、教室、实验室、学历、学位等，初具综合大学的雏形。再看看英国剑桥、牛津的历史，看看美国的哈佛……历史都比我们长多了。清朝末年，慈禧太后亲自批准了几个幼童留美，这算是现代教育，这些幼童学成回国后为国家做了很大的贡献，比如詹天佑。中国自己的现代教育的代表者熊庆来、陈省身、华罗庚，那都是近一百年的事情。

三、吴文俊与中国传统数学的机械化特征

回顾了中国数学的发展历程以后，我要讲一讲中国传统数学的特色，那就是算法化、程序化、机械化，这是相对于古希腊数学的公理化、逻辑化、演绎化而言的。有人依据古希腊数学的特点，说没有证明就没有数学，但我们中国表面看是没有证明，实际上是寓证于算。对一个问题，西方传统是用因果关系来证明出来，但我们是算出来。很多人是有偏见，习惯了亚里士多德的三段式的逻辑方法，习惯了阿基米德、欧几里得的定理，所以没有看到中国传统数学的特色与精髓。数学是中国古代最发达的传统科学之一，曾经有一千多年都处于世界领先地位。吴文俊认为中国古代数学是一种机械化的数学，是机械化体

系的代表，并声明自己关于数学机械化的研究工作是“我国《九章算术》以前至宋元时期的数学的直接继承”。

什么叫机械化？我们都知道机械化主要指工业革命以来，机器代替人工、生产力大大提高的过程。数学的机械化，说穿了就是利用最新的电子计算机的成果，利用信息技术的软件或硬件，把几何定理代数化并编制成程序，输入计算机，用计算机代替人脑来证明。

吴文俊1919年出生，从20世纪40年代就开始从事代数拓扑学研究，所以数学界公认吴文俊对于微分几何和拓扑学的发展起到了承前启后的作用，拓扑学成为数学科学的主流。也因为在代数拓扑学领域的成就，吴文俊在37岁（1956年）就获得了国家首届自然科学一等奖，在38岁就当选为中国科学院学部委员。70年代后期，吴文俊已近花甲之年，为什么他毅然改变了前半生擅长的研究方向、不再执着于在代数拓扑学方面做的奠基性工作，而是转向了当代数学发展中具有中国传统特色的机械化数学的方向？吴文俊在课堂上说过，“我搞数学史的研究，要感谢一个人，江青。因为江青跑到科学院来号召大家搞科技战线上的儒法斗争，说中国历史上的科技战线上就有儒法斗争，比如说祖冲之颁行《大明历》就和戴法兴进行过辩论，祖冲之是法家，戴法兴是儒家。那我正好借这个口实，就去图书馆查历史上科技战线的儒法斗争的书，数学书，结果在《隋书•律历志》中看到了祖冲之计算圆周率的方法，就开始发现中国的数学有不同于西方数学的特色”。吴文俊在《隋书·律历志》查到了 π 的值3.1415926，还查到了刘徽的割圆术：割之弥细，所失弥少；割之又割，以至于不可割，则与圆合体而无所失矣。也就是以圆内接正六边形边数数倍增加的方式，通过计算周长来逼近圆的周长。看到对刘徽割圆术的记载，吴文俊就去更早的史料中去找刘徽这个人，发现在史籍中找到了四个刘徽，只有魏晋时期的刘徽的记载和数学有关：公元263年刘徽注解《九章算术》。《九章算术》中对圆周率的计算方法是“周三径一”，也就是说直径是一的圆周长就是三，刘徽在此基础上发展出割圆术。最后祖冲之利用割圆术算到了圆内接正一百九十六边形的周长，也就是3.1415926。割圆术的“割之弥细，所失弥少；割之又割，以至于不可割，则与圆合体而无所失矣”代表了一个无穷递缩等比数列，也是个极限的过程，蕴含着极高的数学智慧。所以吴文俊认为“以《九章算术》为代表的中国传统数学思想方法是以算为主，以术为法，寓理于算，不断证明，这同古希腊几何原本为代表的逻辑演绎证明和工业化体系异其旨趣，在数学历史发展的进程中此消彼长，交相辉映。但由于近代计算机的出现，其所学数学的方式方法正与《九章》传统算法体系若合符节，《九章》所蕴藏的思想影响必将日益显著，在下一个世纪中凌驾《原本》思想体系之上，不仅可能，甚至说成是殆成定局，本人也认为并非过甚之词”。所以刘徽对中国数学的贡献是极大的，2002年国际数学家大会在北京召开之际，我趁机奔走呼吁去申请一张刘徽的纪念邮票，以纪念刘徽在中国数学史中的重要贡献。

到了20世纪70年代中叶，吴文俊被下放到计算机工厂劳动，切身体会到了计算机的巨大威力。那时候他已经年过半百，却一头扎进机房用一个HP-1000机器学习算法语言、学习编制算法程序，最后发现不仅仅是汉唐数学具备机械化特征，与汉唐数学一脉相承的宋元数学也具备机械化程度很高的计算程序，比如贾宪三角、增乘开方、高次方程的数值解法、高次差的内插法、数字高次方程的立法等。除此以外，有些还包括了现代计算机语言中构造非平易算法的基本要素，比如循环语句、条件语句、子程序等。但是我们不能因为中国传统数学算法化、程序化和机械化的特征，就说我们那个时候就发明了计算机语言，这只不过是历史惊人的相似之处，亦或者是历史的螺旋上升过程中又用到了一两千年前中国的方法，但是当时的中国人绝对没有想到他们的方法可以在两千年后化腐朽为神奇，因为中国的筹算系统实际上已经消亡了。坦率地讲，中国的传统科学只有中医、中药还在用，其他的都已经融入世界科学的发展潮流、成为近代科学的一个组成部分。基于此，吴文俊很快就找到了中外古今数学的结合点，用中国传统数学思想方法在计算机上实现几何定理的证明，后来进一步运用到微分几何定理的证明和不等式的证明，进而推动了数学的机械化，建立了机械化的数学体系。

我们知道数学基本上就两种形式：一个计算、一个证明，即一个代数、一个几何。二者相比，计算容易，证明难；计算复杂，证明简单；计算刻板，证明灵活；计算枯燥，证明美妙。由于计算机的出现，枯燥无味的机械化数字计算已经可以经过机器而走向自动化，所以这不仅仅是机械化，也是自动化。把逻辑推理、公式推导、方程求解、定理证明等美妙有趣却又耗费大量脑力劳动的数学工作，通过计算机而机械化，从而将宝贵的脑力劳动花费在更加有创造性的工作上，这是吴文俊认为的数学机械化的终极目标，也是他后半生四十多年来艰苦奋斗、义无反顾摸索前进的方向。

吴文俊在数学机械化和机械化数学方面的开创性成果在 1997 年获得了国际自动推理领域的最高奖 Herbrand 奖。2002 年 8 月第 24 届国际数学家大会在北京举行，其中一个分会场就是中国古代十部算经的专题研讨会。同年 8 月 26 日中国数学史界有一次国际盛会，83 岁高龄的吴文俊在中国科技馆作题为“中国古算与实数系统”的报告，阐述了中国古代数学家对实数的全面认识远远早于西方这一观点，并且归纳了中国传统数学的优秀基因和突出亮点（图 3）。2002 年 8 月 28 日，

图 3 吴文俊（左）在中国科技馆（2002 年），王渝生（右）陪同

在中国科学院数学研究所晨兴数学中心举办了“沿着丝绸之路”专题研讨会，吴文俊出席并致辞，同时捐出了他获得国家最高科学技术奖的奖金设立了“丝路天文数学基金”，用于资助研究古代东西方的数学和天文学的交流与传播，从而激发了我国数学、天文学史研究的新的增长点，会议闭幕的第二天在古城西安就召开了“第一届丝绸之路数学与天文学史”国际会议。所以说在实施倡导“一带一路”的今天我们不能不佩服吴文俊当年的先见之明。

综观中国传统数学的历史发展和演变过程，作为中华民族光辉灿烂的古代科学文化的一个重要组成部分，它有着同西方数学截然不同的风格，表现出独具一格的特色。古代数学都是以现实世界的数量关系和空间形式为其研究对象的。中国传统数学体系形成于封建社会初期（秦汉），新的封建制度的建立和巩固需要数学解决农业生产和手工业生产中的各种实际问题。中国传统数学内容的实用性，决定了它的知识体系采取“实际问题——计算方法”的有效格式。以算为主，不仅筹算不用运算符号，运算不保留中间过程，“大乘除皆不下照位，运筹如飞”，显得格外省事，而且，一类问题的算法——“术”，往往被处理成一套套的计算程序，犹如当今电子计算机中的“程序语言”，像开平方，开立方，解线性方程组的“遍乘直除”消元法，计算圆周率的“割圆术”，解数字高次方程的“增乘开方法”，解一次同余式的“大衍求一术”，“累强弱之数”的“调日法”，以及“垛积术”“招差术”等，都是构造性算法，无一不具备机械化程度很高的计算程序。吴文俊对中国传统数学机械化特征的发掘与研究，开辟了中国当代数学发展的新领域，是中国当代数学发展具有中国传统数学特色的新里程碑。吴文俊的工作，将中国传统数学更加清晰地展现在世人面前，它与产生于奴隶制鼎盛时期、以论证宇宙的和谐和奴隶制的合理性为背景的古希腊欧几里得几何体系的逻辑演绎思维风格截然不同，但却在世界数学历史发展的进程中起着完全可与之争雄媲美的作用。

他山之石，可以攻玉

——中国古玉制作技术浅议

关晓武

《说文解字》中说：“玉，石之美者。”古人可能是在早期石器的使用和制作过程中，逐渐形成了对玉的认知。关于玉，我想大家平常有很多了解。如果就石头而言，明清之际四大名著中有两部跟石头有关：

其一是《西游记》。其中的孙悟空是自开天辟地以来由仙石孕育而成的，后来拜师学艺，大闹天宫。再受到观音点化，护送唐僧西天取经，经历九九八十一难，最后取得真经，修成斗战胜佛。

另一个是《红楼梦》，又名《石头记》，有一种版本叫《金玉缘》。男主角贾宝玉，衔着通灵宝玉而生。这是一种富贵的象征，这个通灵宝玉也伴着贾宝玉的一生，见证了贾府的兴盛和衰落。

2006年宁浩执导的一部影片《疯狂的石头》，想必很多人都看过。故事围绕一个濒临倒闭的工艺品厂展开。在推翻旧厂房时，发现一块翡翠。国际大盗、本地的小偷三人帮都盯上这块“石头”，从而上演了一出黑色幽默剧。这是文艺题材当中关于石和玉的故事。

在我们现实生活当中，其实也有令人惊讶之作。金缕玉衣事件，大家是否了解？有一个在北京开公司的浙江人，他雇人用其提供的玉片穿制成了金缕玉衣。用来干什么呢？用它来从银行骗取信贷。至案发时还欠银行 5.4 亿多元贷款。这个人最后一审被判无期徒刑，那银行支行行长和副行长一审分别被判 20 年和 19 年有期徒刑。当时，这个金缕玉衣做完以后，他让做的那个人去找人来对它进行鉴定。那个人找了很知名的专家，专家们到现场，围着这件金缕玉衣转了一圈，给出的评估价是 24 亿元。但这些专家后来也承认，他们其实连玻璃罩子都没有打开过。

另一件前些年发生的事情，想必大家也比较熟悉。有一件被称作“汉代玉梳妆台”的组合玉器，也有人叫汉代玉凳。在 2011 年的时候，北京中嘉国际拍卖有限公司拍卖了这件艺术品。你们想象一下，它拍出的价格是多少？最后拍出了 2.2 亿元，说是汉代的。专门请了一位著名专家，写了鉴定意见，称它是汉代的玉凳。这件玉器由两部分组成，上面是梳妆台，下面是凳子，高有 1 米多。这是当年拍卖价格最高的拍品。那它是不是古董呢？其实不是。后来有记者访谈，在江苏邳州找到相关制作人。一个玉器店的老板，说他找了几个伙计，花了七个多月的时间，没日没夜地干，做出来了。据记者的这个访谈，他花的成本大概有 230 万元，出手时卖了 260 万元。但是拍卖的时候，拍出了 2.2 亿元。

我们日常生活当中，也有关于玉的相关见闻。比如 2017 年，一位游客在云南瑞丽旅游，把一个翡翠卖场的玉镯摔坏了，店家要她赔 30 万元。所以，特别贵重的玉器，跟我们离得很远，但其实也很近。

我们今天不妨就这陌生又很熟悉的主题，谈谈关于玉的制作技术。我报告的内容，主要分成三个部分：一是介绍在古籍文献和相关记载当中，关于名玉的记载以及与琢玉工艺相关的信息。二是从研究的角度来看实践层面上的古玉制作技术。三是列举几个与古玉制作难解技术相关的重要案例。

一、文本中的名玉和琢玉工艺信息

第一，古文献当中，关于名玉的记载还是有一些的。大家都知道的，一个是“和氏璧”。《韩非子》中载：春秋之时，一个叫卞和的人，他发现了一个玉璞，要把它献给楚厉王。结果献给厉王的时候，被厉王斩去了左脚。在献给后来继位的楚武王时，武王又砍了他的右脚。到楚文王时，他又把玉献了上去。这次文王找来一位玉匠，把它给剖开，发现真的是很好的玉材，因此得到一个宝物。

《庄子》当中提到的另一件名玉叫“隋侯之珠”。据《淮南子·览冥训》高诱注、晋干宝《搜神记》等载：隋侯（西周封国隋国的国君）巡狩的时候，在路上遇到一个大蛇。这个大蛇受伤了，可能快要死了，他就让随从用药医治这个大蛇。三四个月之后，他在回来的路上碰到一个黄毛小儿，拦在他的车马之前，说要献给他一个很大的珍珠。隋侯说我无功不受禄，这个珍珠我不能要。来年，他又来这个地方巡狩，中午在一山间驿站小憩，休息时就做了一个梦。梦见那个大蛇化身成这个黄毛小儿，告诉他说，我就是你所救的那条大蛇，为了报恩，现在献给你这样一个珍珠。隋侯一下子惊醒了，醒来发现在他床头真就有一粒很大的珍珠，就是隋侯之珠。这是在讲故事，实际隋侯之珠怎么来的，我们不知道。那么文献中记载的隋侯之珠，是什么材料做的？有说是珍珠，有说是玻璃，有说是金刚石，存在不同的看法。但是不管怎么说，隋侯之珠都非常珍贵。所以，《庄子·让王》中称，如果你要用它来弹射麻雀的话，那必然会遭到世人的耻笑。

那“隋侯之珠”“和氏之璧”后来流传到哪里去了？李斯《谏逐客书》描述“今陛下致昆山之玉，有随、和之宝”，就是指隋侯之珠与和氏之璧。秦始皇到底是用新的材料做了和隋侯之珠、和氏之璧一样贵重的玉器呢，还是在征伐六国的时候把隋侯之珠和和氏之璧纳入囊中？也许将来某一天秦始皇陵打开的时候，从里面能够有所发现。

另外，西汉刘向在《战国策》“秦策三”里面提到了其他的名玉。一个是周的砥厄，还有宋的结绿、梁的悬黎，再就是楚国的和氏之璧。周的砥厄，这是周文王当年发现的。他被纣王囚禁在朝歌之时，其子伯邑考给纣王送了很多宝物，其中就有砥厄。妲己看见砥厄，爱不释手。纣王后来把文王放了回去，这会不会是其中一个原因？武王伐纣，又重新得回砥厄，然后把它制成玺印，代代相传，一直传到周赧王，成为周王朝权威的象征。

后来的朝代也有很多名玉，还有体积很大的，我们在后边会讲到。

第二，文献中还有跟玉器制作技术有关的记载。在《诗经》中说：“他山之石，可以为错；他山之石，可以攻玉。”这是跟制作相关的，可以用它来错磨，可以用它来琢刻。《考工记·玉人》中讲到有刮摩之工，有玉、椰、雕，但是其中有些文字已经佚失，我们不知道它里面具体是什么内容。有人推测，可能跟玉器加工的抛光工艺相关。

南宋周密《癸辛杂识》中讲到，用石榴皮汁来描玉。如果你看过制玉，可能就知道，在玉器制作的时候，首先得要画活。画活后来是用墨汁，但是墨汁一沾水，墨迹比较容易消失。所以它这里面提到一种方法，用石榴皮汁在原始材料上面画活，痕迹不容易消失，就可以照着画的这个样子来制作。

《太平御览》中，讲天竺跟大秦这个地方出金钢这样一种材料，可以用来制玉、刻玉。

元代方回在他的《桐江续集》中讲到“玉之成器，则有待于玉工碾之以机铁，砻之以水沙”。根据这两句的描述，我们可以看到，它其实讲的应该就是后来的琢玉机。清代以来，我们称它为水凳。

《天工开物》中讲得非常明确。其中对于琢玉有一段文字，讲的就是琢玉机，把它的结构描述得比较清楚。在《天工开物》中，还附有琢玉图，画有琢玉机。这个我们在后面讲到工具机械的时候，会再进一步地来展示它。《天工开物》还讲到比较有名的工匠的聚集地苏州，再就是京师。

在清宫内务府造办处的档案《钦定工部则例》中，有关于玉石的材料、玉工和所用的银两数额等描述。还有玉工从哪里来，他的祖籍在什么地方。在这里边有很多描述，涉及技术的传承关系。

另外，清代的《玉作图》，是1891年李澄渊应英国医士毕索普的要求画的，把制玉的十几道工序全部画出来了，还附有这个图的解说（图1）[①]。毕索普出的这本书叫*Investigation and Studies in Jade*，在1906年出版。这部书现在很名贵，拍卖的话要不少钱，还不一定能买得到。

图1 《玉作图》和玉器加工工艺流程

① 徐琳，《中国古代治玉工艺》，北京：紫禁城出版社，2011，238—256页，图5—17、18、20、22—25、27、29—33。

第三，文献中讲到了名玉，也讲到了相关的制作，那么到底什么是玉？《说文解字》说："玉，石之美者。"后来玉就成为一个宝石的分类，欧洲的学者经过相关的研究，从矿物学上对它进行了分类。按矿物学成分，我们狭义上说玉有硬玉，有软玉。

硬玉主要指的是翡翠。翡翠主要产自云南跟缅甸交界的地方，内地是没有的。再就是软玉，它的主要成分是透闪石跟阳起石，里面含有钙、镁、铁、硅等。当然民间说玉，更多其实是用广义上的玉的含义。硬玉、软玉，这个名称合适不合适？这是从外文翻译过来的，分别对应的是 nephrite 和 jadeite。这两个词在外语中的含义，是不是有硬玉、软玉之意？可能不一定。据我指导的硕士陈雯（2017 年毕业）研究，日本人翻译的时候，把它翻译成硬玉、软玉。我们中国在用的时候，直接就借鉴过来。除了硬玉、软玉之外，广义上的玉包括蛇纹石、青金石、玛瑙等等，以及一些宝石、彩石、汉白玉、京白玉，也都可以纳入到玉的范畴。

以上所讲，是第一部分的内容。当然，我们只是在浩如烟海的文献中摘录了这么几条，让大家了解一下古籍当中对于玉的相关描述。

二、实践层面的古玉制作技术

第一，古玉研究主题①。

其一，玉器的类型和年代。兴隆洼文化的玉器距今七八千年，到红山文化，到良渚文化、安徽含山的凌家滩文化、齐家文化，再到历史时期，一直延至清代，在各个重要的时期都有典型的玉器群与器物，所以就涉及玉器的种类和分期。

---

① 李晓东，《玉器学结构体系纲要》，《文物春秋》2001 年第 4 期，17—21 页。

其二，出土玉器的分布和保存情况。在中国东北、中原、华东、华南、西南，各个地方都有玉器出土。需要关注用玉的性质，以及考古学的相关背景。

其三，玉的原料和矿源。最出名的是和田玉，有人专门深入和田矿产区，几十年如一日，写了和田玉玉矿开采利用的历史，出了书。这非常难得。除了和田玉之外，还有南阳玉，也叫独山玉，还有辽宁的岫岩玉、青海玉等。玉的种类、矿源很多。

其四，制作技术。有人把玉器制作总结为十大关键技术。涉及怎么开玉，怎么琢磨，怎么钻孔、打眼，怎么抛光等一系列加工环节。用了哪些加工工具？在加工制作的过程中需要使用哪些介质跟辅料？技术如何传播？玉器制作出来以后是用作礼器，还是作为实用器、艺术品、挂件，还是用于随葬？它的价值和作用，背后所反映的相关文化和社会、用玉的制度以及玉器与文明起源、宗教礼制等相关方面的关系。

第二，古玉研究方法。

研究古玉，可以用钱穆研究中国历史提出的三个特性来描述[①]。其一，特殊性，玉器也有它的特殊性，有它自身的特点。其二，随着地域和时代的不同，它会出现变化，有这种变异性。其三，在特殊性和变化的基础之上，又形成了玉器自身制作和使用的传统。了解古玉，需要从这三个特性来把握。

以什么作为主线呢？学界从不同的方面研究古玉，有从考古学的角度，有从玉文化或历史的角度，有从技术或功能的角度。我们主要从加工技术角度，以加工技术作为一条主线，来对古玉开展研究。

研究用什么方法？首先，传统研究古玉的方法，主要是眼观手感。

---

① 钱穆，《中国历史研究法》，北京：生活•读书•新知三联书店，2011，1—17 页。

通过眼睛看、手摸。现在想要接触到古玉器，可能不是那么容易。特别是玉器被定级以后，一级文物、二级文物，能隔着玻璃罩子在那儿看看，可能就不错了。但是研究者，还是有一些条件，跟文博单位合作以后也可以接触到一些玉器，可以拿在手上实际感受。如果没有大量接触感知玉器的实际经验，想要有很好的认识，可能也比较困难。

其次，利用现代的仪器设备对玉器的成分进行检测，对于它的矿相进行检测，也可以观察它表面的形貌。比如说用超景深体视显微镜，就可以观察它表面的形貌。通过这个形貌，来了解它加工所留下的痕迹、使用所留下的痕迹。再通过这些痕迹还原回去，来推测它是怎么加工制作出来的。比如说社科院考古所叶晓红博士做了一个工作，对不同加工方法的玉器取得硅胶印模，放在扫描电镜下面观察，就发现用砂绳切割、用片切割、用金属锯片切割以及金属线切割，对应的痕迹是不一样的。这样就可以根据这些痕迹的信息来进一步认识古代的玉器是怎么加工的。

再次，进一步的是开展相关的模拟实验。目前学术界开展比较多的实验，一个是切割，比如说怎么用砂绳来切割，怎么用片来切割，怎么用砣来切割。另一类是钻孔，有实心钻跟空心钻这两类。而要对玉器进行很好的模拟实验，除了做切割和钻孔以外，还有很多的缺环要进行补充，比如说它是怎么设计的？其实，一个玉石到达玉雕大师手里，首先他要根据玉料的特点来进行设计，设计以后要画活。在上面要画出样子，根据这个样子去进行制作。还有俏色，玉石本身上面不同的部位颜色不一样，怎么根据颜色去设计这个题材。还有一些难题，如盲孔怎么加工？在模拟实验当中，怎么把它做出来？一些比较特殊的纹饰是怎么琢刻出来的？我后面讲案例的时候会讲到。还有，模拟实验很重要的一点，如果只做了某一个环节，还是不够的。因为制作的是一个完整的器物，从怎么开料到最后怎么抛光，完整的一个流程做出来以后，才算是完成制作。中间哪个环节出了问题，那么就失败了，说明这个还没有做成。所以还需要能够进行完整流程的模拟实验。还有一些特殊的玉器，比如说玛瑙珠怎么制作？它的孔怎么加工？古玉制作用什么工具？考古现在发现的治玉工具比较少，虽然有一些，但更多的制作工具还没有被发现，是没留存下来，还是我们没认出来，还是怎么回事？再就是需要补充相关的比较研究，不同的地区、不同的工艺、不同的种类，在它们之间有什么样的相互关系和作用？

第三，古玉制作研究分级结构。

下面我们从研究的分级结构（图 2）来讲，如果要制作出来玉器的话，跟技术相关的方面有哪些？

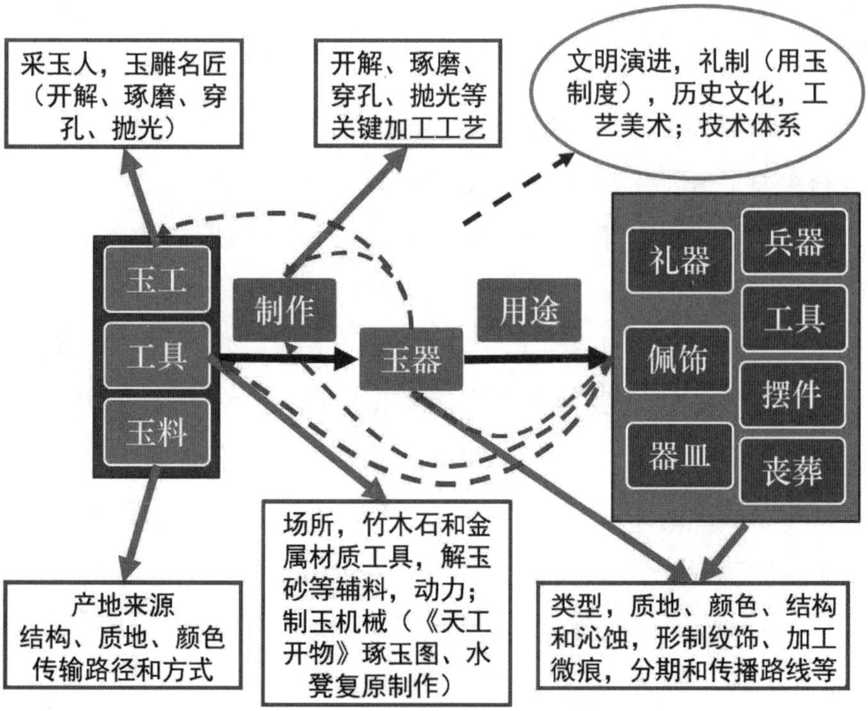

图 2　古玉制作研究分级结构

首先，要有玉工。其实我们很难知道早期的玉工叫什么名字。只是后来有文献记载以后，我们才知道有这样的一些玉雕大师。在《中国传统工艺全集·历代工艺名家》[1]中收集了一些，最早的是隋代的。考古发掘出土了大量玉器，可想而知，更多的制作者今天不为我们所知。今人跟他们的交流是通过玉器，好像朦胧当中跟他们有一个对话。明代比较出名的玉刻名匠有陆子冈等人，清代的有些玉工是造办处的。今天也有很多玉雕大师，有国家级的，也有地方的。有玉雕大师，有玉工，有采玉的人，有的时候他可能是同一个人，也可以是不同的人。

其次，要有玉料。玉料是通过采玉的人采回来的。有哪些玉料，玉料怎么运输？古方先生等人编著了《古玉的玉料》[2]这本书，对不同的文化以及历史时期所用的玉料进行了描述。比如说在兴隆洼文化的时候，主要是透闪石类，也有一些是蛇纹石类。红山文化以透闪石为主，龙山文化主要是透闪石、大理岩和蛋白石、绿松石。该书中展示的玉器（图3—图8），就是用不同的材料制作出来的。良渚文化典型的玉器是玉琮，用的玉料主要是透闪石类，当然也有些其他的材料。凌家滩文化以透闪石为主，有少量的蛇纹石、玛瑙，还有水晶、煤精等等。石家河文化以透闪石为主，另外有高岭玉、绿松石、大理石、水晶、滑石。台湾的卑南文化，以黄绿色的透闪石为主，有些少量的透辉石、蛇纹石。图6最右边的这件兽形玉饰，就是台湾卑南地区出土的玉器。

夏商西周的时候，主要是以和田玉作为原料。夏代主要用的是白玉、青玉。春秋战国以和田玉为主，在春秋的时候还有一种是岫岩玉。图7中的这件殷墟妇好墓出土的两面玉人，是很出名的。

可以看到，后期和田玉一直占据着主流。秦统一六国后以和田

① 田自秉、华觉明主编，《中国传统工艺全集·历代工艺名家》，郑州：大象出版社，2008。

② 古方、李红娟编著，《古玉的玉料》，北京：文物出版社，2009。

玉为主，汉代崇尚白玉，主要还是和田玉，当然这时候也有蓝田玉和岫岩玉。隋代的时候是和田白玉，唐代的时候进一步开发和田玉，五代十国也是于阗玉河的和田玉。图 8 中展示了一件唐代的和田白玉籽料。

宋代以白玉、青白玉为主，有一些黄玉、独山玉。辽金是以白玉为主。宋辽的时候玛瑙器大量出现。明清之时，和田的玉料要通过辗转运输，才能够到达内地，但主要是白玉跟青白玉。大概到乾隆的时候，和田玉的开采和交易进一步控制在清廷手下。而在清朝，翡翠这些东西也开始出现。晚清时，高丽翡翠制品开始流行。

今天，我们能看到的玉的材料主要有和田玉、岫岩玉、独山玉、蓝田玉，独山玉是河南南阳的，蓝田玉是陕西的。还有龙溪玉、甘肃的酒泉玉、青海玉、台湾的花莲玉等，还有就是翡翠。在市场上，也出现了很多仿古用料，制成的玉器有时候标价很高，可能是用仿古料做的，也可能就是玉质粉用胶黏合的。这样的材料做出来的玉器，用现代的仪器一测，立马就现形了。当然用肉眼去看，可能有时候看不出来。现在比较流行的仿旧材料，还有青海料跟俄罗斯料。

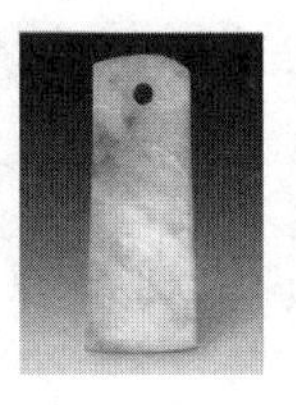
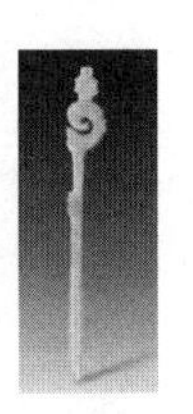

图 3　典型玉器

从左至右：兴隆洼文化玉玦（兴隆洼遗址），红山文化玉龙（翁牛特旗三星他拉遗址），小河沿文化石璧（翁牛特旗大南沟墓地），大汶口文化晚期玉铲（山东泰安大汶口墓地），龙山文化玉簪（山东临朐西朱封遗址 202 号墓）。

图 4　典型玉器

从左至右：庙底沟二期文化兽头形玉饰（山西芮城清凉寺墓地 87 号墓），陶寺文化玉环（山西临汾下靳墓地 136 号墓），龙山文化玉铲（河南南阳黄山遗址），陕西龙山文化凤首玉笄（陕西延安芦山峁遗址），河姆渡文化璜形玉饰（浙江余姚河姆渡遗址），马家浜文化玛瑙玦、玉璜（浙江嘉兴吴家浜遗址），崧泽文化玉玦（浙江海盐仙坛庙遗址 129 号墓）。

图 5　典型玉器

从左至右：良渚文化玉琮（浙江平湖乍浦建利村戴墓墩遗址），北阴阳营文化玉璜（江苏南京鼓楼岗北阴阳营墓葬），凌家滩文化龙形玉佩（安徽含山凌家滩遗址），大溪文化玛瑙璜（湖南澧县车溪乡城头山古城址 678 号墓），屈家岭文化玉饰（河南淅川黄楝树遗址）。

图 6　典型玉器

从左至右：石家河文化人面形玉牌饰（湖北天门石河镇肖家屋脊），石峡文化玉琮（广东汕尾海丰田乾盐场），齐家文化玉璧（青海民和马营乡马家村阳坪遗址），卑南文化人兽形玉饰（台湾台东卑南遗址）。

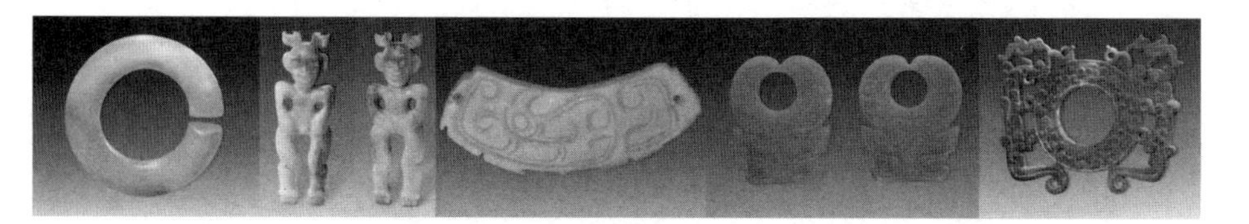

图 7　典型玉器

从左至右：夏家店下层文化玛瑙玦（内蒙古敖汉旗大甸子墓地），商代晚期双面玉人（河南安阳妇好墓），西周凤鸟纹玉璜（陕西长安张家坡152号墓），春秋牛首形玉佩（山东莒县龙山镇王家山村春秋墓），战国双龙饰玉璧（河南洛阳西工区）。

  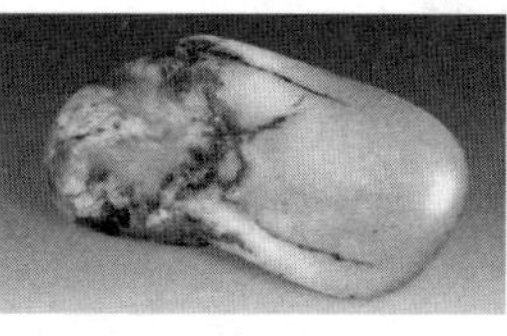  

图 8　典型玉器

从左至右：西汉玉璧（河北满城陵山中山靖王刘胜墓），魏晋时期玉卧羊（甘肃武威灵钧台遗址），唐代何家村窖藏出土和田白玉籽料，唐代花形簪首（宁夏吴忠唐墓），金代折枝花形玉佩（北京房山长沟峪金代石椁墓）。

制作要用到一些辅助的材料。章鸿钊《石雅》当中，讲了一些石料，也讲了一些用来作为辅助的材料。这些材料，它有对应的硬度。我们现在按照摩氏硬度分成十级，最高是金刚石，是10，滑石是1。软玉、硬玉的硬度一般在六点几。还有研磨硬度，就是辅助的材料，它研磨的时候也有一个硬度。

再次，制作需用工具。所用工具，可能会因地取材，材料可能有石质的，有竹木的，还有金属的。特别是冶金出现以后，金属材质的工具也相应地出现。比如以石质的为例，有这样的一类考古材料叫环砥石。在珠海宝镜湾史前遗址出土了18件环砥石（图9）[①]。宝镜湾在

① 广东省文物考古研究所、珠海市博物馆编著，《珠海宝镜湾——海岛型史前文化遗址发掘报告》，北京：科学出版社，2004。本文关于珠海宝镜湾遗址出土的环砥石图片、尺寸数据和相关文字描述，引自该报告。

开发之前是海湾，后来填海造田成为建筑工地，考古工作者在工地上发现了这样的器物。这种器物是用来干什么的？有人猜测它是用来钻孔的，有人说是用来扩孔的。我们对珠海出土的环砥石的尺寸，就是凸起根部最大的直径尺寸和出土的玉芯的直径最大尺寸进行了一个统计，汇总在一个 Excel 表中，画了折线图（图 10），发现它们的尺寸有对应的关系。据此，我们倾向于认为珠海出土的这些器物是用来扩孔的[①]。香港中文大学邓聪先生一开始认为可能用于研磨、扩孔，后来他和叶晓红等研究认为另有用途。珠海锁匙湾出土的环砥石两端有凸起，一端比较明显，另一端不是那么明显。对这个旋转面，叶晓红用硅胶取了印模，在扫描电镜下面观察它的痕迹，可以看到一圈一圈同心圆（图 11）[②]。另一端的同心圆，没有这个规整。

其他一些地方也出土了类似的器物，如澳门黑沙（图 12）[③]、浙江桐庐方家洲（图 13）[④]等。安徽含山凌家滩出土了一件（图 14）[⑤]，也是两端有凸起。上面不仅有凸起，还呈螺旋状，边上有打磨用的砺石。有玉芯，一看到这个玉芯就知道，这个是管钻加工出来的，而且是双面管钻。陕西周原齐家制玉作坊也发现了很多这种器物（图 15）[⑥]。发

---

① 关晓武、刘彦琪、吴世磊、张炳君，《珠海宝镜湾史前遗址出土环砥石用途试探》，邓聪，《澳门黑沙史前轮轴机械国际会议论文集》，澳门：澳门特别行政区民政总署文化康体部，2014，252—267 页。

② 叶晓红、邓聪，《史前玉工辘轳轴承器的 SEM 分析——以环珠江口地区为例》，《澳门黑沙史前轮轴机械国际会议论文集》，44—67 页。

③ 邓聪，《澳门黑沙玉石作坊》，《澳门黑沙史前轮轴机械国际会议论文集》，217—331 页。

④ 方向明，《桐庐方家洲新石器时代遗址中的环玦制作及相关问题》，《澳门黑沙史前轮轴机械国际会议论文集》，156—201 页。

⑤ 朔知，《凌家滩玉玦环研究——兼论“石钻”功能与辘轳轴承的演化》，《澳门黑沙史前轮轴机械国际会议论文集》，202—233 页。

⑥ 孙周勇，《陕西周原遗址齐家作坊环玦穿孔技术研究》，《澳门黑沙史前轮轴机械国际会议论文集》，302—323 页。图 15 引自周原考古队，《周原：2002 年度齐家制玦作坊和礼村遗址考古发掘报告（下）》，北京：科学出版社，2010，彩版四三。

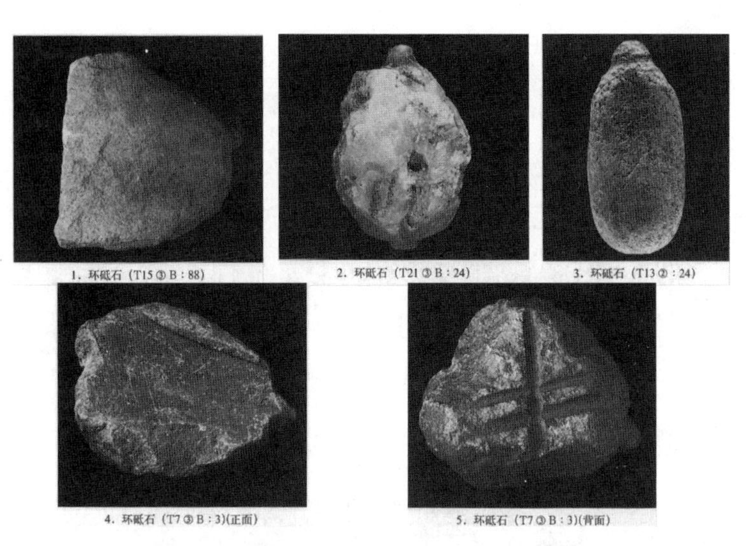

图 9　珠海宝镜湾遗址出土部分环砥石

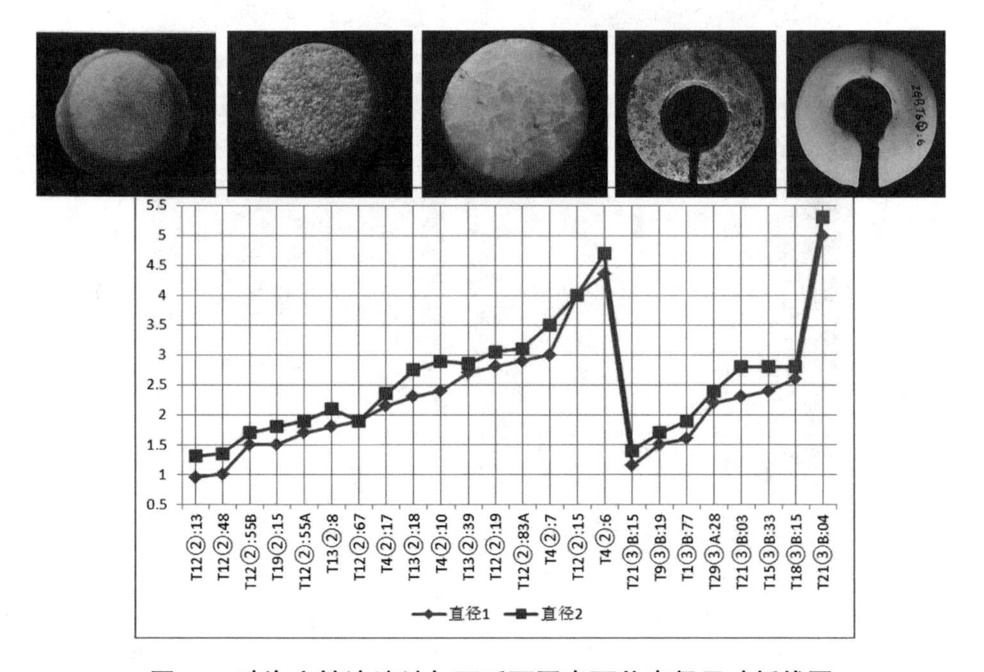

图 10　珠海宝镜湾遗址与环砥石同出石芯直径尺寸折线图

掘领队孙周勇先生认为，这就是钻头。他们做了模拟实验，发现还很好用，不到一分钟就钻出来了。齐家制玉作坊属西周早中期遗址，分成了三期，出土了大量石玦的废料，还有石玦残次品，再就是这类钻头，有不同的种类。除了这些，还有更细的，但尺寸都不是很大，就是手可以握的。孙周勇认为是钻头，邓聪推想这类器物是用来承轴用的，就好像制陶的快轮，快轮底下的一个过渡的器件，使得快轮转动灵活，不至于出现转动的问题。现在邓聪的一名博士生正在开展模拟实验，他们用了现代的一些材料和固定装夹用具来进行玉器的加工，图 16 所示是他们的实施方案①。

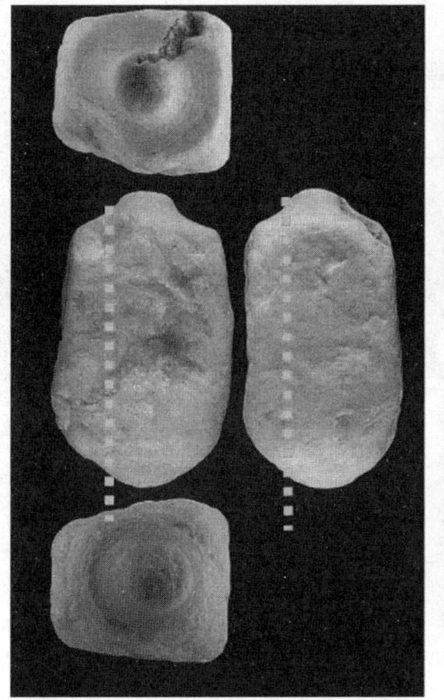

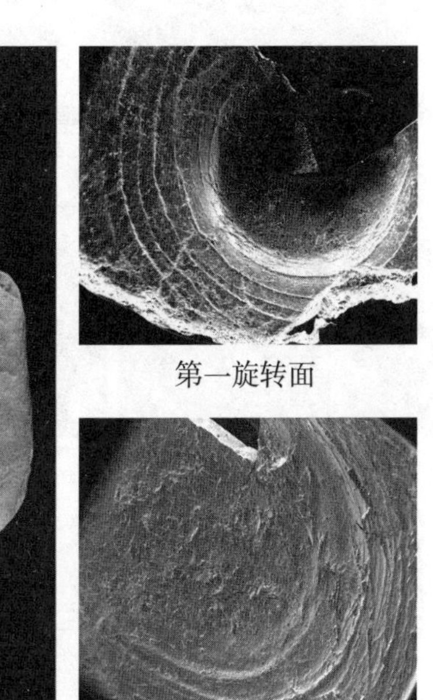

第一旋转面

第二旋转面

图 11　珠海锁匙湾环砥石及硅胶印模痕迹

---

① 图 16 引自邓聪教授微信，相关工作参见邓聪，《中国最早石制轴承的功能实验考古试论——查海遗址轴承形态分析》，辽宁省文物考古研究所编，《庆祝郭大顺先生八秩华诞论文集》，北京：文物出版社，2018，131—141 页；徐飞、邓聪、叶晓红，《史前玉器大型钻孔技术实验研究》，《中原文物》2018 年第 2 期，57—64 页。

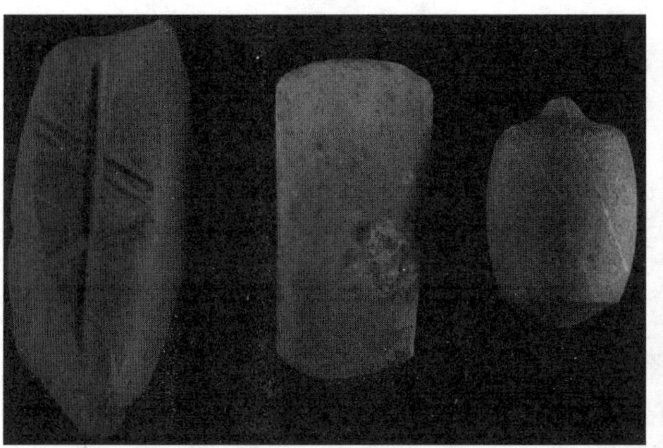

图 12　澳门黑沙出土环砥石

图 13　浙江桐庐方家洲出土环砥石

图 14　安徽凌家滩遗址出土环砥石

图 15　陕西周原齐家制玉作坊出土石钻

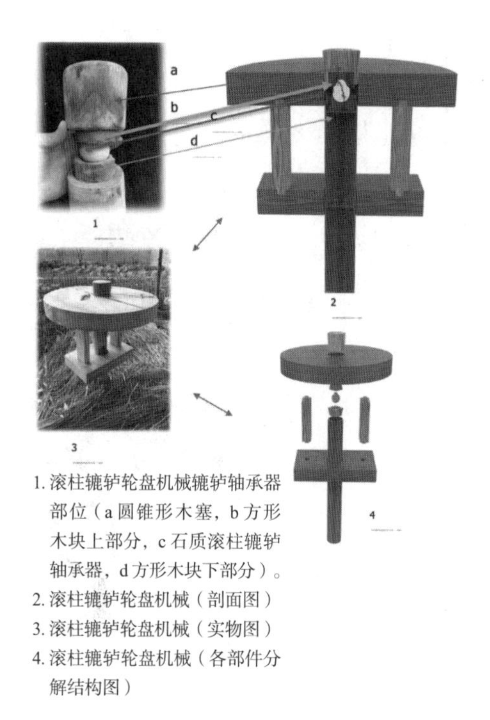

1. 滚柱辘轳轮盘机械辘轳轴承器部位（a 圆锥形木塞，b 方形木块上部分，c 石质滚柱辘轳轴承器，d 方形木块下部分）。
2. 滚柱辘轳轮盘机械（剖面图）
3. 滚柱辘轳轮盘机械（实物图）
4. 滚柱辘轳轮盘机械（各部件分解结构图）

图 16　邓聪教授的方案

邓聪先生把这类器物分成三类：一类是固定用的，一类是承轴用的，一类可能有其他的用途[①]。他把目前出土的国内以及越南的这类器物做了一个汇总。2013 年在澳门开会，他把不同领域的人邀请来研讨。有专门做陶器研究的，有做漆器研究的，有做木器研究的，就是大家考虑不同的制作工艺中的相通性。邓先生考虑，怎么进一步确认他研究的结论。

关于制玉的机械，水凳最早出现于元代，前面我们说过，方回描述的应该是琢玉机。但是实物描绘，最早是《天工开物》[②]。《天工开物》后来出现了很多版本（图 17），学界在用的时候，有时候不注意用的是

---

① 邓聪，《澳门黑沙玉石作坊》，《澳门黑沙史前轮轴机械国际会议论文集》，217—331 页。

② 关晓武，《〈天工开物〉》所附〈琢玉图〉考》，《中国科技史杂志》2014 年第 4 期，385—396 页。

什么本子。有人引用了《天工开物》的琢玉图。我就去看《天工开物》，找到本子一看，怎么跟他的不一样呢？结果发现《天工开物》有二十多个版本。二十多个不同的版本里面，图可能是不一样的。有的人用的是很晚的本子，比如1927年或更晚的版本。1927年跟最早1637年的版本，是不一样的。大家可以看一下，图17上部最左边的是最早的涂绍煃本，是1637年的，可以看到琢玉机的大致形状，砣具是放在中间的，上面没有板。到后来就发生了一些变化，当然早期的版本都还没有变化。《天工开物》后来传到了日本，1771年日本的菅生堂本仍然是仿照涂本。《古今图书集成》（1728年）引用时将图改了，它引用的文字是《天工开物》当中的，但是《琢玉图》不是《天工开物》涂本所有的。可能大家看不到涂本，但是这个图怎么来的，是不是后来又画的，是需要慎重考虑的。但是我们可以肯定这个图，跟晚清《玉作图》当中的结构基本上是一致的。万有文库所用的本子跟《古今图书集成》是一样的。有些学者用的是陶本或者局本，这两个版本里的图跟早期版本其实是有差别的。所以在引用的时候，要注上到底引用的是《天工开物》哪个版本，不然会有问题。

图18是对琢玉机各个部位名称的标示。图19是《玉作图》当中的铡铊图。图20是一个国外的学者汉斯福德（Hansford）在1938—1939年来中国调查时拍的①。图21是在北京周边玉雕大师袁广如的工作室一个角落存放着的水凳，说是老物件。

① Hansford S. H., *Chinese Jade Carving*, London and Bradford: Lund Humphries & Co. Ltd., 1950.

图 17　《天工开物》不同版本

从左至右：上部，国图藏涂本、影印涂本、法国藏涂本、杨所本、杨抄本；下部，菅生堂本、《古今图书集成》本、万有文库本、陶本、局本（世界书局本）。

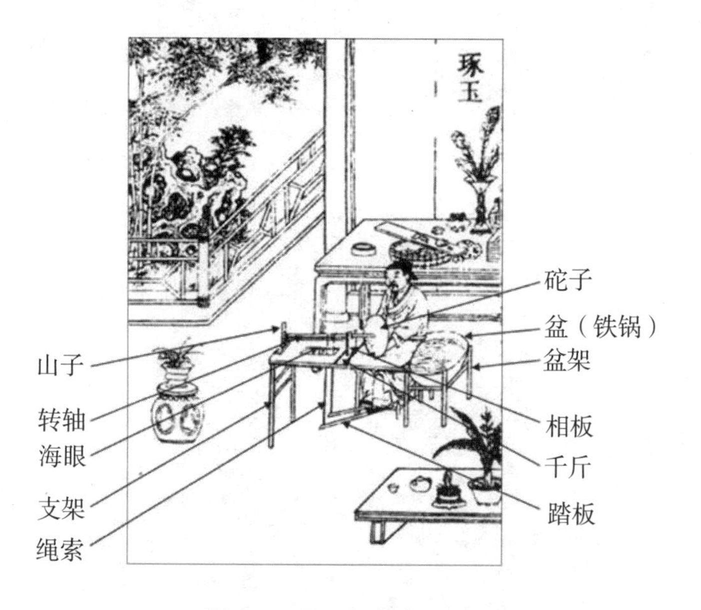

图 18　琢玉机各部位名称

图 19　《玉作图》之铡铊图

图 20　汉斯福德（Hansford）拍摄的照片

图 21　玉雕大师袁广如工作室收藏的水凳（关晓武摄）

琢玉机至少元代就有了，再早可能到宋代。还能不能再早？杨伯达先生认为砣机就是琢玉机，最早可能在原始时代就有了。他把砣机的发展分成五个阶段[①]：第一代是坐式或半地下式的，第二代是几式的青铜砣头，第三代是几式的铁砣头，第四是高桌式的，第五是现代的砣机。香港中文大学的杨建芳不同意杨先生这个看法。他通过玉器表面加工的痕迹来判断。我们前面也看了，不同的切割方法对应的痕迹是不一样的。那么在这种情况下，他认为砣机最早出现应该是在春秋的时候，在那之前都是手工做的。到底怎么样？现在还给不出一个明确的结论。

那这个琢玉机怎么制作呢？我看了这些图，还是不知道它的具体结构，照片是二维的，呈现一个大概的样子。但实际上多高多宽、怎么组成，还是不知道。我们就寻访，发现天津的玉雕大师霍学正先生（图 22）自己做过[②]。他年轻的时候是天津玉雕厂的员工，“文化大革命”的时候不让再做玉器了，全部停工，天上飞的、水里游的、地上跑的，都不让做，他就用从北京捡回去的京白玉，雕了毛主席像。这其实风险比较大，如果毛主席像雕不好的话，在当时可能有政治风

图 22　霍学正年轻时工作照

---

① 杨伯达，《关于琢玉工具的再探讨》，《南阳师范学院学报（社会科学版）》2007 年第 2 期，72—76 页。

② 2013 年 6 月开始访谈霍学正先生，12 月开始制作，2014 年 1 月下旬安装和操作培训。

险。但是做出来，在厂里面来看感觉还不错。我问他有没有保留下来，他说那玉都是公家的，个人不能拿回去收藏。我们就跟他谈，他在玉雕厂的时候，把琢玉机这些尺寸大小，都给记下来了，凭着他前面做的经验记忆，手绘了这样一个图（图 23）。一个是琢玉机（水凳），一个是拉凳（用于钻眼）。图 24 是水凳木工加工的过程，这个我拍照了，也录像了。图 25 是制作拉凳，图 26 是安装和对砣具进行调正的过程。霍学正、杨守喜和丁绍鸿三位（图 27）当年同在天津玉雕厂工作。霍先生是做玉器雕琢的，杨先生是砣具匠，专门做砣具，以及把砣具安装在轴上怎么调正；丁先生是做细木作的，玉器做出来了以后，他给加工一个座，玉器可以放在座上。图 28 是霍学正在自然科学史研究所指导研究所人员进行操作。拿这个琢玉机，跟《玉作图》、汉斯福德拍摄的、云南腾冲的，以及袁广如大师工作室收藏的作对比（图 29），可以看到它们之间存在什么样的差别。

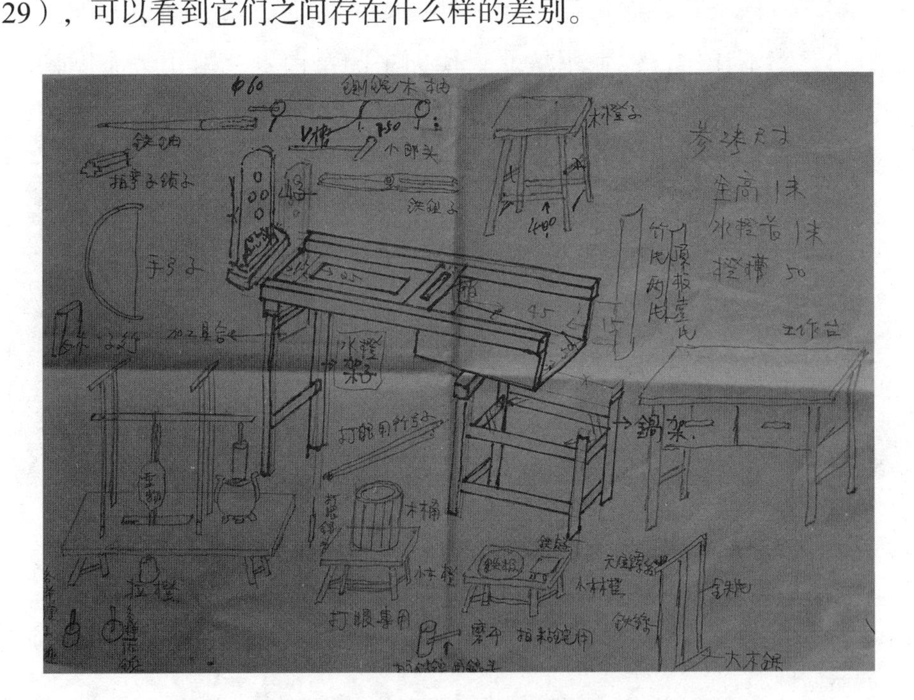

图 23　霍学正绘制的水凳和拉凳结构尺寸示意图

图 24　水凳制作（关晓武摄）

图 25　拉凳制作（关晓武摄）

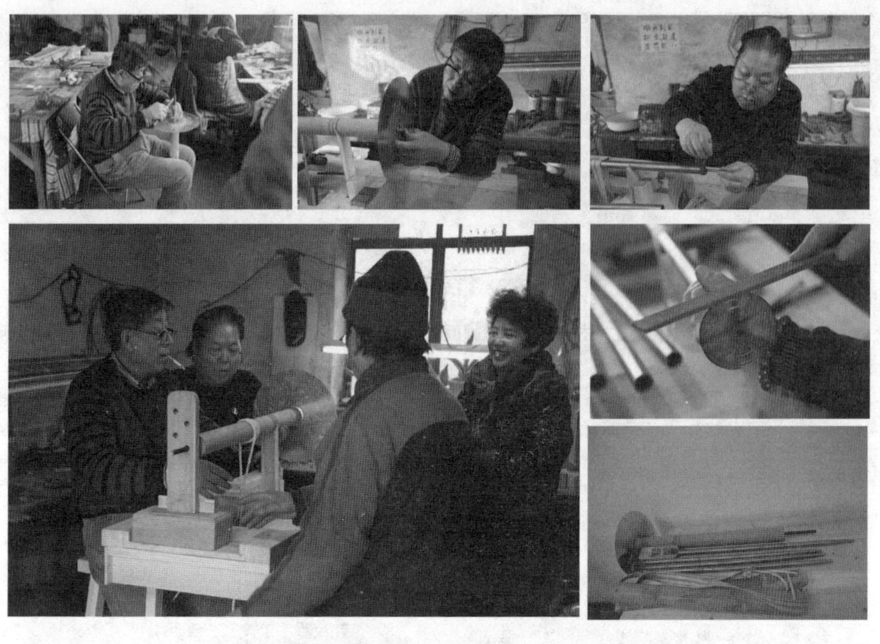

图 26　安装和调试（关晓武摄）

图 27　复原制作者（关晓武摄）

左二霍学正，左三杨守喜，左四丁绍鸿，左五吴春生。

图 28　指导和培训琢玉机操作（关晓武摄）

图 29　琢玉机比较

有了材料、制作人和工具以后，要把它制作成玉器，还有对应的工艺。这个工艺除了我们前面讲的不同的工具，有画活的方法，有琢玉的机械之外，还有它的流程。材料里面会涉及五个方面，有产地、成分、沁色、结构，还有质量。工艺则涉及十大关键技术。整个流程包括选料、审料、设计、琢磨、抛光、保养、保护等等。可以结合现代的手段，去开展相应的研究。

琢制的玉器有什么样的特点？图30[①]所示兴隆洼文化遗址出土的玉玦，距今七八千年，这个玉玦上面留有它抛光的痕迹，就在残破的地方。右上是红山文化的玉猪龙，左下是良渚文化的玉琮，玉琮上面的窄细平行线怎么加工出来的？右下这件是安徽含山凌家滩文化的玉鹰，是一件玉饰。

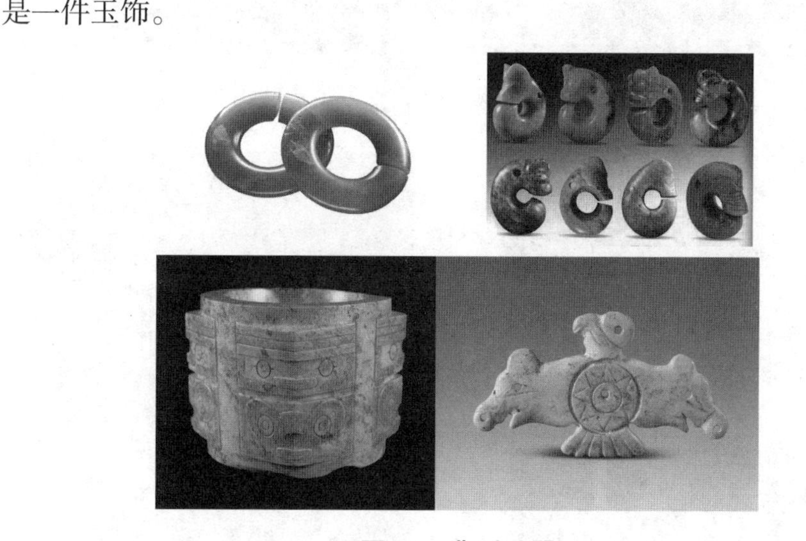

图 30　典型玉器

左上：兴隆洼文化遗址玉玦，右上：红山文化玉猪龙，左下：江苏武进寺墩4号墓出土神人兽面纹玉琮，右下：凌家滩文化玉鹰。

---

① 兴隆洼玉玦图由香港中文大学邓聪教授提供。玉猪龙图引自古方、李红娟编著，《古玉的玉料》。良渚玉琮图引自殷志强、张敏主编，《中国出土玉器全集7·江苏、上海卷》，北京：科学出版社，2005，36页神人兽面纹玉琮图。玉鹰图引自张敬国主编/执笔，安徽省文物考古研究所编著，《凌家滩——田野考古发掘报告之一》，北京：文物出版社，2006，彩版二〇一。

图 31 是忽必烈的时候制作的渎山大玉海[1]，重 3500 公斤，用的是独山玉。忽必烈在征伐时杀过很多人，但是有一点，他对工匠是不杀的。把他们都给弄到大都，在那里集中为他制作。这是我们知道比较早的大型的玉器。它是一个容器，膛深有 55 厘米。清代的《大禹治水图》玉山（图 32）[2]，原始的材料产自新疆，重达 1 万多斤，后来运到了北京。怎么运来的？运输这么大块的石料，用了多长时间？现在推测，这可能用了很长的时间，应该是利用冬天在路面上洒水结冰。前面用马拉、牛拉，后面人推，花了很长的时间，可能好几年，才运到北京。

运到北京以后用它来做什么？就请人先设计一个样。正好清宫里有宋代的《大禹治水图》，就以这幅画作为模板，画了样子。这个样子由乾隆定下来以后，就开始正式制作。在哪里做？不是在北京做的，而是在扬州。从 1781 年样子制好以后开始做，到 1788 年才完成。图 32 右侧展示的是细节情况，是对局部的放大。这是目前所知道的最重的玉器。花了数十万人力参与这件事情，不计工本。这么大的料怎么来做？琢玉机上不去，怎么用手工，怎么进行分工，怎么把不同部位加工出来？所以这是一个惊人之作、惊天之作。图 33 所示的《会昌九老图》玉山也是清代的，差不多跟《大禹治水图》玉山同一时期，雕刻得非常精细[3]。从这些玉器的沁色、加工痕迹、结构、纹饰，我们可推断相关的制作技术。

---

① 古方主编，《中国传世玉器全集 3（宋、辽、金、元、明卷）》，北京：科学出版社，2010，227 页。

② 古方主编，《中国传世玉器全集 7（清代卷）》，北京：科学出版社，2010，34 页。图 32 右边局部图引自徐琳，《中国古代治玉工艺》，北京：紫禁城出版社，2011，206 页。

③ 《中国传世玉器全集 7（清代卷）》，36 页。

图 31　元代渎山大玉海

图 32　清代《大禹治水图》玉山　　图 33　清代《会昌九老图》玉山

不同种类的玉器有相应的不同用途，有礼器、兵器、工具、摆件、丧葬佩饰、器皿等等。制作出来的玉器怎么样，对制作的过程、玉工可能有一个反作用。做得好不好，后面怎么改，玉工对玉的材料有进一步的了解后，再遇上新的材料的时候，怎么加工？不同的用途，对玉器、制作、制作的不同要素也有相应的影响。整个制作过程，怎么进行组织、管理和经营？清代的《大禹治水图》玉山，元代的渎山大玉海，这些大型玉器的制作怎么组织？这些工匠都分别从什么地方抽调？这些人的吃喝拉撒睡，就是一个很大的问题。玉器制作技术发展演变的历史跟文明演进有什么关系？反映了什么样的礼制？蕴含了哪些历史文化？

透过它，我们对玉器的制作技术以及相关的制作工艺，可以有哪些认识？我们通过玉器，可以延展到一个技术体系，怎么来研究？有下面这些工作可以做：其一，对文献要进行进一步的检索跟考证，我们前面列了一些文献，当然还有更多的文献，还需要从里面去梳理出跟加工、材料、工具、机械相关的信息。其二，跟实物考古相关的工作也需要做，比如说玉料的相关成分、结构、矿相的数据采集，涉及产地、质地、颜色、加工的痕迹，要建立这样的数据库。所要研究的玉器，可以在这个数据库当中建立它的坐标，找到它的位置。还有要了解玉器的考古学的相关背景。在研究法上有传统的方法，也有现代的显微观察、拉曼光谱仪分析、VPS 硅胶印痕等等。有这样的一些方法来取得相关玉器的种种信息。再就是围绕玉的开解、琢磨、穿孔、抛光，以及一些关键的制作技术的问题，来开展模拟实验。

三、古玉制作难解技术举例

下面主要来从四个方面来讲古玉制作技术难解之谜。

第一，大平面如何加工？图 34 是陕西石峁遗址出土的牙璋[①]。图 35 是四川广汉三星堆出土的牙璋[②]。三星堆博物馆还有一个璋王，可能还没有完全加工完，1 米多长。问题是，它们是怎么加工的？大家有没有办法？我们专门请教过天津的玉雕大师。图 36 是三星堆博物馆所藏的半成品的玉料，上面有些痕迹。图 37 是金沙遗址出土的，它叫成型对开玉璋，也是半成品[③]。什么叫成型对开？就是把外面的外型做好了，最后从中间给它剖开，一剖两半变成两个。还有的叫对开成型，从中间剖开了，然后再做造型。所以到底是怎么做的？剖开可能相对好办，可以用绳或者是用片（金属的片）。在三星堆的时候有金属，有人说这应该是用金属工具加工的。

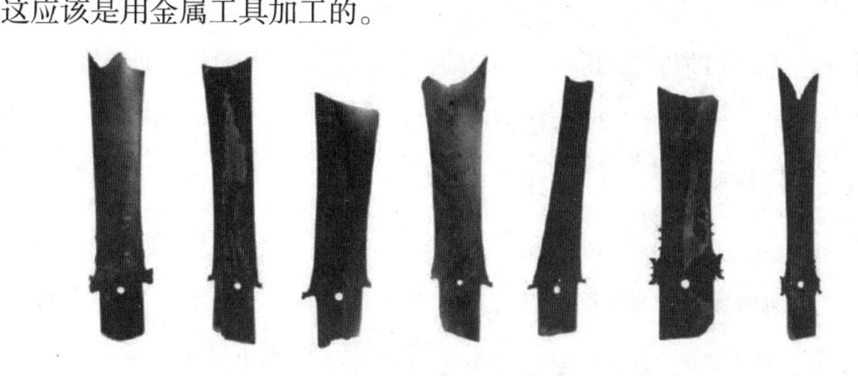

图 34　陕西石峁遗址出土牙璋

① 戴应新，《神木石峁龙山文化玉器探索（二）》，《故宫文物月刊》，1993 年第 6 期，46—61 页。引自陈雯，《璋的定名、特征与加工工艺研究》，中国科学院大学硕士学位论文，22 页，图 2-1，2017。

② 四川广汉三星堆博物馆、成都金沙遗址博物馆编著，《三星堆与金沙：古蜀文明史上的两次高峰》，成都：四川人民出版社，2010，103—104 页。

③ 《中国古代治玉工艺》，82 页，图 2—13。

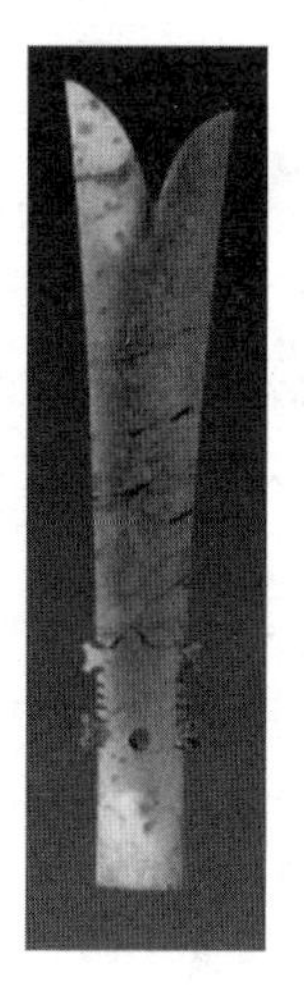

图 35　四川三星堆遗址出土牙璋

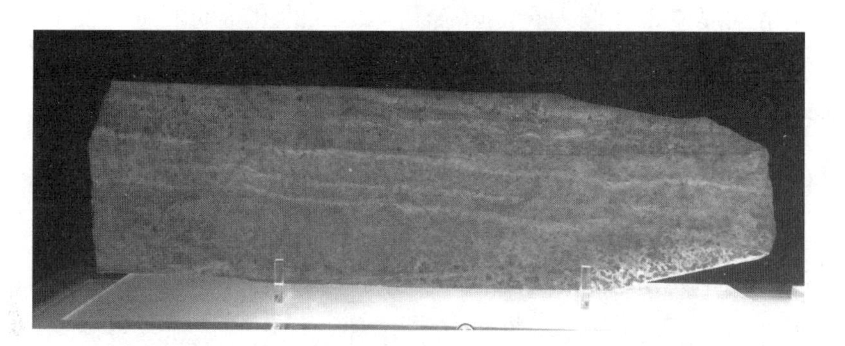

图 36　四川三星堆博物馆藏半成品玉料（关晓武摄）

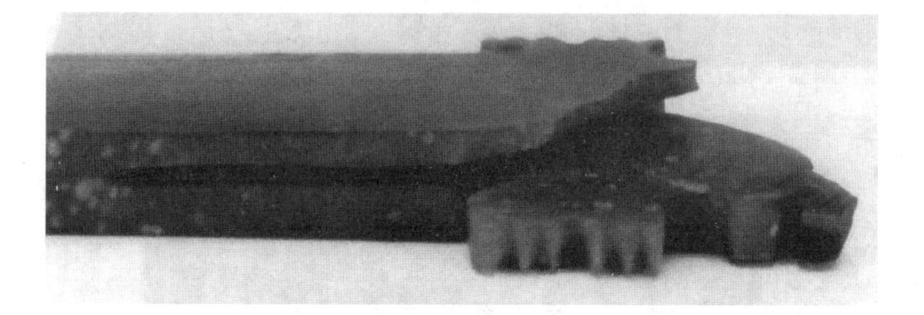

图 37　金沙遗址出土成型对开玉璋

叶晓红做过相关的研究，她研究的是二里头的玉璋。她发现二里头这些璋是用锯片切割的，加工水平很高，最长能达到68厘米，上面就有对应的一些痕迹[①]。还可以观察到它二次加工的痕迹和开料留下的痕迹。同时也可以观察到璋的表面，或者石刀表面的纹饰阴刻的线条。这个痕迹可以观察得很清楚，能够把线条的叠加关系，哪个线条先加工，哪个后加工的顺序给理出来。那这个大平面到底是怎么加工的？玉雕大师说，就是两个对磨。从中间剖开了以后，就使它们两个成了一个对磨面，一个固定，一个在上面磨。磨完了以后再进行精细的加工，就可以加工出来。现在有些大的平面，传统的办法就是这么加工的。但现在不需要了，可以用现代的机械车铣刨，一下子就加工出来了。那在当时的技术条件下，是不是这么加工的？我们要做模拟实验。目前为止没有人做过模拟实验，可以通过模拟实验去做一下，再去判断所产生的痕迹跟我们现在能够看到的传统的玉器的痕迹一样不一样。

第二，玉琮和其他玉器上面窄细的平行线以及一些深孔是怎么加工出来的？一些纹饰的平行线，一般肉眼看不到，放在体视显微镜和高倍高清的照相机下面，就可以看到它加工的痕迹。平行线，比如说凌家滩遗址出土一件玉镯，在一个0.5厘米的弧面上，通过放大发现有50条细阴线平行排列，平行度非常好。计算一下，0.5厘米除以50是0.01厘米，非常细。这是怎么加工出来的？用什么加工？从观察来看，它肯定不是自然的纹理。凌家滩文化的玉人（图38）[②]后背上有一个穿孔，这个穿孔是通过七道工序加工的，两边的孔各先加工三道，最后要穿的时候再来一道，一共七道工序。在低倍显微镜下面观察的时候可以看到它最初加工的痕迹。凌家滩文化距今5500年，当时是怎么加工出来的？

---

① 相关内容来自2017年11月21日下午中国社会科学院考古研究所叶晓红博士在自然科学史研究所的学术报告（题为“国之重器，始于毫末——谈中国早期玉器技术发展及微痕研究”）。

② 张敬国主编/执笔，安徽省文物考古研究所编著，《凌家滩——田野考古发掘报告之一》，北京：文物出版社，2006，彩版二二〇。

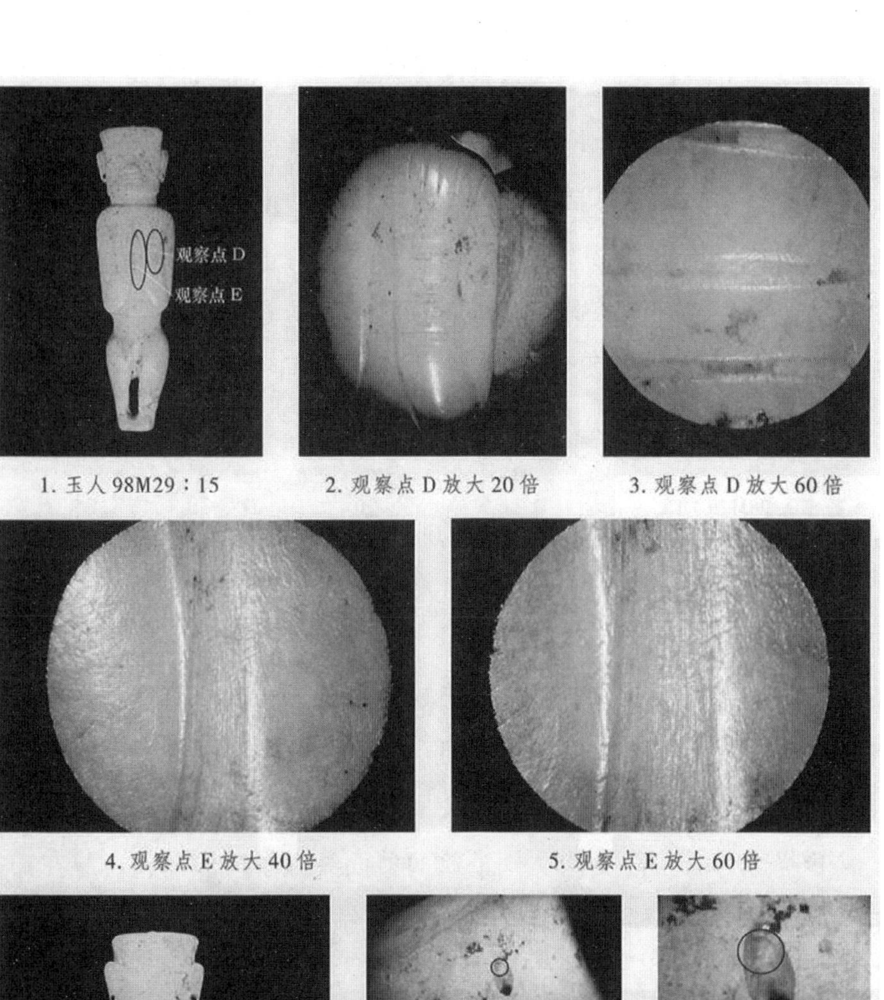

1. 玉人 98M29：15　　2. 观察点 D 放大 20 倍　　3. 观察点 D 放大 60 倍

4. 观察点 E 放大 40 倍　　5. 观察点 E 放大 60 倍

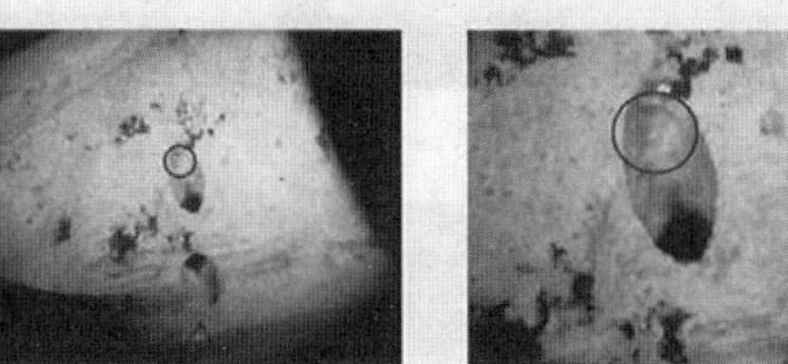

7. 观察点 F 放大 20 倍　　8. 观察点 F 放大 40 倍

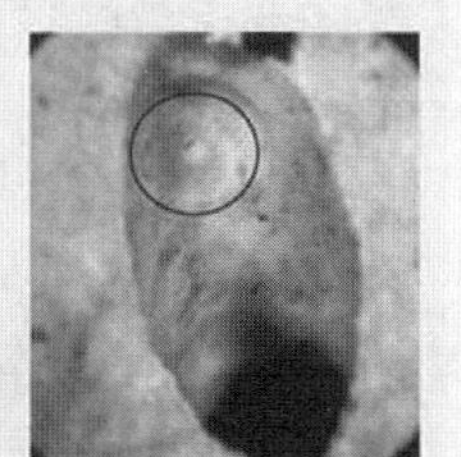

6. 玉人背后隧孔 98M29：15　　9. 观察点 F 放大 60 倍　　10. 观察点 F 放大 120 倍

图 38　凌家滩遗址出土玉人及低倍显微观察

浙江反山出土的这个玉琮（图39）[1]，当时挖出来叫琮王。琮王四面有八个兽面（图40），大家可以看到，这八个兽面上有这些加工的痕迹。有纹路，这个纹路有不同的解释。有人认为象征光线，早晨太阳刚升起来的时候，边上有一点云，就能看到千道万道光线。在高倍照相机之下拍摄，看它加工痕迹（图41），这些痕迹是怎么留下来的，怎么加工的？图41左上图所示这个部位是一个兽面的冠帽的位置，然后通过对痕迹的分析，可以找出它的加工的顺序。右上图所示是脸部的加工痕迹，左下图所示是在它肢翼的地方的螺旋纹，有叠压关系，怎么制作出来的？右下图所示是兽面的眼睛，可以看到在兽面眼睛里面的纹饰线痕，它是怎么加工出来的？邓聪先生说这是琮王，琮王就是良渚文化当地的王。王一级的人，他本身既是当地的"王"，也是最高级的玉工、玉器制作的大师，所以琮王是他制作的。再往下一级是贵族，这贵族做得就要粗糙一些，没那么精致，那么再往下就是民间的，民间工匠做得就更粗糙。

叶晓红对另一件良渚文化玉琮的兽面纹做了硅胶印模，放在扫描电镜下观察[2]。她对这些模印出来的痕迹做了一个推断，认为除了眼部的外圈是用管钻的，其他的都是手持石制工具刻画而成。琮王上面密密麻麻的痕迹，是用手刻画出来的。问题是怎么刻画出来的？用了多长时间？用什么工具？

有人做过一些关于工具方面的分析[3]。有人认为是不是用鲨鱼牙齿？良渚文化出土有鲨鱼的牙齿，很锋利。有人还做过实验，但可能

---

① 浙江省文物考古研究所、香港中文大学中国考古艺术研究中心编，邓聪、曹锦炎主编，《良渚玉工——良渚玉器工艺源流论集》，香港：香港中文大学中国考古艺术研究中心，2015。图39引自彩版十八，图40引自彩版十七，图41引自彩版二十。

② 相关内容来自2017年11月21日下午中国社会科学院考古研究所叶晓红博士在自然科学史研究所的学术报告（题为"国之重器，始于毫末——谈中国早期玉器技术发展及微痕研究"）。

③ 万俐，《也谈良渚文化玉器的雕琢工艺及发白现象》，《东南文化》2002年第6期，54—59页。

图 39　良渚玉琮王

图 40　良渚玉琮王兽面纹

图 41　良渚玉琮王兽面纹加工痕迹

实验失败了。有人又在细石器当中去找相应的工具，看能不能把它的痕迹划出来。用黑色的燧石，找相应的比较硬的工具，在它上面来划。这是一种思路。另外一种思路就是软化，对玉石的表面用不同的方法来软化，软化了之后，再用比较硬的工具把它刻出来。这个对应的有闻广说用火烧，吴京山说用氟化物。南京博物院的万俐不同意用氟化物，但认为可能也是对表面进行软化。怎么去判断？《天工开物》当中有一段文字，用蟾酥（蟾蜍皮内的毒腺分泌物）涂抹在玉器上，软化玉器后再雕刻。不知道大家对蟾酥有没有了解，有没有研究过，蟾酥能不能够把石头软化？蟾酥是有毒的，这个不是轻易能够去试的，可能要在安全范围内去做。所以到底是用了什么工具？我们要用模拟实验的方法，跟古玉上面出现的痕迹进行对照，一个一个去判断，看看有没有一致性。

第三，扭丝纹玉环是怎么加工的？扭丝纹玉环的纹饰非常精美，一圈一圈，肉眼看扭丝纹之间的距离也比较均匀。陕西宝鸡益门村出土的扭丝纹玉环（图 42）属春秋时玉器，纹饰非常细①；重庆涪陵小田溪出土的玉环（图 43），上面有 48 道纹路②，可能是最细的。怎么加工出来的，用专业的工具吗？哈佛大学的一个华裔博士生，他看到这种扭丝纹玉环，主要是看到图片以后，很感兴趣，对这个图片上的尺寸进行测量，再把这个图展开，发现这中间的间距是均匀的，见图 44③。用阿基米德螺线一算，好像吻合得很好，说是不是古人已经掌握了阿基米德螺线的方法，再用这个方法制作这个工具，用这个工具来加工玉环或者是玉镯，把它上面的扭丝纹给加工出来？这个研究很好，

---

① 刘云辉编著，《陕西出土东周玉器》，北京：文物出版社，台北：众志美术出版社，2006，148—150 页。

② 古方主编，《中国出土玉器全集 13（四川、重庆卷）》，北京：科学出版社，2005，238 页。

③ Peter J. Lu, “Early Precision Compound Machine from Ancient China”, *Science*, Vol. 304, 2004, p.1638.

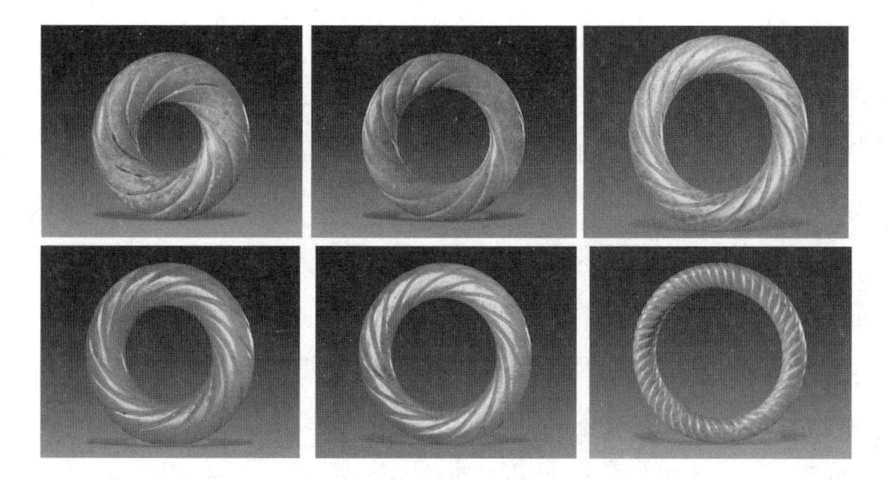

图 42　陕西宝鸡益门村 2 号春秋秦墓出土扭丝纹玉环

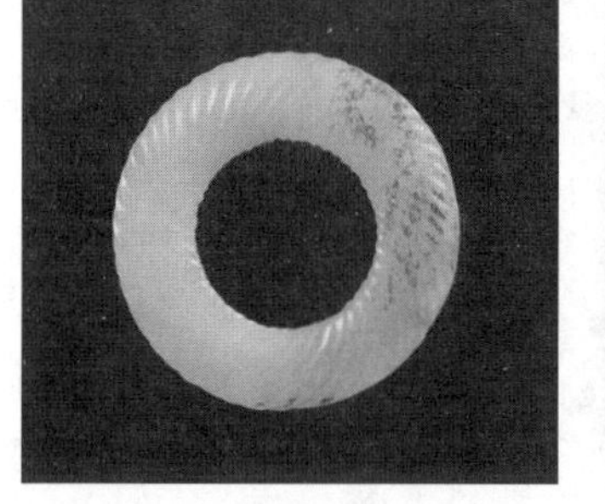

图 43　重庆涪陵小田溪墓群 12 号墓出土战国晚期至秦代扭丝纹玉环

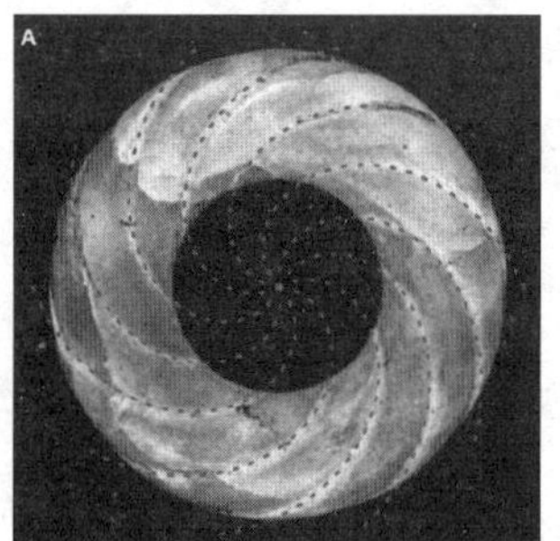

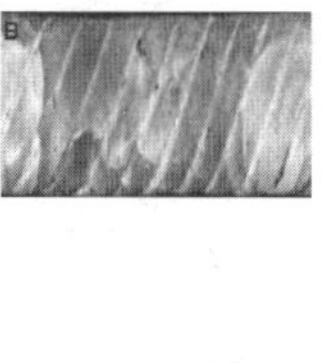

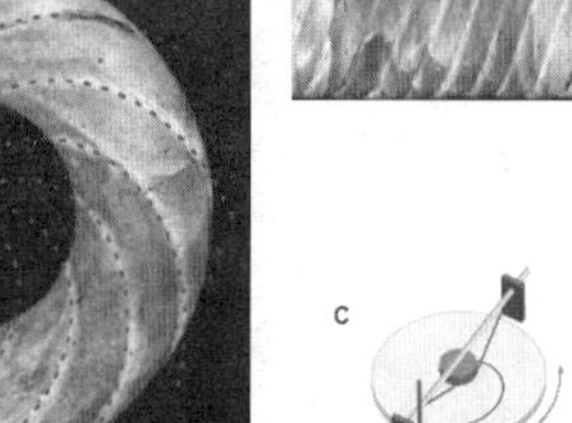

图 44　河南淅川下寺楚墓出土扭丝纹玉环（M1：7）

最后发表在 *Science* 上。是不是这样的呢？我们问玉雕大师。玉雕大师说，这还是传统的方法做出来的，就是一点一点做出来的。叶晓红对这样的一个扭丝纹的玉管进行了表面痕迹的印痕取模，然后放在扫描电镜下观察，发现确实做得很均匀①。那就说明这个玉工的水平很高，是用阴刻减地的手段，手工一点一点这么加工出来的。大家仔细去看的话，

---

① 相关内容来自 2017 年 11 月 21 日下午中国社会科学院考古研究所叶晓红博士在自然科学史研究所的学术报告（题为“国之重器，始于毫末——谈中国早期玉器技术发展及微痕研究”）。

它中间的间距、宽度、凸起，还是有差异的。所以回头我们来看，这样的一件扭丝纹的玉器，不管他是用阿基米德数学的方法所做出的工具加工出来的，还是用手工加工出来的，都是非常了不得的工作，都是杰作。如果是前者，那说明这个时候数学方面的成就已经应用到实践了。可以说，古代玉工加工的水平，已经达到了炉火纯青、惊为天人的地步。

第四，珠子是怎么加工的？在不同的时期、不同的地方，出土了很多玉制珠子。玉佩有不同的组合，有不同的形状，如图 45 所示为考古发掘的玉佩饰案例[①]。出土玉佩饰其实很多，总数肯定是在百余组（件）以上。珠子的硬度是不一样的，有的硬度很高。这些珠子怎么加工出来？加工出来了以后怎么组合？组合有什么含义？用什么穿起来的，是麻线、丝线，还是金丝？这些我们都不知道。从现在民间或者国外的一些例子（图 46）[②]，我们还可以看到他们是怎么加工珠子的。比如说印度或者南非钻石，在国际上非常风行。珠子加工跟钻石差不多。左下图所示是在加工珠子，可以看到他就用一个弓钻就加工出来了。左上图所示这个直接就两脚一架，用舞钻去加工珠子上面的孔。右上图所示是在加工钻石。加工完了以后，珠子怎么来抛光？一个一个地去抛光，那效率很低的。他把珠子嵌在一个有大量孔的木棍上，然后再在木材或者是皮子之类的材料上摩擦，这样来抛光，如右下图所示。至少我们现在能够看到弓钻、舞钻，这些工具最早是什么时候出现的？

---

① 古方主编，《中国出土玉器全集 1（北京、天津、河北卷）》，北京：科学出版社，2005，6 页项饰图，199 页玉组佩图；古方主编，《中国出土玉器全集 3（山西卷）》，北京：科学出版社，2005，83、239 页玛瑙珠串饰图，86—87 页、94 页玉组佩图；古方主编，《中国出土玉器全集 12（云南、贵州、西藏卷）》，北京：科学出版社，2005，91 页玛瑙珠串饰图；古方主编，《中国出土玉器全集 15（甘肃、青海、宁夏、新疆卷）》，北京：科学出版社，2005，225 页玛瑙珠串饰图。

② 上两幅图由李延祥教授提供；下两幅图引自朱晓丽，《中国古代珠子（修订版）》，南宁：广西美术出版社，2013，45 页图 29。

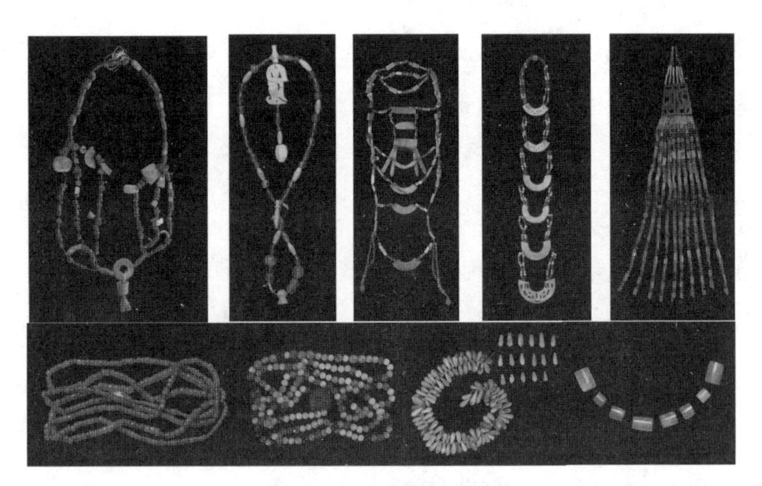

图 45　玉佩饰组合

上列从左至右：北京房山琉璃河西周燕国墓地项饰，河北满城陵山中山靖王妻窦绾墓玉组佩，山西曲沃晋侯墓地 92 号墓西周玉组佩，山西曲沃晋侯墓地 31 号墓西周玉组佩，山西曲沃晋侯墓地 92 号墓西周玉组佩。下列从左至右：山西洪洞永凝堡西周墓地 5 号墓玛瑙珠串饰，山西寿阳贾家庄厍狄回洛墓北齐玛瑙串饰，云南晋宁石寨山 13 号墓西汉玛瑙珠串饰，新疆尉犁孔雀河古墓沟公元前 1800 年左右玛瑙珠串饰。

图 46　钻石和珠子加工

木工可能会用得比较早，但是具体出现的年代我们不知道，不敢妄断。我们传统的做珠子的方法是这样的吗？是有其他的办法，还是不惜工本一点一点地做出来的？后面可以看到，有很多是用的下脚料，他一个一个钻的。他有没有可能一次性把一个长的玉料做成长的圆柱形，一次性把孔给钻出来，然后再把它截成一节一节的珠子？这个也需要通过模拟实验来进行认知判断。这是一个问题，到现在为止还没有解决，从制作技术、制作工艺的角度来说，还需要来开展相关的研究。

我就玉器的制作给大家介绍了四个方面难解的技术问题。玉器的加工不是孤立的，它在不同的地方、不同的时代，跟当时的其他技术、其他工种应该具有相互的关联，是密切相关的。比方玉器制作是从石器的加工当中分化出来的，那么它跟陶器的加工、跟漆木器的加工等有没有相关性？如果有相关性的话，那在不同的时代、不同的地域，它是不是构成了一个技术的体系，形成了一个技术的网络？《考工记》当中说“国有六职，百工与居一焉”，就是百工是其中之一，而玉器加工又是百工之中的一种，这些值得我们进一步来探究。

这是我们关于玉器研究的分析的结构。从它的基本的要素、制作过程，形成了玉器；玉器有什么样的性质跟用途，那么再外推一下，跟文明、玉文化、礼制，有什么样的关系？其中跟制作相关的，存在哪些问题，到今天为止还没有得到很好的解决？我们说了四个难解之谜，但其实仔细去推敲可能更多。中国古玉的数量之大、制作工艺之精、使用地域之广、应用形式之高、沿用时间之长，令人叹为观止。所以有人说，中国华夏文明大的发展，除了前面的石器文明、石器文化，中间还应该加一个玉器时代。但不管怎么说，古往今来玉器的制作、产生、流传，与文字、宗教、工艺美术一起促进了文明的产生和进一步的发展。像玉璧、玉琮这一类玉器，凝聚了超越民族地域界限的观念形态，成为共同的信仰和民族的崇拜。古玉成为古代人们道德和文化观念的载体，也成为社会等级物化的一个器物。不同的阶层，用它来象征权力、地位跟财富。《考工记》当中也讲了六瑞，用玉器来象征人的身份地位。那么从我们个人角度来说，怎么来看待玉的价值跟它的内涵？这就仁者见仁、智者见智了，拍卖行可以将它拍出 2.2 亿，评估专家可以把它的价值评估为 24 亿，那么你也可以说它就是一个普通的可供把玩的比较精美的石头。所以到底怎么认定，完全取决于每一个人自己。

清华简《算表》

冯立昇

我今天想和大家谈一谈清华简中与科技有关的一个内容，也可以称得上是中国古代一项重要的发明创造，它就是清华简中的《算表》。我曾参与了清华简《算表》的整理工作，对这个《算表》有一些看法和认识，想在这里和大家分享一下。有一些观点未必完全正确，希望得到大家的批评与指正。

我想从以下五个方面来做介绍：

一、清华简的发现及其整理与释读过程

二、《算表》的构造和它的基本功能

三、《算表》与古代文献记载中的乘法表比较

四、关于《算表》可能的扩展功能

五、《算表》蕴含的原理及其在数学史上的意义

一、清华简的发现及其整理与释读过程

2008 年 7 月，一位校友从海外购置了一批竹简，捐赠给清华大学。经过专家鉴定和碳十四检测，证实这批简属于战国中晚期，抄写年代约在公元前 305 年，距今已有 2300 多年。从简的文字风格来看，具有

明显的楚文字的特点。这批简在入藏时，共有 2388 枚，后来经过拼合，一共整理出 2500 余枚。这是迄今为止出土的各批战国简中，数量最多的一批。从内容上来看，绝大多数都是严格意义上的书籍。而且大多数是前所未见的经史类文献，具有极高的文献价值、文物价值和学术意义。

为此，2008 年 8 月，清华大学成立了一个中心，叫出土文献研究与保护中心，请著名古文字学家、历史学家李学勤先生担任中心主任，来主持清华简的整理和研究工作。

2008 年 12 月下旬开始，清华大学出土文献研究与保护中心的专家与清华大学美术学院的专业摄影师一起，开展了对清华简的摄影工作。为了尽可能清晰而又准确地表现简的原貌，专家与摄影师们反复试验，终于，经过 20 多天的辛勤努力，在 2009 年 1 月中旬的时候，完成了清华简的拍摄工作。

2009 年 3 月份开始，中心启动了清华简的初步释读工作。其中，最早被整理出来的一篇竹简叫《保训》。2009 年 4 月 13 日，李学勤先生在《光明日报》上发表了《周文王遗言》一文，比较全面地介绍了这篇简文的情况。那么，《保训》是一篇什么样的文献呢？它全篇一共有 11 支简，每支简的长度为 28.5 厘米，字数从 22 字至 24 字不等，其中第二支简上半部残缺，其他内容大体齐全。《保训》这篇简文的内容，完全是《尚书》的题材，保留了很多出土和传世文献中没有的内容。它记载了周文王临终前对其子武王的遗言，里面提到了尧舜和商朝祖先上甲微的传说。这个文献内容，是前所未见的。其中包含的中道思想，与儒学的中庸思想有相通之处。这篇简文开头说：“惟王五十年”，从这个纪年方式来看，我们推测这个“王”指的是周文王，当时在周代只有文王正好做了五十年的王。这句话对于简文的断代十分重要。后来又在简文中找到了“王若曰：发”的字样，我们知道，“发”指的就是周武王“姬发”，那么，简的时代就更加明确了。《保训》反映了周文王时的一些史实，也记载了周和商之间的关系。这篇简文非常重要，中心就先把这个做了整理，后来又陆续做了大量的整理工作，每一年都有新的成果发表。现在已经整理了一多半，整理工作还在持续进行中。

在整理过程中，发现了一类形式非常特殊的简。长度在43.5厘米—43.7厘米之间，比同批的简都要长，宽度达1.2厘米，比其他简明显宽一些。这类简有21支（图1），其中完整的有17支，另外4支上端有残缺。每支简的上端，都有一个圆孔。还有一支是没有书写文字的空白简，上面有20个圆孔，这些孔内都留有丝带残留物。除了形制外，简的文字也比较特殊，主要是一些数字，而且从每一支简来观察，这些数字都是有规律的，有着明显的数学含义。李学勤教授知道我在清华从事数学史研究工作，于是邀请我参与这批简的整理和释读工作，并安排出土文献中心的古文字学家李均明教授和我共同承担整理研究工作。

最初我们把这21支简称为《数表》，因为它全是数字。但是初步整理工作完成之后，我们发现它是有计算功能的，可以说是一个很明显的计算工具。2010年7月12日，我们邀请了国内著名的研究中国数学史的专家开了一个座谈会，经过讨论，专家们建议不要叫《数表》，这个名字不能涵盖它的含义，不能概括它的功能，建议把它叫作《算表》。于是，我们采纳了专家们的建议，将它命名为《算表》。

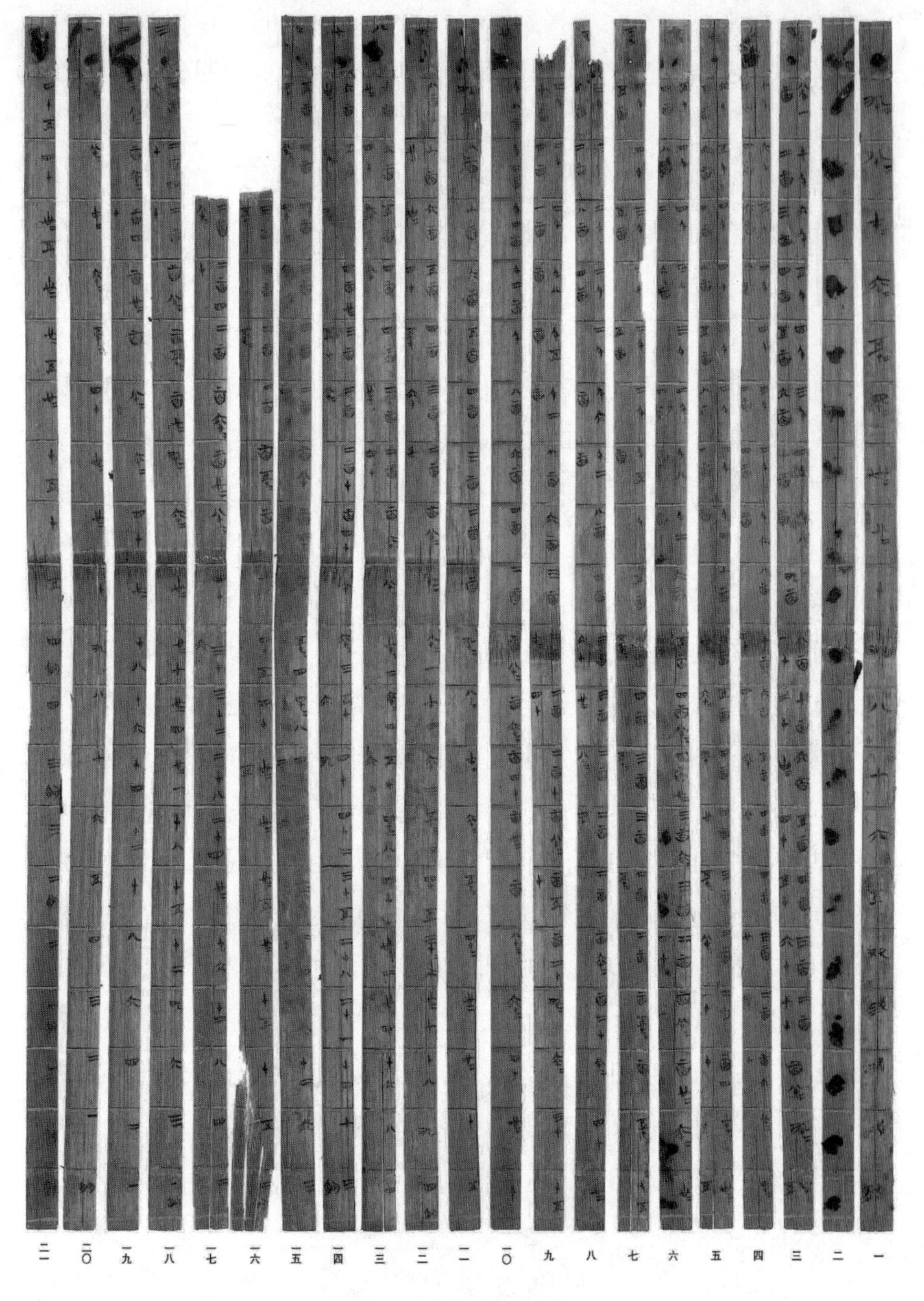

图1 《算表》照片

《算表》中的数字，都是用战国楚文字书写的，多合体文，包括合文符。分数用单个文字来表示，比如四分之一写成“釮（錙）”，读作 ā，李学勤先生曾专门写过一篇文章来考辨这个字，叫《释“釮”为四分之一》。釮和錙相通，在文献中，“錙”这个字表示四分之一两，釮在这里可以看成“四分之一”的专用术语。再比如，二分之一写成“𦙶”“肦”，读作 bàn，李学勤先生对这个字也有讨论，指出𦙶由“月（肉）”“辛”“刀”三部分构成，以“辡”（也就是“辨”的省形）为声符，通“半”。肦则是𦙶的省形简化。在这里，这个字就成了“二分之一”的专用术语。一肦，就表示一又二分之一；同样地，“二肦”“三肦”分别指二又二分之一、三又二分之一（图 2）。

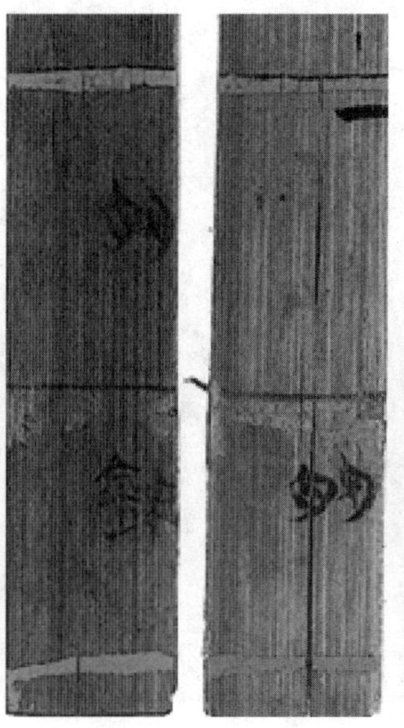

图 2　表示四分之一与二分之一的字

《算表》简宽 1.2 厘米，厚 0.13 厘米，呈黄褐色。原册以三道绳编联，原来的编绳已经无存，不过它的痕迹保留了下来。上编绳距离竹简的顶端、下编绳距离竹简的底端都是 2 厘米，中编绳基本在整个竹简的中部。另外，竹简从上至下，共有 18 条红色的栏线，横穿于 21

支竹简的简面。除了最上端和最下端的红色栏线外，其他16条栏线都是经过先墨后朱两次绘制而成的。18条栏线加上三道编绳，一共21条线，将整个《算表》横向隔成20“列”。而每支竹简自然构成为表格纵向的竖“行”，一共21行（图3）。

表格的首列分为上下两排，第一排为数字，第二排是前面提到的圆孔，由于有两支竹简残缺，能看到圆孔的竹简一共有19支。还有一支比较特殊的简，没有书写数字，自上而下一共有20个圆孔，从孔中的丝状的残留物来看，它的功能就是用来穿线的。

图3　《算表》复制品

《算表》21支简入藏时的顺序是错乱的，我们最初的复原方案是由左至右排列的，虽然从数学规律上来看，是没有问题的。不过后来，我们发现了简背的一条划痕，根据划痕，我们调整了复原的顺序，从右至左，就是现在我们看到的这样一个结构。

20 横列、21 竖行，纵横交织，构成一个乘法表，横列表头与竖行表头的数字，十字相交的点，就是这两个数的乘积。我们把竹简中的楚文字改写成现在的阿拉伯数字，便得到了一个有重要数学意义的乘法算表。这是中国数学史上的一个很重要的发现。我们在初步整理完成之后，向从事数学史研究的同行陆续做过一些介绍，引起了国际数学史研究者的高度重视。曾经担任国际数学史学会主席、《国际数学史杂志》主编的美国纽约市立大学道本周教授来中国访问的时候，我们把他请到了清华大学，向他介绍了《算表》。他认为这是一个很惊人、很重要的发现，意义非凡，这是世界上最早的十进制乘法表实物。国际数学大师、菲尔兹奖获得者丘成桐教授，听说这个《算表》后，提出要看一下这些简。李学勤先生和我陪同他考察了简的内容，跟他讲了《算表》的数学内涵。他很感兴趣，也认为这是一个很重要的发现。2013 年年底，《清华大学藏战国竹简（肆）》在中西书局出版，收录了整个《算表》。解读工作是由李均明教授和我两个人完成的。2014 年年初的新闻发布会上，发布了这个成果，当时央视也做了报道。英国的 *Nature* 杂志也很感兴趣，专门采访了李均明和我，并且在 *Nature* 的网络版上做了一个专题报道。他们还找了国外的数学史专家，比如一个研究古巴比伦数学史的学者，对《算表》的成就进行了论证，确认了《算表》在世界数学史上的价值。*Nature* 的这个专题报道被很多媒体转载，比如《科学美国人》《华盛顿邮报》。另外，2014 年 8 月，韩国首尔召开国际数学家大会，其中数学史专题会议在日本东京召开，大会的组织者邀请我在会上作了一个报告，来介绍清华简《算表》的整理情况。参会的好多数学史专家非常感兴趣，会后找我一起讨论，一起吃晚餐，又做了深入的交流。

二、《算表》的构造和它的基本功能

《算表》实际上是基于九九口诀表制作的一个数学计算工具。我们把楚文字转写成阿拉伯数字，根据算表规律，补上残缺的数字，可以得到如图 4 一样的数学表格。

1/2	1	2	3	(4)	(5)	6	7	8	9	10	20	(30)	40	50	60	70	80	90		
•	•	•	•	•	•	•	•	•	•	•	•	•	•	•	•	•	•	•	•	•
45	90	180	270	(360)	(450)	540	630	720	810	900	1800	2700	3600	4500	5400	6300	7200	8100	•	90
40	80	160	240	(320)	(400)	480	560	640	720	800	1600	2400	3200	4000	4800	5600	6400	7200	•	80
35	70	140	210	280	350	420	490	560	630	700	1400	2100	2800	3500	4200	4900	5600	6300	•	70
30	60	120	180	240	300	360	420	480	540	600	1200	1800	2400	3000	3600	4200	4800	5400	•	60
25	50	100	150	200	250	300	350	400	450	500	1000	1500	2000	2500	3000	3500	4000	4500	•	50
20	40	80	120	160	200	240	280	320	360	400	800	1200	1600	2000	2400	2800	3200	3600	•	40
15	30	60	90	120	150	180	210	240	270	300	600	900	1200	1500	1800	2100	2400	2700	•	30
10	20	40	60	80	100	120	140	160	180	200	400	600	800	1000	1200	1400	1600	1800	•	20
5	10	20	30	40	50	60	70	80	90	100	200	300	400	500	600	700	800	900	•	10
$4\frac{1}{2}$	9	18	27	36	45	54	63	72	81	90	180	270	360	450	540	630	720	810	•	9
4	8	16	24	32	40	48	56	64	72	80	160	240	320	400	480	560	640	720	•	8
$3\frac{1}{2}$	7	14	21	28	35	42	49	56	63	70	140	210	280	350	420	490	560	630	•	7
3	6	12	18	24	30	36	42	48	54	60	120	180	240	300	360	420	480	540	•	6
$2\frac{1}{2}$	5	10	15	20	25	30	35	40	45	50	100	150	200	250	300	350	400	450	•	5
2	4	8	12	16	20	24	28	32	36	40	80	120	160	200	240	280	320	360	•	4
$1\frac{1}{2}$	3	6	9	12	15	18	21	24	27	30	60	90	120	150	180	210	240	270	•	3
1	2	4	6	8	10	12	14	16	18	20	40	60	80	100	120	140	160	180	•	2
1/2	1	2	3	4	5	6	7	8	9	10	20	30	40	50	60	70	80	90	•	1
1/4	1/2	1	$1\frac{1}{2}$	2	$2\frac{1}{2}$	3	$3\frac{1}{2}$	4	$4\frac{1}{2}$	5	10	15	20	25	30	35	40	45	•	1/2

图 4 清华简《算表》的构造形式

全表一共有 20 横列、21 竖行，行列交叉，组成 420 个长方格，也就是构成算表的“单元格”。整个表格可以分成三个功能区。最外侧浅灰色区域是第一功能区，我们把它叫作因数区。横向第一列上排位置第三简起，按由右至左、由大到小的顺序，每格依次排列 90、80、70、60、50、40、30、20、10、9、8、7、6、5、4、3、2、1、$\frac{1}{2}$十九个数字；纵向右侧第一行第二格起，从上而下，每格数字也按照由大到小的顺序排次从 90 到 1/2 各数。这个功能区内的横向和纵向数字，相当于乘法运算中的乘数和被乘数。

第二功能区是深灰色区域，没有数字，每格都有一个圆孔，是专门为了穿引线而设置的区域。这个区域的作用是，在乘法运算中，通过拉直乘数与被乘数对应圆孔的引线，使两条线纵横交叉，来确定乘积。

表格的其余部分，是第三功能区。也就是乘数和被乘数的乘积区。为横向上起第二至二十列、纵向右起第三至二十一行，纵横一共361格。其中，单元格中最大的数字是 $90\times90=8100$，最小的数字是 $1/2\times1/2=1/4$。

这个《算表》的核心是由乘数、被乘数“一”至“九”与乘积“一”至“八十一”诸数组成的九九表。被乘数及乘数为十位数与积数超过“八十一”的部分，都是核心部分的延伸和扩展。如图4，第三功能区中的深灰色部分是核心部分，其余部分是扩展。

根据《算表》三个功能区所具备的客观条件，此表可以用来进行多种运算操作。基本的运算功能如下：

1. 一位数整数乘法。比如：9×9。

2. 两位数整数乘以一位数整数乘法，比如 81×7。

3. 任意两位数整数乘法，比如 12×35。

4. 整数部分不超过两位、非整数位为特定的1/2的三位数乘法，比如 $81\frac{1}{2}\times81\frac{1}{2}$。

下面我们来分别讲一下，看看是如何用这张算表进行这些基本运算的。

一位数乘法，实际就是九九乘法表的功能，直接在表上可以查出，不必介绍。两位数乘以一位数乘法，和两位数的乘法，在操作上是基本相同的。从第一功能区的横栏或纵行乘数或被乘数对应的第二功能区的圆孔中，引出因数线：十位数从十位数引出，个位数从个位数引出，分数从分数位引出，然后分别相乘，依次相加。我们以 12×35 为例，将12分解为10与2，分别从第一功能区的横栏10与2对应的圆孔处拉出引线；然后，将35分解为30与5，分别从第一功能区的纵行“30”与“5”处对应的圆孔处拉出引线。纵向两条引线，横向两条引线，两两相交，形成四个交叉点。把这四个交叉点对应的四个单元格的数字，依次相加，得到的结果，就是最终的乘积。如图5所示。

1/2	1	2	3	(4)	(5)	6	7	8	9	10	20	(30)	40	50	60	70	80	90		
·	·	·	·	·	·	·	·	·	·	·	·	·	·	·	·	·	·	·	·	·
45	90	180	270	(360)	(450)	540	630	720	810	900	1800	2700	3600	4500	5400	6300	7200	8100	·	90
40	80	160	240	(320)	(400)	480	560	640	720	800	1600	2400	3200	4000	4800	5600	6400	7200	·	80
35	70	140	210	280	350	420	490	560	630	700	1400	2100	2800	3500	4200	4900	5600	6300	·	70
30	60	120	180	240	300	360	420	480	540	600	1200	1800	2400	3000	3600	4200	4800	5400	·	60
25	50	100	150	200	250	300	350	400	450	500	1000	1500	2000	2500	3000	3500	4000	4500	·	50
20	40	80	120	160	200	240	280	320	360	400	800	1200	1600	2000	2400	2800	3200	3600	·	40
15	30	60	90	120	150	180	210	240	270	300	600	900	1200	1500	1800	2100	2400	2700	·	30
10	20	40	60	80	100	120	140	160	180	200	400	600	800	1000	1200	1400	1600	1800	·	20
5	10	20	30	40	50	60	70	80	90	100	200	300	400	500	600	700	800	900	·	10
$4\frac{1}{2}$	9	18	27	36	45	54	63	72	81	90	180	270	360	450	540	630	720	810	·	9
4	8	16	24	32	40	48	56	64	72	80	160	240	320	400	480	560	640	720	·	8
$3\frac{1}{2}$	7	14	21	28	35	42	49	56	63	70	140	210	280	350	420	490	560	630	·	7
3	6	12	18	24	30	36	42	48	54	60	120	180	240	300	360	420	480	540	·	6
$2\frac{1}{2}$	5	10	15	20	25	30	35	40	45	50	100	150	200	250	300	350	400	450	·	5
2	4	8	12	16	20	24	28	32	36	40	80	120	160	200	240	280	320	360	·	4
$1\frac{1}{2}$	3	6	9	12	15	18	21	24	27	30	60	90	120	150	180	210	240	270	·	3
1	2	4	6	8	10	12	14	16	18	20	40	60	80	100	120	140	160	180	·	2
1/2	1	2	3	4	5	6	7	8	9	10	20	30	40	50	60	70	80	90	·	1
1/4	1/2	1	$1\frac{1}{2}$	2	$2\frac{1}{2}$	3	$3\frac{1}{2}$	4	$4\frac{1}{2}$	5	10	15	20	25	30	35	40	45	·	1/2

图5　两位数的乘法示意图

用算式来表示运算过程，是这样的：

$$12\times35=(10+2)\times(30+5)$$
$$=300+60+50+10$$
$$=420$$

对于含$\frac{1}{2}$的带分数乘法，运算方法是完全一致的。比如我们来计算$32\frac{1}{2}\times45\frac{1}{2}$，先把带分数$32\frac{1}{2}$分解为30、2、$\frac{1}{2}$三数，分别从横栏30、2、$\frac{1}{2}$对应的圆孔处拉出引线；再将整数$45\frac{1}{2}$分解为40、5、1/2三数，分别从竖行40、5、$\frac{1}{2}$对应的圆孔处拉出引线。横线三条与纵线三条，两两相交，形成九个交叉点，对应九个单元格的数字。把这些数字依次相加，就是最终的乘积。如图6所示。

乘法图 2　$32\frac{1}{2}\times45\frac{1}{2}=1200+80+20+150+10+2\frac{1}{2}+15+1+\frac{1}{4}=1478\frac{3}{4}$

1/2	1	2	3	(4)	(5)	6	7	8	9	10	20	(30)	40	50	60	70	80	90		
·	·	·	·	·	·	·	·	·	·	·	·	·	·	·	·	·	·	·		·
45	90	180	270	(360)	(450)	540	630	720	810	900	1800	2700	3600	4500	5400	6300	7200	8100	·	90
40	80	160	240	(320)	(400)	480	560	640	720	800	1600	2400	3200	4000	4800	5600	6400	7200	·	80
35	70	140	210	280	350	420	490	560	630	700	1400	2100	2800	3500	4200	4900	5600	6300	·	70
30	60	120	180	240	300	360	420	480	540	600	1200	1800	2400	3000	3600	4200	4800	5400	·	60
25	50	100	150	200	250	300	350	400	450	500	1000	1500	2000	2500	3000	3500	4000	4500	·	50
20	40	80	120	160	200	240	280	320	360	400	800	1200	1600	2000	2400	2800	3200	3600	·	40
15	30	60	90	120	150	180	210	240	270	300	600	900	1200	1500	1800	2100	2400	2700	·	30
10	20	40	60	80	100	120	140	160	180	200	400	600	800	1000	1200	1400	1600	1800	·	20
5	10	20	30	40	50	60	70	80	90	100	200	300	400	500	600	700	800	900	·	10
$4\frac{1}{2}$	9	18	27	36	45	54	63	72	81	90	180	270	360	450	540	630	720	810	·	9
4	8	16	24	32	40	48	56	64	72	80	160	240	320	400	480	560	640	720	·	8
$3\frac{1}{2}$	7	14	21	28	35	42	49	56	63	70	140	210	280	350	420	490	560	630	·	7
3	6	12	18	24	30	36	42	48	54	60	120	180	240	300	360	420	480	540	·	6
$2\frac{1}{2}$	5	10	15	20	25	30	35	40	45	50	100	150	200	250	300	350	400	450	·	5
2	4	8	12	16	20	24	28	32	36	40	80	120	160	200	240	280	320	360	·	4
$1\frac{1}{2}$	3	6	9	12	15	18	21	24	27	30	60	90	120	150	180	210	240	270	·	3
1	2	4	6	8	10	12	14	16	18	20	40	60	80	100	120	140	160	180	·	2
1/2	1	2	3	4	5	6	7	8	9	10	20	30	40	50	60	70	80	90	·	1
1/4	1/2	1	$1\frac{1}{2}$	2	$2\frac{1}{2}$	3	$3\frac{1}{2}$	4	$4\frac{1}{2}$	5	10	15	20	25	30	35	40	45	·	1/2

图 6　含 1/2 的带分数乘法示意图

用算式表示为：

$$32\frac{1}{2}\times45\frac{1}{2}=(30+2+\frac{1}{2})\times(40+5+\frac{1}{2})$$

$$=1200+80+20+150+10+2\frac{1}{2}+15+1+\frac{1}{4}$$

$$=1478\frac{3}{4}$$

根据乘法对加法的分配率，《算表》乘积最大值应该是：$(90+80+70+60+50+40+30+20+10+9+8+7+6+5+4+3+2+1+\frac{1}{2})\times(90+80+70+60+50+40+30+20+10+9+8+7+6+5+4+3+2+1+\frac{1}{2})=495\frac{1}{2}\times495\frac{1}{2}=245520\frac{1}{4}$，虽然操作起来比较麻烦，但是这个《算表》是能够实现这样的运算的。

三、《算表》与古代文献记载中的乘法表比较

《算表》是用来做乘法的计算工具，是九九表的延伸和扩展。在

出土和传世的文献中，有很多九九乘法表的记载，我们不妨把《算表》和这些乘法表进行一下比较，从而在比较中来说明《算表》的独特价值和意义。

与《算表》的年代比较接近的古代乘法表，是里耶秦简中的九九口诀表。

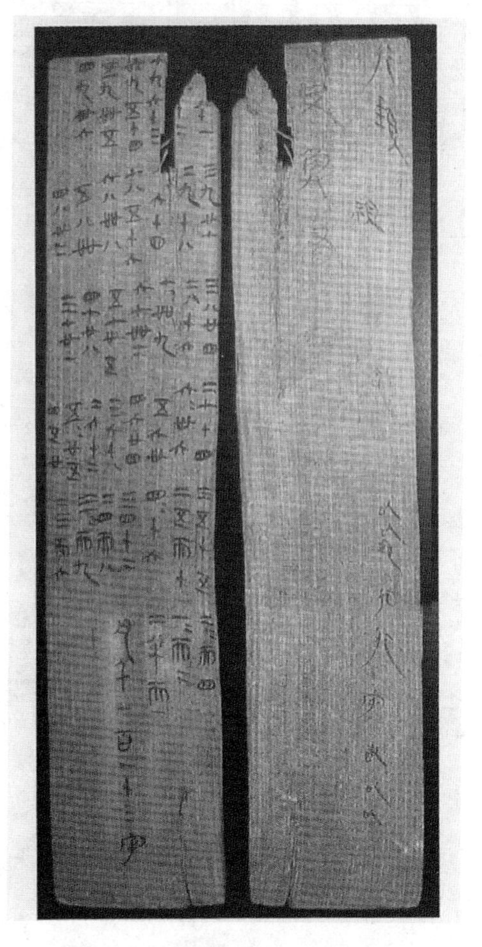

图 7　里耶秦简的九九口诀表

释文如下：

九九八十一　八九七十二　七九六十三　六九五十四　五九四十五

四九卅六	三九廿七	二九十八	八八六十四	七八五十六
六八四十八	五八四十	四八卅二	三八廿四	二八十六
七七四十九	六七四十二	五七卅五	四七廿八	三七廿一
二七十四	六六卅六	五六卅	四六廿四	三六十八
二六十二	五五廿五	四五廿	三五十五	二五而十
四四十六	三四十二	二四而八	三三而九	二三而六
二二而四	一一而二	二半而一		

凡千一百一十三字

通过观察，不难看出，《算表》与里耶秦简“九九表”有两点是一致的。一个是二者的排列顺序，都是由大数字到小数字；所不同的是，《算表》是从 90 至$\frac{1}{2}$，而“九九表”则从 9 至$\frac{1}{2}$。另一个相同之处是，二者均出现了“半”，也就是分数$\frac{1}{2}$。

同时，二者也存在不一样的地方。《算表》中有 1×1 及其乘积 1，而“九九表”没有，不过“九九表”有“一一而二”，这其实是加法运算，即 1+1=2。《算表》中有$\frac{1}{2} \times \frac{1}{2}$，及其积数$\frac{1}{4}$，而“九九表”无。更加明显的不同是，《算表》是典型的表格，并且有用于联系乘数和被乘数的引线，而“九九表”没有。

中国传统的九九乘法口诀表，有“大九九”和“小九九”之分。“大九九”即 1 至 9 中的九个数，每两数相乘所得乘积的八十一句口诀。“大九九”包括小因大因相乘（被乘数小，乘数大）、大因小因（被乘数大，乘数小）相乘、等因（被乘数与乘数相等）相乘。“小九九”则只包括小因大因相乘和等因相乘两种。比如，“大九九”包括“八九七十二”“九八七十二”，而“小九九”只有前一句，没有后一句。乘法满足交换律，“小九九”只需四十五句口诀，便可以实现与“大九九”相同的作用。

在九九口诀中，实际上最重要的是 2 至 9 中任意两个数的乘积。1 与 1 至 9 的乘积，不列出来也可以。古代的“小九九”口诀，多数为“九九八十一”起到“二二如四”止，没有“一九如九”“一八如八”等用 1 乘各数的九句，只有三十六句。里耶秦简的《九九表》属于“小九九”，且未列出 1 与各数的乘积，不过多了“一一而二”和“二半而一”两句，前一句即 1+1=2，后一句即$\frac{1}{2}+\frac{1}{2}=1$，实际是两句加法口诀。另外，末位多了一句“凡一千一百一十三字”，“字”是数的意思，这是每句口诀运算结果的总和，即：81+72+63+……4+2+1=1113。

《算表》的核心部分是通常所说的完整的“大九九”。九九口诀在战国时代已经非常流行了，《管子》《战国策》《荀子》《逸周书》《穆天子传》《鹖冠子》《吕氏春秋》等文献常常引用“九九”的一句或者若干句口诀，不过，都属于“小九九”的范畴。汉代以来的文献，包括出土的简牍，所记载的九九口诀，也主要是“小九九”。明清数学著作中才见到“大九九”乘法表。过去，对于“大九九”乘法表出现的年代一直没有搞清楚。《算表》的发现，表明“大九九”表在先秦时期就已经出现了。宋元时期，随着数学水平的提高，人们觉得不必再用“大九九”，用“小九九”就可以解决问题，“大九九”逐渐被抛弃了。随着珠算的兴起，“大九九”可以提升珠算运算的速度，这就是明清珠算著作重新采用“大九九”的原因。

《算表》九以上以及半的乘法，实为“大九九”表分别向高位和低位的扩展和延伸。它是通过“大九九”结构的重组而完成的。即把乘数、被乘数集中在一起，而把按照一定的规律排列起来的乘积组成另外一组。为了定位准确和使用方便，又专门设置引线将乘数、被乘数和乘积三者联系在一起，使其成为相当便捷的计算工具。由于《算表》

数字通过两个类似坐标定位的方法排列成了表格，它实际上还可以进一步扩展和推广，如再加上 100 至 900，这样便可以进行任意三位数的乘法运算。当然，这样做需要更大、更多的竹简，并且扩大了布算面积，势必会影响《算表》的便捷性。

除了里耶秦简外，北大秦简中也有两个“九九表”。其中，北大木牍 M-025 上抄写的“九九表”，与里耶秦简完全相同；而在北大秦简《算书》甲篇中的“九九表”，始于“九九八十一”，终于“一一而二”，与里耶秦简略有差异。

另外，汉简中也有“九九表”，如张家山汉简、敦煌汉简、居延汉简等，有残的也有全的，一般都是从“九九八十一”开始，按由大到小的顺序排列。

前面讲的是出土文献中的九九表，我们接下来看一下传世文献。

传世文献中的九九口诀可以追溯到很早的时候。比如魏晋时期注释《九章算术》的刘徽，他在《九章算术注序》中说：

> 昔在庖牺氏始画八卦，以通神明之德，以类万物之情，作九九之数，以合六爻之变。

我们看这句话，刘徽认为“九九之数”是上古时代的伏羲氏创造的。这个年代显然太早了，虽然不能否定这种可能性，但从数学史的发展规律来看，上古时代的数学还达不到出现“九九表”的水平。

我国古代《算经十书》之一《周髀算经》，在这本书的卷上，有一段周公和商高的对话，也谈到了“九九表”的起源问题：

> 昔者周公问于商高曰：“窃闻乎大夫善数也。请问古者包牺氏周天历度，夫天不可阶而升，地不可得尺寸而度。请问数安从出？”商高曰：“数之法出于方圆。圆出于方，方出于矩，矩出

> 于九九八十一。……故禹之所以治天下者，此数之所生也。”

这段话翻译过来的意思是，周公曾经问商高：“我听说你擅长数学，我有个问题不解。当初伏羲氏建立周天度数，可是天空遥远宽广，没有阶梯可以攀登，大地浩渺遐远，没有尺度可以去测量。那么，这些度数是从何处得来的呢？”商高回答说：“数的方法出自方和圆。圆的度数来自方，方的度数来自矩尺，而矩尺的度数则来自九九八十一。……当初大禹就是用这些来治理天下的，这就是数产生的源头。”这个“九九八十一”，就是九九口诀，被商高当作数产生的源头。这是西周时期。

我们再看一下成书于西汉武帝时期的《韩诗外传》，这本书的第三卷有这么一段话：

> 齐桓公设庭燎，为士之欲造见者。期年而士不至。于是东野鄙人有以“九九”见者。桓公使戏之，曰：“‘九九’足以见乎？”鄙人曰：“臣不以九九足以见也。臣闻君设庭燎以待士，期年而士不至。夫士之所以不至者，君，天下贤君也，四方之士皆自以为不及君，故不至也。夫‘九九’，薄能耳，而君犹礼之，况贤于‘九九’者乎？”……桓公曰：“善。”乃因礼之。期月，四方之士相导而至矣。

这段话说的是，齐桓公在庭院里燃起明亮的火炬，来招纳有识之士。可是过了一年，一个人也没招上。这时来了一个通晓“九九之术”的乡下人。齐桓公看不起他，说你这种是雕虫小技，有资格来求见君王吗？这个人回答说：“我听说君王在庭前摆着明亮的火炬，为了等待贤士求见，可过了整整一年，没有士人来。士人之所以不来，是因为君王是天下贤王，士人自以为比不上君王，所以不来。九九术是一种浅薄的技能，君王还能以礼相待，何况那些具有比通晓九九术更高明、更有才能的人呢？”桓公听了，很高兴，于是以礼相待。过了一个月，天下士人便相互引导而来。这是一个故事，不一定是史实。但是作为旁证，说明了早期的“九九表”是很基本的计算技能，是很多人都能掌握的“小技”。另外，战国时代的很多文献，对“九九表”都有所引述，比如《管子·地员》：

> 命之曰五施，五七三十五尺而至于泉。
> 命之曰四施，四七二十八尺而至于泉。
> 命之曰三施，三七二十一尺而至于泉。
> 命之曰再施，二七十四尺而至于泉。

这些文献大多引用一句或若干句，虽然不完整，也能够看出“九九表”在战国时代的流行。

传世文献中，最早记载四十五句“小九九”口诀的，是西晋成书的《孙子算经》。《孙子算经》的九九口诀，是在算题中出现的，比如：

> 九九八十一，自相乘得几何？答曰：六千五百六十一。
> 八九七十二，自相乘得五千一百八十四。八人分之，得六百四十八。

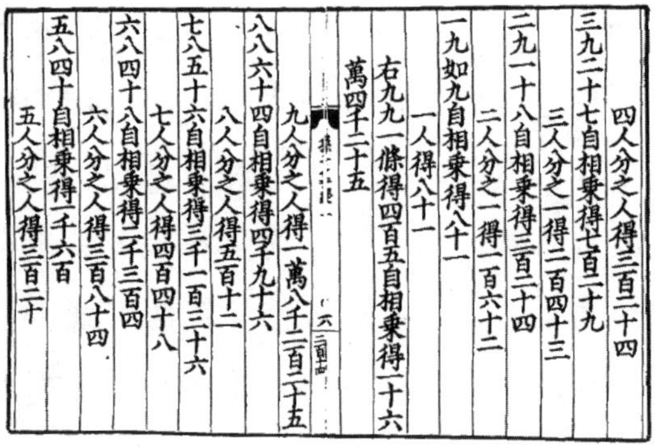

四人分之人得三百二十四
三九二十七自相乘得七百二十九
三人分之一得二百四十三
二九一十八自相乘得三百二十四
二人分之一得一百六十二
一九如九自相乘得八十一
一人得八十一
右九九一條得四百五自相乘得一十六
萬四千二十五
九人分之人得一萬八千二百二十五
八八六十四自相乘得四千九十六
八人分之人得五百十二
七八五十六自相乘得三千一百三十六
七人分之人得四百四十八
六八四十八自相乘得二千三百四
六人分之人得三百八十四
五八四十自相乘得一千六百
五人分之人得三百二十

图 8 《孙子算经》中涉及九九口诀的算题

稍晚出现的敦煌卷子中，也有“九九表”。比如敦煌《立成算经》中的“九九表”，不完整。敦煌汉文算书《算经一卷》有完整的“九九表”。敦煌卷子中还有一张《田积表》，当年被伯希和劫走，藏在法国国家图书馆中，编号为P2490。《田积表》是计算田亩面积的表格，其中涉及了九九口诀的运算。

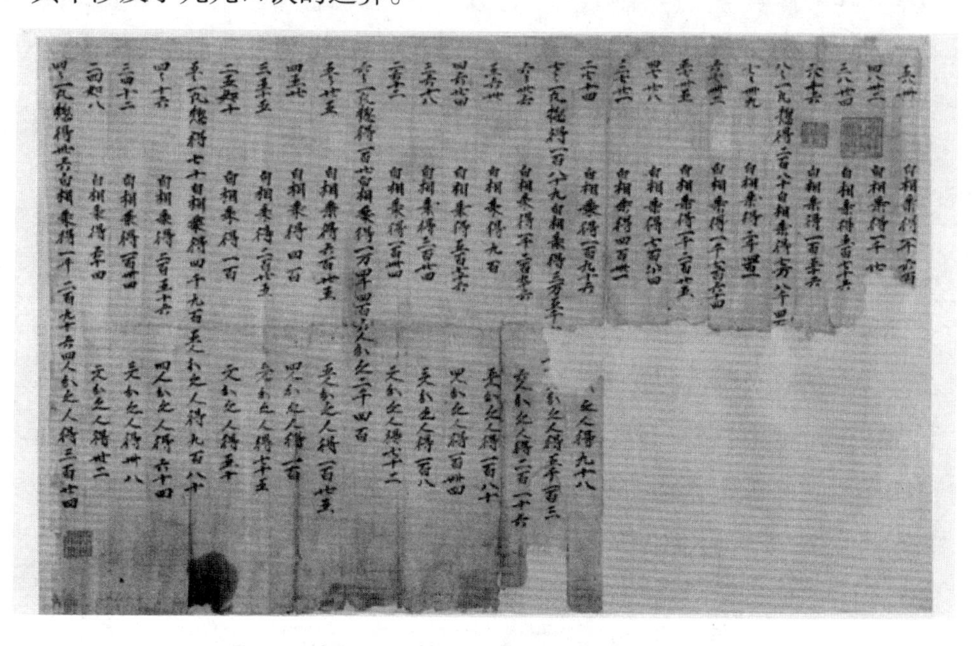

图9　敦煌汉文算书《算经一卷》（部分）

前面介绍的文献，时代都在清华简之后，与《算表》在某些方面有相同或相通的地方。《算表》的发现使过去的一些判断得到了进一步的证实。比如，过去我们根据大量先秦文献引用“九九”的一句或者若干句，推测在春秋战国时期应该已经有了完整的九九乘法口诀表了，但一直以来没有得到证实。清华简《算表》的出土，使我们确定无疑地坐实这种推测。另外，制成表格的算法形式，是中国传统数学和历算中的重要形式，但它出现的年代不清楚，《算表》使我们发现了其更早的渊源。

四、关于《算表》可能的扩展功能

我们已经介绍了《算表》的基本功能，也就是乘法运算。其实，根据《算表》三个功能区所具备的客观条件，这个表还可以用来做一定范围内的整数除法和开平方运算。不过，当时是否已经利用《算表》进行这样的运算，还有待于进一步的研究。

怎么进行除法运算呢？除法运算的关键，是找出被除数在九九表中的位置，然后利用引线在表中找到商数。运算步骤是这样的：

1. 首先从第一功能区（任选横栏或纵行）除数所在数字处，引出除数线；如果除数是多位数，先把多位数分解，然后分别引出多条除数线。

2. 在除数引线通过的表格中，寻找和被除数相等的数（如果除数是多位数，就把多条平行的除数线相应位置的数相加）。然后，从此数引出与除数呈直角的商数线，商数线所指向第一功能区中相应的数，就是商数。

3. 如果首次未能找到与被除数相等的数，则找出最接近的数。然后用被除数减去这个最接近的数，得到一个余数。再从上述除数引线经过的单元格中，找到与余数相等的数（多条平行线，仍旧将相应位置的数字相加）。然后从此数引出与除数引线垂直的商数线，所指向之第一功能区中相应的数，就是商数。未能除尽的，尾数可以用分数来表示。

我们用一个例子来说明一下，比如 3808 ÷ 68，如图 10 所示：

1/2	1	2	3	(4)	(5)	6	7	8	9	10	20	(30)	40	50	60	70	80	90		
•	•	•	•	•	•	•	•	•	•	•	•	•	•	•	•	•	•	•		•
45	90	180	270	(360)	(450)	540	630	720	810	900	1800	2700	3600	4500	5400	6300	7200	8100	•	90
40	80	160	240	(320)	(400)	480	560	640	720	800	1600	2400	3200	4000	4800	5600	6400	7200	•	80
35	70	140	210	280	350	420	490	560	630	700	1400	2100	2800	3500	4200	4900	5600	6300	•	70
30	60	120	180	240	300	360	420	480	540	600	1200	1800	2400	3000	3600	4200	4800	5400	•	60
25	50	100	150	200	250	300	350	400	450	500	1000	1500	2000	2500	3000	3500	4000	4500	•	50
20	40	80	120	160	200	240	280	320	360	400	800	1200	1600	2000	2400	2800	3200	3600	•	40
15	30	60	90	120	150	180	210	240	270	300	600	900	1200	1500	1800	2100	2400	2700	•	30
10	20	40	60	80	100	120	140	160	180	200	400	600	800	1000	1200	1400	1600	1800	•	20
5	10	20	30	40	50	60	70	80	90	100	200	300	400	500	600	700	800	900	•	10
4½	9	18	27	36	45	54	63	72	81	90	180	270	360	450	540	630	720	810	•	9
4	8	16	24	32	40	48	56	64	72	80	160	240	320	400	480	560	640	720	•	8
3½	7	14	21	28	35	42	49	56	63	70	140	210	280	350	420	490	560	630	•	7
3	6	12	18	24	30	36	42	48	54	60	120	180	240	300	360	420	480	540	•	6
2½	5	10	15	20	25	30	35	40	45	50	100	150	200	250	300	350	400	450	•	5
2	4	8	12	16	20	24	28	32	36	40	80	120	160	200	240	280	320	360	•	4
1½	3	6	9	12	15	18	21	24	27	30	60	90	120	150	180	210	240	270	•	3
1	2	4	6	8	10	12	14	16	18	20	40	60	80	100	120	140	160	180	•	2
1/2	1	2	3	4	5	6	7	8	9	10	20	30	40	50	60	70	80	90	•	1
1/4	1/2	1	1½	2	2½	3	3½	4	4½	5	10	15	20	25	30	35	40	45	•	1/2

图 10　《算表》除法运算示意图

第一步，除数 68 是两位，分解为 60 与 8。

第二步，从第一功能区（横栏或纵行都可以）数字 60 和 8 对应的圆孔内，分别引出除数线。

第三步，两条除数线穿过的单元格中，找出对应位置的两个数相加之和等于或者小于但最接近除数的数，所见为“3000+400”，相加得 3400，小于 3808 的最大的数。

第四步，将 3000 与 400 的连线延伸至另一功能栏，指向数字 50，就是商数十位的数值。

第五步，用被除数 3808 减去 3400，得到余数 408。然后，在上述两条平行引线经过的单元格中，找到位置相应的两个数，二者相加与余数 408 相等，所见为“360+48”。

最后，将 360 与 48 的连线延伸至功能栏，指向数字 6，得到商数的个位数值。

最终计算结果就是 56。

这是除法运算。开平方运算与除法有相通之处，不同的是，必须利用算表的对角线，对角线上的数都是完全平方数。具体的方法是，从《算表》右上角引线至左下角，设为对角线，在对角线中找出与被开方数相等或小于开方数但最为接近的数，然后用引线在表中找相应的数，进而计算出平方根数。我们通过具体的算例，略加说明。

比如我们来求 1849 的平方根，如图 11 所示。

1/2	1	2	3	(4)	(5)	6	7	8	9	10	20	(30)	40	50	60	70	80	90		
•	•	•	•	•	•	•	•	•	•	•	•	•	•	•	•	•	•	•	•	•
45	90	180	270	(360)	(450)	540	630	720	810	900	1800	2700	3600	4500	5400	6300	7200	8100	•	90
40	80	160	240	(320)	(400)	480	560	640	720	800	1600	2400	3200	4000	4800	5600	6400	7200	•	80
35	70	140	210	280	350	420	490	560	630	700	1400	2100	2800	3500	4200	4900	5600	6300	•	70
30	60	120	180	240	300	360	420	480	540	600	1200	1800	2400	3000	3600	4200	4800	5400	•	60
25	50	100	150	200	250	300	350	400	450	500	1000	1500	2000	2500	3000	3500	4000	4500	•	50
20	40	80	120	160	200	240	280	320	360	400	800	1200	1600	2000	2400	2800	3200	3600	•	40
15	30	60	90	120	150	180	210	240	270	300	600	900	1200	1500	1800	2100	2400	2700	•	30
10	20	40	60	80	100	120	140	160	180	200	400	600	800	1000	1200	1400	1600	1800	•	20
5	10	20	30	40	50	60	70	80	90	100	200	300	400	500	600	700	800	900	•	10
$4\frac{1}{2}$	9	18	27	36	45	54	63	72	81	90	180	270	360	450	540	630	720	810	•	9
4	8	16	24	32	40	48	56	64	72	80	160	240	320	400	480	560	640	720	•	8
$3\frac{1}{2}$	7	14	21	28	35	42	49	56	63	70	140	210	280	350	420	490	560	630	•	7
3	6	12	18	24	30	36	42	48	54	60	120	180	240	300	360	420	480	540	•	6
$2\frac{1}{2}$	5	10	15	20	25	30	35	40	45	50	100	150	200	250	300	350	400	450	•	5
2	4	8	12	16	20	24	28	32	36	40	80	120	160	200	240	280	320	360	•	4
$1\frac{1}{2}$	3	6	9	12	15	18	21	24	27	30	60	90	120	150	180	210	240	270	•	3
1	2	4	6	8	10	12	14	16	18	20	40	60	80	100	120	140	160	180	•	2
1/2	1	2	3	4	5	6	7	8	9	10	20	30	40	50	60	70	80	90	•	1
1/4	1/2	1	$1\frac{1}{2}$	2	$2\frac{1}{2}$	3	$3\frac{1}{2}$	4	$4\frac{1}{2}$	5	10	15	20	25	30	35	40	45	•	1/2

图 9 开平方（√1849）

图 11 《算表》开方示意图

首先，在算表对角线穿过的单元格中，找出小于被开方数 1849，又和它最接近的数，这个数是“1600”。从 1600 作纵横引线，分别延伸至第一功能区，对应的数是 40，40 便是平方根的十位数。

然后，用被开方数 1849 减去 1600，得到余数 249，这个数折半，得 $124\frac{1}{2}$。

然后，在上述纵横引线经过的单元格内，找到小于 $124\frac{1}{2}$但又和它最接近的数，这个数就是 120。从 120 处作纵横引线，对应的第一功能区数字为 3，3 就是平方根的个位数。

因此，正好被开尽，得：$\sqrt{1849}=43$。

五、《算表》蕴含的原理及其在数学史上的意义

（一）《算表》蕴含的原理

从数学原理角度来看，《算表》蕴含了三个原理：

1. 十进位值制的应用。

2. 乘法交换律的运用。

3. 乘法分配律的运用。

分析《算表》的内容，可以发现它应用了十进制的计数方法，并且用到了乘法的交换律、乘法对加法的分配律以及分数等数学原理和概念。它不仅能够直接用于两位数的乘法运算，也可以用于除法运算，并且能够对分数 $\frac{1}{2}$ 或含有 $\frac{1}{2}$ 的带分数进行某些运算。这个《算表》操作便捷，携带方便，实用性强，是当时实用的运算工具。它的发现，为认识先秦数学的应用与普及，提供了重要的直接史料和丰富的信息。

《算表》的设计要直接用到乘法的交换律，算表结构图的第一功能区中的横向第 1 列数字和纵向右起第 21 行数字，是以对角线轴线对称排列的，在乘法运算中为乘数或被乘数。设 a_i 为第 1 横列中的任意一数，b_j 为纵向右起第 21 行中的任意一数，$a_i \times b_j = b_j \times a_i$。

在进行任意两位数的乘法和除法运算时，要用到乘法对加法的分配律。比如，计算 12×4，首先要将两位数“12”分解为 10 与 2，分别从 10 与 2 处引线，纵横交叉，得到乘积。整个运算过程，如果用算式来表示，相当于：

$$12\times4=(10+2)\times4=(10\times4)+(2\times4)=40+8=48$$

古人在利用《算表》计算时，辅助以心算或者当时普遍采用的筹算，来进行加减法的运算。在整数的四则运算中，用筹算做加减法是十分简便的。不过，用筹算进行两位数以上的乘除法和开方运算时，需要用到的算筹较多，并且布算和操作很复杂，对初学者来说，掌握并熟练运用这种技能很有难度。另外，筹算在运算时，不能保留和记录中间的运算结果，难以验算。而用《算表》在进行乘除运算时，不仅操作快捷简便，而且可以获取中间运算结果，方便验算，可以在很大程度上克服筹算的缺点。另外，《算表》也方便初学者练习筹算。

（二）《算表》在中国数学史上的意义

《算表》在中国数学史上的意义体现在下面几个方面。

《算表》是先秦数学与计算技术发展的直接实物证据，不仅比张家山汉简《算数书》、岳麓书院藏秦简《数》要早，而且包含的内容是上述简牍中所没有的，是认识先秦数学水平的重要史料。

《算表》是目前所知道的中国最早的立成算表，为我们探索“立成算表”的源头提供了重要依据。

《算表》不仅比目前所能见到的古代十进制乘法表年代都早，而且它所具备的数学与计算功能也超出了里耶秦简“九九表”、张家山汉简“九九表”等古代乘法表的水准。它的发现表明了先秦的数学，尤其是计算技术，已经达到了相当高的水平。

另外，《算表》也佐证了春秋战国时期是中国传统数学的第一个高潮。

我们前面讲到，九九口诀在战国时代就已经很流行了，不过当时所见到的都是“小九九”。汉代以来的文献，包括出土简牍，记载的九九口诀也主要是“小九九”。直到宋代以后，随着珠算的流行，数学家们才开始重视“大九九”。比如宋代数学家杨辉在《乘除通变算宝》中说：

> 因九九错综而有合数阴阳，凡八十一句。今人求简，止念四十五句。算家唯恐无数可致，岂得有数不用乎？

表明杨辉主张用八十一句的“大九九”表，不过，当时流行的仍旧是“小九九”表。明代王文素《算学宝鉴》卷一“九九合数”一节中，给出的是“大九九”表，表明他对杨辉意见的赞同。

不过，过去一直没有搞清楚“大九九”表出现的时间。而《算表》的发现，说明“大九九”乘法表早在先秦时期就已经出现了。

《算表》的核心是由“九”至“一”及其乘积“八十一”至“一”诸数构成的乘法表，被乘数和乘数为十位单位数（10至90）、分数$\frac{1}{2}$及其积数，都是核心部分的延伸扩展。《算表》中数字的排列方式与中国早期九九口诀一致，按照由大到小的顺序排列，可见，它是当时已经广泛使用的九九算术衍生出来的运算工具，是中国古代计算技术发展到一定阶段的产物。在中国数学史上，《算表》占有一个很重要的位置。

（三）《算表》在世界数学史上的意义

明确了《算表》在中国数学史上的地位，我们将目光投向同时期的世界，通过横向比较，探讨一下《算表》在世界数学史上的意义。

首先来看看古巴比伦的数学。

我们知道古巴比伦的数学十分发达。古巴比伦人在进行算术计算时用到了各种数表，有许多刻在泥板上的乘法表保存下来。不过，在这些乘法表中，我们从未发现过加法表。迄今分析过的200多张古巴比伦数表，没有一张加法表。我们知道，古巴比伦的位值系统是六十进制的，不是十进制，它基本的数字多达 59 个，乘法表十分庞大。这种表的任意一张只是某一个数的倍数表，实际就是某一个数的乘法表。如果造一个完整的表系，古巴比伦人需要为从 2 到 59 的每一个数字都造出一张相应的表。

图 12　美国哥伦比亚大学图书馆所藏古巴比伦数学泥板

我们来看看几张古巴比伦乘法表的现代简化形式，如图 13：

1	2
2	4
3	6
4	8
…	…

1	6
2	12
3	18
4	24
…	…

1	9
2	18
3	27
4	36
…	…

图 13　古巴比伦乘法表

从左至右第一个是 2 的乘法表，第二个是 6 的乘法表，第三个是 9 的乘法表。以 9 的乘法表为例，原表是 1×9，2×9，3×9……20×9，接下来，是 30×9，40×9，50×9。古巴比伦人用到的乘法表都是这种某个数的乘法表，没有一张完整的表。实际上，造出一张完整的 60 进制乘法表，体量将十分庞大，不太容易实现。

那么用古巴比伦的乘法表如何计算呢？实际上与我们的计算方法相似，比如，计算 34×9，先把 34 分解为 30 和 4 两个数，利用 30 这个数的乘法表，找到 30×9 的六十进制结果 4,30（首位为 4，次位 30，转成十进制为 270）；再利用 4 这个数的乘法表，找到 4×9 的六十进制结果 36（六十进制的末位，转成十进制为 36），然后将二者相加，得 5,06（转成十进制为 306）。为了将两位的 60 进位数相乘，需要造出好多这样的乘法表。由于乘法表过于庞大，并且需要非常多的算表，使用起来很不方便。可见，古巴比伦人的数学水平固然很高，但是计算技术还不是很高明，不够高效。

阿拉伯的数学也比较发达。在阿拉伯数学中，较早地使用了现代表格形式的十进制乘法表。由于时间关系，我没有找到很早的十进制乘法表，这里有一个出现比较晚的，和早期阿拉伯乘法表的形式差不多的表。这就是 15 世纪上半叶阿拉伯数学家阿尔·卡西（Al Kashi）在《算术之钥》（1427）中给出的乘法表，相当于我们的“大九九”表，如图 14。

9	8	7	6	5	4	3	2	1	
8	8	7	5	5	4	3	2	1	1
18	16	14	12	10	8	6	4	2	2
27	24	21	18	15	12	9	6	3	3
36	32	28	24	20	16	12	8	4	4
45	40	35	30	25	20	15	10	5	5
54	48	42	36	30	24	18	12	6	6
63	56	49	42	35	28	21	14	7	7
72	64	56	48	40	32	24	16	8	8
81	72	63	54	45	36	27	18	9	9

图 14　阿拉伯数学家阿尔·卡西《算术之钥》（1427）中的乘法表及翻译

阿尔·卡西在书中指出：

> 下面用表的形式给出了一至十数字的乘法。乘数和被乘数分别写在行和列格子内，他们的乘积写在乘数和被乘数所在的行与列相交处的单元之内。每个从事计算的学者应该背熟该表，因为多位数相乘时，还要用到这一法则。

这个表和我们的《算表》，在形式上是比较一致的。

欧洲出现十进制比较晚。欧洲最早的十进制乘法表，见于十三世纪的数学名著《计算之书》（*Liber Abaci*，1202 年初版，1228 年再版），这是意大利数学家斐波那契（Fibonacci，约 1175—1245）的著作。这部书中记载的乘法表形式如图 15 所示。

2	乘以	2	等于	4	3	乘以	3	等于	9	4	乘以	4	等于	16
2		3		6	3		4		12	4		5		20
2		4		8	3		5		15	4		6		24
2		5		10	3		6		18	4		7		28
2		6		12	3		7		21	4		8		32
2		7		14	3		8		24	4		9		36
2		8		16	3		9		27	4		10		40
2		9		18	3		10		30					
2		10		20										
5	乘以	5	等于	25	6	乘以	6	等于	36	7	乘以	7	等于	49
5		6		30	6		7		42	7		8		56
5		7		35	6		8		48	7		9		63
5		8		40	6		9		54	7		10		70
5		9		45	6		10		60					
5		10		50										
8	乘以	8	等于	64	9	乘以	9	等于	81	10	乘以	10	等于	100
8		9		72	9		10		90					
8		10		80										

图 15 《计算之书》中的乘法表

这是从 2 至 10 的九个数中，每两个数相乘所得乘积的算表。和我国四十五句“小九九”乘法口诀相比，缺少一乘各数的乘积，不过多了十乘各数的乘积。这个表不同于后来欧美流行的乘法表，一般认为这是十进制乘法表的初级形式。这个表是不太好用的，《算表》纵横对应，一下就能找到两数的乘积，这个表不太容易找。这是欧洲 13 世纪的乘法表，还不如我们的《算表》快捷，可见他们的计算技术还是比较落后的。

直到文艺复兴时期，欧洲才使用现代表格形式的十进制乘法表。比如德国数学家维德曼（J. Widmann，约 1460—1499）在 1489 年出版了一部算术书，书名叫《商业捷算法》（*Behende und hübsche Rechnung auff allen Kauffmanschafften*）。在这部书中，有一个乘数、被乘数为 9 至 1 的乘法表。这部书在当时的欧洲很流行，多次再版。

图 16 是 1500 年再版的《商业捷算法》中两种形式的九九乘法表，包括了我们前面所说的“大九九”和“小九九”乘法表。这个表在形式上和清华简《算表》的核心部分一致，但时间却晚了将近一千八百年。图 17 是明末成书的《同文算指》中的“九九表”。《同文算指》是意大利传教士利玛窦和李之藻共同翻译的数学著作，这里面著录的“九九表”，来源于利玛窦的老师，德国数学家克拉维乌斯（C. Clavius）的《实用算术概论》（*Epitome Arithmeticae Practicae*，1583）。这正是当时西方流行的乘法表，和前面《商业捷算法》中的乘法表很相似。

综上所述，《算表》在世界数学史上独具特色。古巴比伦人在进行算术计算时用到了各种数表，但是由于其计数系统是六十进制的，导致乘法表非常庞大，每张表都是某一个数的倍数表，需要非常多的算表才能实现实际的计算操作，使用起来很不方便。而《算表》不仅利用一张表就可以进行 100 以内的任意两位数乘法运算，而且可以进

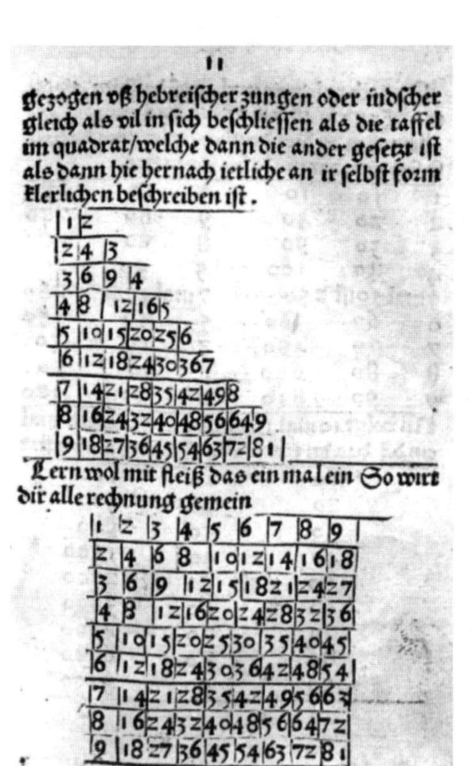

11

gezogen vß hebreischer zungen oder iudscher
gleich als vil in sich beschliessen als die taffel
im quadrat/welche dann die ander gesetzt ist
als dann hie hernach ietliche an ir selbst form
klerlichen beschreiben ist.

1	2							
2	4	3						
3	6	9	4					
4	8	12	16	5				
5	10	15	20	25	6			
6	12	18	24	30	36	7		
7	14	21	28	35	42	49	8	
8	16	24	32	40	48	56	64	9
9	18	27	36	45	54	63	72	81

Lern wol mit fleiß das ein mal ein So wirt
dir alle rechnung gemein

1	2	3	4	5	6	7	8	9
2	4	6	8	10	12	14	16	18
3	6	9	12	15	18	21	24	27
4	8	12	16	20	24	28	32	36
5	10	15	20	25	30	35	40	45
6	12	18	24	30	36	42	48	54
7	14	21	28	35	42	49	56	63
8	16	24	32	40	48	56	64	72
9	18	27	36	45	54	63	72	81

图 16　《商业捷算法》九九乘法表

图 17　《同文算指》中的乘法表

行更加复杂的除法运算和开方运算，操作非常简单。《算表》的计算功能，较古代其他地区出现的乘法表功能都要强大。

早期的阿拉伯数学虽然采用了现代表格形式的十进制九九乘法表，但它的功能显然不及《算表》强大。欧洲的十进制出现很晚，最早见于 13 世纪的数学著作中，还只不过是十进制乘法表的初级形式。文艺复兴时期才采用现代表格形式的十进制乘法表，从时间上来看，远远晚于《算表》。因此，从整个世界范围来讲，尤其从计算技术角度来说，《算表》在世界数学史上也有着重要的意义。

中国古代的天学与王权

江晓原

各位好，今天的讲座题目是“中国古代的天学与王权”。以前我们一般不把天学和王权绑在一起，认为这两个事情之间不一定有关系，但事实上二者有非常密切的关系。

先来讲第一部分，天学与王权。

我用“天学”这个词汇，是经过考虑的，从大概二三十年前开始就一直用这个词汇，为的是把它跟天文学分开来。

现在一说到天学，我们这些受现代教育的人就会马上想到天文学。现在的天文学是一种全球化的科学，这套系统最初从古希腊开始，一直到今天都没有变化。今天随便哪个国家的天文学专业的学生开始学球面天文学，使用的所有特殊的字母都是希腊字母。在今天的世界上不存在有国别的天文学。

但是中国古代并不这样，我们古代有另外一套学问，我称它为天学。天学是古人用来确认天命、了解上天的意愿的学问，这样的学问在今天听起来，难道不是迷信吗？不是有宗教色彩吗？不是的，在中国古代没有将天学作为宗教，当然，你愿意把它称之为迷信也未尝不可。在中国古代，这个学问就是要了解天命，这对于统治者来说非常重要。

任何一个王朝建立起来，都要天命授权。在西方是君权神授，比如说，某个国王登基的时候，要去找教皇来，把王冠戴在他头上，《圣经》里也说“膏大卫为王”，手上抹一点油，在大卫额头上抹一下，与后来把王冠戴在头上性质是一样的，这种仪式体现着君权神授。但是在中国古代，没有这样体现君权神授的仪式，甚至根本没有这个观念。中国古人认为君权是天授，是上天把统治权给了某某人或某王朝。那么你怎么知道上天给了谁呢？上天给完之后它满意吗？这些事情我们怎么能知道呢？古人认为是可以知道的，就是通过天学来回答这些问题。

在天学具体运作的时候，会用到天文学的知识。这些知识有一部分和我们今天的天文学知识是重合的。有些人觉得老祖宗讲天学，是迷信，但他发现，天学运作的时候要用到天文学工具，他觉得天文学是个好东西，就把天学和天文学混淆起来，把老祖宗的学问说成是天文学。但这种说法没有真正理解天学是什么，是不准确的。

简单而言，在我们听这个讲座的时候，要知道这样一个结论：天学是政治巫术，天文学是科学。你可能现在不一定接受这个结论，但在这短短的一个小时内，我的讲座内容是建立在这个基础上的。或者可以去看我的书，里面有详细的论证。在这里，我们先假定了这个结论：天学，我们中国古代的天学是一种政治巫术，在这个巫术运作的时候，我们要用到一部分天文学的工具。比如，现在还是能在社会上找到算命的人，有些算命的人有一台电脑，把算命的软件在电脑上运行，当他这样做的时候，你认为他是在算命呢还是在干别的事？你不能因为他用了电脑，就说他是在做计算机实验吧？你还得承认他是在算命，对不对？所以我们做一件事情的时候，我们用工具，随便用什么工具，它并不会改变这件事情的性质。

比如一个坏人，他用网络技术搞金融犯罪活动，但他不能说：我不是在进行金融犯罪活动，我是在做网络技术的测试。他还得为网络犯罪的事实接受惩罚。你用了再先进的工具，也不会改变事情的性质，所以政治巫术随便用什么样的科学工具，它还是政治巫术。我用巫术这个词没有批判的意思，巫术在这里是一个中性的词汇。

现在我们来看，天学在中国古代有特殊地位，这个特殊地位有几条证明：

第一，历代官史中有“天学三志”。我们平常说的《二十四史》《二十五史》中都有“志”，“志”打头的必然是《天文志》，接着是《律历志》《五行志》。《天文志》用了“天文”这个词汇，看起来跟我们今天的天文学（astronomy）很像。你会说我们古代因为重视天文学，就有一个关于天文学的志，那历史文献中会有关于数学的志、物理学的志、化学的志吗？没有。有地理的志，绝大部分也是人文的疆域问题。总之是你用现代科学去套就会发现，这个“天学三志”很奇怪，别的自然科学的学科连一个志也没有，可是这个天学它有三个志。

第二，天学在上古政务中有特殊地位，比如说老皇帝要把皇位传给新皇帝，传位的时候要交代些什么事呢？今天美国，上一任总统要给新总统先交代有“核按钮的箱子”这件事是非常重要的。我们想象一下，一个领导人向后一任领导人交班的时候，得交接政治、军事、经济、内政、外交这些国家大事，而不能先交代天文学吧？就算天文学是现代科学的领头羊，它也不可能重要到这个地步吧？中国古代的交接班不交接别的事，就交接天学，这是不可想象的。

第三，古代天学机构在政府中有特殊地位。我们现在也有天文台，有国家天文台，但我们的天文台是直属中国科学院的科学研究机构，不可能是隶属国务院的机构；但是在中国古代历朝历代，所有的天学机构都是中央政府的一部分，这在现代是不能想象的。

第四，天学在古代方术中的特殊地位。我们古代有各种各样的方术，但是这些方术，几乎每一种都和天学有关系。天学是指导它们的基本理论，我们说一个人上知天文、下知地理，比如诸葛亮。这些懂方术的人，都得上知天文，为什么呢？因为天学在所有的方术中，都扮演着指导思想、基础理论的角色。

第五，私习天文之厉禁。学天文我最有体会了，我就是天文系毕业的。可是古代不存在这样的系，你要是偷偷在家学天文学，邻居可以去告发你，结果轻则脸上刺金印流放，重则可以杀头，告发者还可获得赏钱，赏金有十万之多。

为什么天文学不能随便学？因为刚刚我们说了，它跟王权直接绑定。天学是一个政治巫术，不是谁都可以研究的。私习天文有风险，但我们几千年的历史中，始终有一些人偷偷地学的；再说这个禁令它也有一定的漏洞，并不是百分之百都执行的，这个我们后面都会讲。这里我只是说这几个特点，然后我们一个一个来展开，稍微说一说。

接下来讲一讲“天学三志”。第一，《天文志》，用今天的知识体系来看，它就是星占学。《天文志》中包括了对天象的记录以及对这些天象的解读。因为天象都昭示着人间事情的好坏，所以看到一个天象怎么解释它，答案在《天文志》里。第二，《律历志》，《律历志》分两部分，一部分是历法，另一部分是音律。历法部分就是我们今天的数理天文学。简单来说，就是在给定的时间和地点，推算太阳、月亮和五大行星的位置。比如想要知道金星现在在哪儿，那皇家的天学家就要马上算出来，现在金星在赤经多少度，赤纬多少度，如果他能算出来，那他就是合格的。

《律历志》为什么还要把音律放在一起呢？历法数理天文学跟音乐有关系么？在现代的知识框架里，它们一点关系也没有；但是在那些零星的古文献里，我们却发现他们是有关系的。在上古传说中，有一个人叫容成，他造了历，又造了律，甚至还是房中术的鼻祖。当然，容成到底是否真有其人，是没有定论的。那为什么一个造历的人，也造律呢？我们只能在今天零星的史料中这么推测，容成这样的人，在古代，起码也是大祭司级别的人物，也许是掌握着神秘知识的传奇人物，他既懂得看天上的学问，也懂得造音律，他甚至还能懂得男女之道。这些事情都是有可能的。

官史中的这些志的格局，最早是从《史记》传下来的。我们今天把《二十四史》《二十五史》都说成是历代的官史，其实这个历代官史中的第一史《史记》，恰恰不是官史。《史记》是司马迁个人的著述，尽管司马迁在朝廷里担任史官，但是《史记》却是他个人著述的结果。从班固的《汉书》开始才叫作官史，此后历代的传统是，每一个新的王朝建立的时候，就给之前被推翻的王朝修史。如果是群雄并起，有许多小王朝同时存在，然后一个王朝大一统，就把前朝几个小王朝的史都修了。这种官史的传统，实际上是在班固那里确立的，但它的蓝本，却是私人的著述《史记》。在《史记》里不叫"志"，叫"书"，所以对应的《天文志》叫《天官书》，对应的"律历志"是分开来的，叫《律书》《历书》，班固把二者合并，就变成了《律历志》。今天我们不涉及音律，音律非常复杂，而且其中神秘主义的东西很多，今天只说历。

还有一种志叫作《五行志》，《五行志》是在一种完全不同的宇宙图景下留下来的记载，与我们现在对世界的了解完全不同。我们古人用"天"这个词的时候，不是我们认为的大气层和外层空间，而是包括了地球表面和大气层以外的所有东西，相当于我们今天"大自然"的概念。

《五行志》记载大自然的种种奇异现象，比如地震、山崩、水旱灾害、蝗灾、出了什么怪物，甚至是出了男女互化。当然我们古人说的男女互化，不是指变性，在古人神秘主义的信念中，相信男女是可以互化的。另外还有祥瑞，灵芝出现、特殊动物出现等。有些事情你今天也得说是迷信，或者说是生物变异了，因为你哪能看到有九条尾巴的狐狸、九条尾巴的乌龟，这都是不可信的。当然在今天的生物工程的作用下，这些事物也可能有，你成心要弄一只有九条尾巴的狐狸来，未必做不到；但这都是现代科学才能做的事，古代当然没有生物工程。

在《五行志》中记载的大自然的奇异现象里，祥瑞的占比非常少，绝大部分记载的都是灾祸。为什么会这样？是因为古人有一个原则，叫作“变则占，常则不占”。周期性的天象，比如太阳每天东升西落是常，就没有星占意义，但是出现了日食就有星占意义，因为它是变。所以在《天文志》里，记载的天象都是变的天象，绝大部分都是灾祸的天象，都是上天对人警示的天象，只有少量天象是祥瑞。比如说一颗叫作老人星的星出现，会被认为是祥瑞，我们今天用科学的方式去解释，老人星是一颗在南天的星，所以在我们中国的纬度上，它只能在一年中比较少的日子看到，就是一个变的天象。所以你看到有一些记录里，会出现“老人星现”，表示祥瑞，说明“海晏河清”。但是这种祥瑞的天象，占的比例很小，与《五行志》中祥瑞的占比很小是一致的。

现在我们再来说天学在上古政务中的特殊地位。这个政务中的特殊地位，我们得找一些东西来剖析它。在古代老皇帝把位子传给小皇帝的现象是很少的，比方说乾隆说他爷爷当了60年皇帝，因为不能超过他，所以到了60年的时候，他就把皇位传给他儿子，自己当上太上皇，这样的例子很少见，大部分是被逼迫。如玄武门之变，李渊被李世民逼得只好赶快把皇位传给他，自己当太上皇；或者说李隆基在安史之乱后，自己逃到成都去了，太子在灵武继了位，又遥尊他为太上皇，实际上就是硬把他的皇位剥夺了。

又比如南朝的几个王朝更替的时候，都是逼着要把皇位交出来，就只好禅让交出王位。在这种情况下，很难指望老皇帝会掏心掏肺把重要的事情传给新皇帝，更别提什么宫廷阴谋、豪门斗争。所以在王权交接的时候，到底呈什么状态，其实能用来分析的个案非常少。恰恰在《尚书·尧典》里，有这么一个个案。尧和舜是儒家塑造的上古时最理想的明君。我们歌颂一个王朝好，说它尧天舜日，天是尧的天，太阳是舜的太阳，那王朝就理想了。实际上是不是真存在过儒家说的尧天舜日、唐虞之治，是可以讨论的；但至少历代的儒家经典对它的解释都是，帝尧把皇位传给帝舜的时候，就像我们今天理想的交接班的状态。老天子对新天子交代了一些重要的事情，就像今天美国总统交代核密码和核按钮的箱子一样。

我有一次开会特无聊，就把《尧典》的字数统计了一下，我把这种方法叫作“庸俗统计学”。全文 440 字，言帝尧政绩 225 字，225 字中关于天学事务 172 字。这就很奇怪了，如果我们评价一个统治者、一个天子是一个千古罕有的圣君，这样一个典范天子的政绩，怎么能 225 个字里有 172 个字都是天文呢？如果这段文字是在讲一个国家天文台的前台长的政绩，才是合理的。可是他是天子，用今天的科学常识来讲，天文学能占那么大的比例，他肯定不是一个合格的天子。

这就让我们想起，宋徽宗花了很多时间搞书画，他的瘦金体还能够后世留名；明朝的某个皇帝，整天不上朝，在宫里做木匠活。我们认为这些皇帝是不合格的。可是帝尧怎么能花那么多的时间研究天学呢，难道农业、水利、外交、军事这些事情不是一个皇帝更应该关心的吗？其实帝尧这样做是对的，因为在那个时代，王权是靠什么建立的呢？有土地、军队、经济实力支撑；但是这些不够，王权的建立还有一个必要条件，就是必须能够通天。因为君权是天授的，先得跟上天有沟通，要是没有跟上天沟通的能力，就不能建立王权，君主得让周围的人承认自己有能力跟上天沟通，然后王权才会被承认。

从《尧典》来看，为什么尧的政绩中天文占了那么大的部分，就是这个原因。传说中的第一任天子，君权是天授的，所以对他来说，农业、军事、外交、经济，水利，这些事情都是第二、第三位的，第一位是要怎么通天，怎么把王权确立起来。帝尧正是掏心掏肺地跟帝舜说，最重要的事情就是这件事，所以 225 个字里 172 个字都是在讲这件事。

我们接着说皇家天学机构的特殊地位。它是中央政府的一部分，古代政府下面分成六部，皇家天学机构总是在礼部的领导下。这个机构历代的名称不一样，什么太史监、太史院、司天台、钦天监等。从明朝开始，明清两代，固定的名字就叫钦天监，钦天监监正的官有多大呢，通过历代职官表我们能查到他当时的品级和官职。监正这个官职相当于今天的正厅级到副部级这个级别。

另外有一点很有趣的是，我们古代不允许任何地方政府建立天学机构，因为天学机构必须是中央政府垄断的。在这一点上，我们现代的天文台是一样的，都属于中央直属机关，直接受中央领导。

我们再来说，天学在古代到底有什么用呢？先要解决这个问题，就是刚刚我们说的，《尚书·尧典》为什么会有那么神秘的现象？为什么帝尧的政绩中，绝大部分都是天学？那是因为我们古代，有一种说法是“通天者王”，王字念第四声，做动词用，能称王于天下。这个时候，只有通天的人能够被大家承认，他可以称王。古人认为，所有的统治的知识，都在天上，天上是神待的地方，也是那些伟大的祖先所待的地方，伟大的祖先在去世之后，就会变成神去天上。统治者要与那些成为神灵的祖先进行沟通。

另外，我们古代的天，本身不是一个物理的概念，不是我们今天说的外层空间、大自然等。我们古人用天这个词汇来指称大自然的时候，是指天的物理性质；天还有另外的性质，它很像西方人的上帝。这个天它是有意识、有感情的，它赏善罚恶，就这点来说，它其实类似西方各种宗教中的上帝。

中国古人认为，天看到这个统治者是有德的人，就会把天命给他，比如，天看见周文王是有德的，所以要把天命从殷纣那里夺过来给周。这套理论本身是周人自己创造的，周以一个小邦夺取中国的政权之后，当然要给自己造舆论了，我们现在说的这套理论，都是周人建立起来的。后世的统治者，也对这套理论坚信不疑。

这里讲一个细节，周文王造过一个地方叫灵台。好多年前有一个电视剧《封神榜》，里面周朝但凡有什么重要的活动，都要在一个场所举行，就是灵台前面，编剧编得非常符合史实。灵台是做什么的呢？是用来跟上天沟通用的。为这个王朝服务的星占学家们，要在灵台上工作，在灵台上观天、搞一些仪式。按照儒家典籍，灵台只有中央天子才可以有，诸侯的地位卑下，是不可以有灵台的，就像我们今天地方政府不能有天文台是一样的。

可是，周文王居然在他的领土内造灵台，《诗经·大雅·灵台》这一章，就是讲周文王怎么造灵台的，说他“经之营之，庶民攻之，不日成之”，意思是用人海战术突击，把灵台造出来了。为什么要突击造出来？要快速造成既成事实，要是被中央知道了在那里造灵台，那就要惩罚了，所以要赶快用人海战术，赶快把它造起来。可是你把灵台造起来了中央就不能惩治你了吗？在当时，中央是殷纣在掌管，很多人认为殷纣是一个昏君，还被妲己迷得五迷三道，但那个妲己正是周朝献给他的，所以周朝通过了适度的“公关”，让中央政府默许了他的灵台。

但是，周边的诸侯很快就发现，周朝已经有灵台了，在通天了。既然中央也没能制止他这样做，那就变成既成事实了，周朝就使得他周围的小诸侯国，都承认他是一个新的权威，一个从西部崛起的新权威。这个权威已经可以和在东部的殷纣的政权分庭抗礼，因为他也有灵台，他也能通天。这个行为本身在今天看来，是非常严重的一件事情，为什么儒家会说周文王“三分天下有其二，以服事殷，周之德，其可谓至德也已矣”就是说他已经三分天下有其二了，他还对殷的中央政权保持着臣子应有的节，这是德。

到他儿子周武王，就出现了武王伐纣，因为政治势力大到一定的程度，旧的权威又失德，所以新的权威一定会得到更多的人拥戴，也就是我们说的“得道多助，失道寡助”。典型的例子是，周武王在伐纣成功的前两年，已经进行过一次军事示威了，这就是传说中的八百诸侯会孟津。孟津是黄河的一个渡口，现在仍然叫这个名字。当时周武王带着八百诸侯，在孟津进行“阅兵”。八百诸侯中的很多人跃跃欲试，对周武王说“纣可伐矣”，意思是说我们打过黄河去吧，可以讨伐纣了；但是周武王说，你们不知道天命，还不可以。

所以，进行示威以后，八百诸侯又跟着周武王回去了，散了。很奇怪，周武王为什么可以对他们说“汝未知天命”？他有什么资格说这个话？是因为八百诸侯都已经承认，他是有通天能力的，他是知天命的。又过了两年，周武王誓师，在电视剧里，他又在灵台前面誓了师，从现实来推测的话，这个可能性非常大。当然今天我们不知道灵台具体位置在哪儿，但是我们从《诗经·大雅·灵台》得知，周武王誓师之后，行军一个月再次来到孟津渡口，这次他毫不犹豫渡过了黄河，一个月里周武王没有遇到过抵抗，实际上，殷王朝已经没有能力组织起有力的抵抗了。

通过牧野之战，周武王取代殷纣建立了周朝。在这个过程中，通天与王权之间的关系多次出现。我们今天来推测这件事，认为这套理论一定在周人得到天下之前就是有效的。周人靠这套理论，建立王权，为了更好地为自己辩护，理论变成了：本来天命是归殷纣的，但是他自己失道、失德，倒行逆施，所以最后上天就把天命从他那里拿走了；上天看到的有德的是我们周朝，所以把天命给了周。于是周王朝就开始了。

在封建王朝早期，我们看到天学跟王权之间关系密切，天学是王权的必要条件。再往后，几千年过去了，人变得越来越唯物主义，后人当然知道，王权和天学之间的关系只是一种观念，真正要建立王权，还得靠军事和经济实力。这时，王权仍然需要用天学来点缀，比如在明朝，仍然需要用天学来点缀王权，让天学变成王权的象征。

比如朱元璋定都南京，所以钦天监就设立在南京。钦天监里有用来观天的仪器，是礼器，属于国之重器。而后来明成祖朱棣发起靖难之役打下南京，又迁都北京时，按理说，这些仪器就得迁到北京去；但是他发现没那么简单。第一，要把这么沉重的青铜仪器从南京运到北京，起码需要几个月。更致命的是，在南京使用的仪器，是不能在北京用的。因为中国古代的天文仪器，是赤道系统的仪器，和当地的纬度有直接关系。建造仪器的时候，准备放在哪儿用，就调好它的纬度，南京的纬度是 32 度，北京的纬度是 40 度，差 8 度，所以仪器即使运到北京也不能用。明成祖必须在北京重新造起一个仪器来，可是这样不就太慢了么？好不容易打赢战争定都北京，他得赶紧宣示王权啊。

所以，朱棣的做法是，把今天建国门的城墙选作了钦天监工作的场所，也就是现在我们可以去参观的古观象台，让人在那里用肉眼观天。在古代，用肉眼观天是没有意义的，因为要讲一个天象得说出具体位置，必须有仪器，测量出经纬度，用肉眼观天充其量算是一种行为艺术。但为什么还要观呢？其实是象征和宣传，要告诉北京城的人，我的钦天监已经运作了，通天已经开始了。

另一个例子，在明朝有很多的属国，比如朝鲜、琉球等，这些属国用什么事情来承认中国的宗主国地位呢？就是他们要用中国的历法，在政府的文件中也要用中国的年份。所以我们每年都要向朝鲜、琉球等属国颁赐历法。颁赐历法有两种颁法，一种是他们派使臣到北京来领受历法，或者是我们派使臣到他们那里去，我们用的词汇叫颁赐，这是一种非常居高临下的态度。

颁赐历法这个行为本身就说明了天学仍然是王权的象征。这些活动表面上看没啥意义，但是在那个时候，它是一个政治问题。另外，天学在我们实际的政治生活中起教化的作用。《天文志》有一些关于星占的东西是用来教化的。一方面，统治者要教化被统治者，另一方面，统治者中的一部分人也需要教化另一部分人。很多情况下，被教化的对象是皇帝本人。要让皇帝知道，你是要敬畏天命的，如果上天对你有意见了，你就要做出一些姿态来。比如说，汉文帝的时候出现了日食，一些人成功地教化了汉文帝，说日食出现说明您的统治有问题，就得改进。于是汉文帝就下了一道非常著名的诏书——《求言诏》，说：我担任领导职务以来，做得不够，以至于上天都弄出日食这样的事情来警告我，所以我请广大干部和人民群众都给我提意见，我会认真考虑的。

还有一种做法，是日食的时候，皇帝做另外一些姿态，比如减膳、撤乐、斋戒，山珍海味不吃了，音乐也不听了，晚上不让美女陪着，自己一个人在小屋子里睡了，这些行为持续一定的日子。就好比小孩子犯了错误，大人说不许吃巧克力、不许看电视是一样的，小孩子主动说，我不吃巧克力了，也不看电视了，一回来就做作业，大人就消气了。

所有这些行为，我为什么把它叫作政治巫术，因为它本身带有巫术的性质。既然上天呈现了一个不好的天象，统治者得表示我很紧张，态度要端正。如果还照样吃喝玩乐，态度不端，上天就会震怒；如果赶紧做几天态度端正的姿态，山珍海味不吃了，靡靡之音不听了，美女也不亲近了，上天就能消气。

甚至还有另一种在今天看来很荒唐的姿态曾在汉朝和北朝流行过，就是找人来做替罪羊——把宰相撤了。说都是因为宰相不好好做事，把国家的事搞坏了，所以现在把他撤职，以示惩罚，希望这样上天能够满意。这个做法到后来就生出弊端来，宰相的政敌为了要把宰相搞下去，就向皇帝虚报不好的天象，把宰相撤掉。你们也许会觉得，谁胆子那么大，还敢欺君向皇帝报假的天象？在古代真的要验证报告的天象是不是真的，是很难做到的，除了大家都看得见的日食。

古代还有一些被认为非常严重的天象，要导致撤宰相、皇帝减膳、撤乐的，比如荧惑守心。守是守护的守，心是心宿，荧惑就是火星，就是火星运行到心宿，在若干天里，它一直停在心宿不动，这个天象被认为是非常危险的。你们自己想想看，今天晚上我让你出门去验证，有没有荧惑守心，你有把握验证吗？当然没把握了。皇帝也没上过天文系，所以皇帝其实很难验证报告的天象是不是真的。皇帝在这些问题上不是没有抗争过；但绝大部分情况下，抗争是没有用的。因为皇帝需要依赖于臣下的忠诚，如果臣下不忠诚，他就会受蒙蔽。

举个简单的例子。沈括做过皇家天学机构的负责人，他在他的书里记载过：皇帝怕皇家天学机构的人向他报告的天象不真实，就让太监们在宫里设一个小的天文台，设置一些仪器，两边同时观测，这样不是兼听则明吗？结果等沈括去领导皇家天学机构，他才知道，原来是上有政策、下有对策的。天学机构的人和皇宫的小天文台之间一直是相互通气的，因为太监们和钦天监都认识到，如果他们报告的天象不一样，皇上就要震怒，不是怀疑太监们的忠诚，就是怀疑钦天监的忠诚。所以，对这两个机构来说，利益最大化的事情就是每次报告的天象是一样的，但是稍有出入。比如太监们的精度稍微低一点，钦天监的精度高一点。然后太监们可以说，他们是专业的，他们仪器也比咱们的大，咱们也已经很努力测量了，有一点误差。皇上也觉得可以理解。因此，皇帝设计的这个制度根本没有用。

天学在古代有预报异常天象的功能，甚至还有军政决策的功能，因为在星占学里很多内容都是关于打仗的。战争的胜负是一个王朝非常重要的事情，所以打仗之前要观天。如果观出来对战争是有利的，当然会鼓励士气，如果是不利的，那就会削减士气。这样的事在中外历史上都有很多。

然后，我们就说这个方术。方术和天文有什么关系呢？你可以花一点时间去读《汉书·艺文志》，在那里会看到各种方术。班固把很多方术都分门别类了，但是你发现，这些方术统领的著作都是跟天学有关的。比如罗盘，罗盘是很多方术之士要用的，看风水、选阴宅、择日、择吉都会用到类似仪器。在罗盘上，我们看到大量与天学有关的内容。

我们讲一讲为什么要严禁私习天文。很多朝代都颁布过私习天文的禁令。我又运用我的“庸俗统计学”，把历朝历代能找到的关于私习天文的禁令和颁布年代列一个表，然后发现了明显的规律：严禁私习天文的禁令总是在一个王朝建立不久之后颁布，在王朝的后期就不颁布了。这个规律有非常合理的解释，就是说由于王权跟天学之间有密切关系，所以让天学处在垄断的状态中，王权才是安全的。这就是为什么钦天监的从业人员大部分是世袭的。这种垄断什么时候可以打破呢？当一个王朝风雨飘摇、群雄逐鹿的时候，想夺政权的那些势力都会靠天文来为自己造舆论。周文王造灵台，就是给后世反叛的人做了榜样：想要夺取政权，就要通天。所以在很多有望夺取政权的势力手下，都会有通天的人。最后建立了新政权的一方之后就发现，那几个刚刚被平定的势力，都有懂天文的人，这些人都是危险的，所以就要颁发禁令强调，要确保天学重新统一在中央手里。这就是历朝为什么要颁禁令的原因。

接下来，补充一点相关的天学背景知识。所有的古代文明，不管是中国还是西方，都要解决的一个问题是，在给定的时间和地点，算出太阳、月亮和五大行星的位置。为什么要有地点呢？因为不同的地点看到的天象是不一样的，所以在给定的时间、地点就要考虑地球经纬度。要解决这个问题，古希腊人用几何模型，古巴比伦人用周期模型。我们中国古人本质上用的也是周期模型。这种周期模型，最后都是一个数值问题。古希腊人的几何模型不是数值问题，它相当于今天我们数学上的解析题，难度高；而东方文明、古巴比伦文明等都是用数值模型来解决的。数值模型并不能让我们完整地描绘出宇宙到底是什么样的，但同样能解决七星的位置问题，精度差别并不大。

当然几何模型直接催生了现代科学的方法，它背后有现代科学完整的一套程序，这是归纳演绎方法的典型使用；而周期数值模型相当于不问其所以然，我能告诉你它是怎样的，但是原因不能解释。在我们的哲学里，我们没有义务解释宇宙长什么样，因为在我们的心目中，天是一个活的东西，它是一个有意志的、能赏善罚恶、有感情的东西。你如果用一个几何模型去描绘它，反而跟我们中国人的观念是格格不入的。

所以我们古代的历法，简单地说就是数理天文学，要怎样在给定的时间、地点，把太阳、月亮和五大行星的位置算出来，具体的计算方法就是历法。从先秦时期一直到今天，我们有一百多部历法。这些历法总的结构差不多，只是不断地在调整参数，为的是让精度更准确一点。所以以前我们说历法是为农业服务的，这个说法其实是不成立的。事实上在没有历法的时候，农民就在种地了，农民看看当地的物候，就知道农事安排。实际上指导农业所需要天文测算的精度是非常低的，而历法要求能够准确地推算一次日食和月食，要精确到几分钟，种地用不着那么精确。

另外，我们对历书也要有一个正确的理解。我们打开手机日历，这个月日子都排在上面，就类似于历谱。历谱是我们用来排日子的，而历书是什么东西呢？历书是我们现在说的皇历，它跟历谱之间的差别就是，在每个日子旁边注上了各种迷信的内容，就是宜和忌。如今我们能买到的一些日历里也包括了简单的宜忌，什么宜出行、宜嫁娶、宜定约、宜动土等，这些被称为历注。有了历注的历谱就变成历书了。这三个东西的关系就是这样的。那古代的星占学家为什么需要懂得历法呢？因为他们必须掌握数理天文学的工具，有了这个工具，才能进行星占学活动。星占学活动，不是说有一个天象出现了，在书上找一找对应的天象是吉是凶。

好的星占学家是能够预测天象的，还能够在天象发生之后，告诉你天象会怎样演变。最典型的就是挑历法里最难推算的一件事情来检验，那就是日食。如果能把一次日食准确地算出来，历法就是好的历法。所以如果有几种历法在竞争，很简单，当某一次日食靠近的时候，每家都算，谁准确谁就是最好的。

上元积年太复杂了，简单地说，就是我们要寻找一个起算点，因为我们古代的历法，是用一个一个周期来叠加的，是在足够长的时间范围内观测，得出来周期，叠加这些周期来推算天象。那么我们当然希望，有一个简单的起算点，就是坐标原点，这样对计算更方便，这种数值化的周期模型，最大弱点是它要积累误差。

为什么我们会出现一百多部历法呢？在西方，儒略历沿用了 1500 年，一直到了 16 世纪才改成格里历，格里历一直用到今天也没动过。但是我们为什么改历改得那么频繁呢？就是因为我们是要积累误差，用周期叠加的方法来推算天象，而这个周期是通过观测得到的，任何周期都不可能是百分之百准确的，周期都是有误差的。通过周期积累来算东西，通过周期叠加来算东西，误差就会积累。所以古代的历法，一般一个历法刚出来的时候很准确，要是用上一百年的话，误差就会积累到相当大，这个时候就需要改历。

很多时候改历其实只是对参数进行调整，目的是把积累的误差消除掉，使计算得回归准确。当然改历时，会有很多其他的政治因素掺杂在里面，包括一些天文学家互相之间的竞争，历史上留下好多这种故事。

星占学有两类。简单地说，在西方世界流行的星占学是用来给个人算命的，具体的做法是你出生的那一刻，我给你算出一个命宫图，叫作 Horoscope。这个命宫图是干吗的呢？其实，就是你出生的那个时刻，在黄道十二宫上，太阳、月亮、五大行星所处的位置。根据这个图来算个人的命运。

我们中国的星占学，主要都是用来算王朝兴衰、年成丰歉、战争胜负。偶尔也会涉及帝王的健康，但那也不是因为给帝王个人算命，而是因为帝王是这个王朝的领袖，他的健康就是国家大事。我们古代的星占是干这个用的。那么很多人会说，我们不是有用四柱八字算命的吗？批八字，其实跟西方的 Horoscope，是一模一样的东西。这个八字就是四个时间点，就是年、月、日、时，在西方画命宫图的时候，也要知道出生时的年、月、日、时。所以，虽然这两套系统本身是不一样，但是依据的原理是一样的。就是说你给出年、月、日、时，我们确定一个你出生的时间点，根据这个时间点来预言你的未来。至于预言未来的理论，西方星占用的是黄道十二宫和七政，我们用一大堆复杂的神煞，但本质上是一样的。

在西方，星占学的传统基本上是这样的：从古巴比伦、古埃及再传入古希腊。第一个黄金时代是希腊化时代，也就是亚历山大死了以后的一段时间。第二个黄金时代是文艺复兴时期。而我们的体系是不变的，我们三千年来一直用这个体系，一直用到清朝结束。到了民国之后，我们才不用这东西，这个前面我们也已经说过了。

星占学基本概念就是上天的警告和嘉许。如果对星占学有兴趣，可以去读原著，读历代官史中的《天文志》。也可以更省力一点，去读唐代留下来的《开元占经》。这是印度人瞿昙悉达编的，他的家族长期在唐代的皇家天学机构任职，所以他看了大量当时的星占材料。《开元占经》那么一厚本，要是你连觉得看这个也挺费劲，那还有更简单的，那就是看我的书。我写过一本书叫作《中国星占学类型分析》，那本书非常薄，但把我们古代星占学都介绍了。采用现代的方式做了分类，然后对每一种类型都做了相应的分析。

我们再看一个图（图 1），这个图是在马王堆汉墓出土的，是当时人们对彗星的描绘。因为彗星是我们重要的星占对象，彗星是一种非周期的天象，所以它有星占意义。有的人说，哈雷彗星不是周期性的吗？不错，我们古人其实记载了大概 32 次哈雷彗星的回归，但是并不知道它是同一颗彗星。所以你也不能说，这是我们记载的哈雷彗星，因为我们根本不知道它是哈雷彗星，不知道这 32 次是同一颗彗星。

事实上，我们记载过很多次彗星，当时星占学家也做了总结。他们为什么要把彗星画成这么复杂的图案呢？每一种不同的图案有不同的名字，这些不同的名字都有不同的星占意义。这些星占意义稍微有

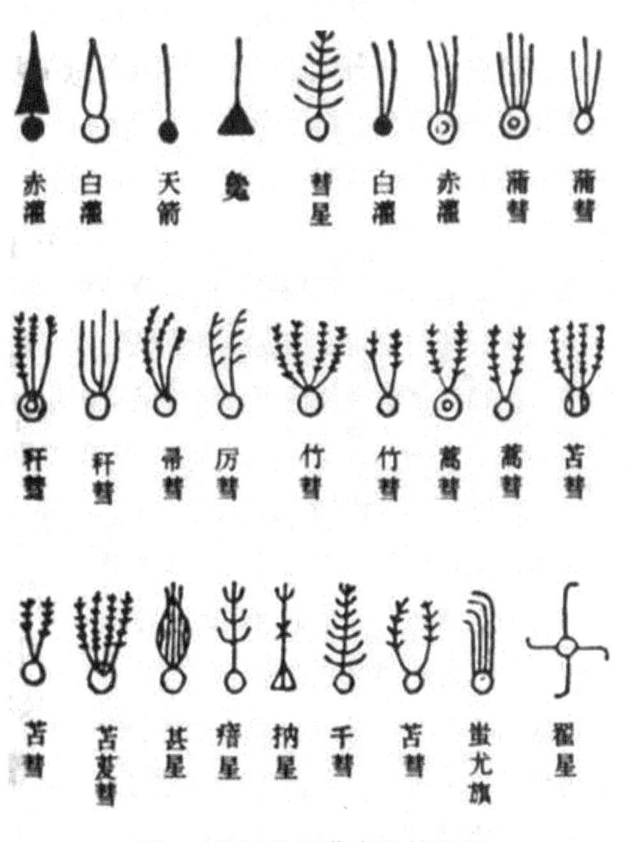

图 1　马王堆汉墓出土彗星图

一些出入，每一个都有不同，但是总体来说，彗星是一个不吉利的东西，它通常总是跟战争联系在一起。

这个星占解释到底能不能成立呢？我并不愿意在这里用非常简单的方式回答能或者不能。因为实际上，这个中间有非常广阔的灰色地带，你可以找到一些事例，让你觉得你用任何现代的科学和现代社会学的方式都无法解释。这样的事情你如果不承认，那些搞算命的人、那些搞星占学的人拥有某种超能力是很难解释的。

但是，这种例子是个别的，在大部分的事例中，我们都可以通过具体的分析，用现代科学的方法去解释它，即使确实会有少量的事情很难得到解释。这个统计学检验的实例，是两个西方人做的，西方不是可以弄命宫图吗？在西方你出生了，不是还得在医院里有记录吗？于是这两人就去找了好多人，根据他们的出生记录，画了命宫图，然后来算他们的命，并追踪观察他们在社会上过得好不好，看那些命宫图预言得准不准确。

结果当然是不可能给出一个特别明确的检验结果，因为这肯定是一个统计的结果，统计的结果肯定有些是准确的，有些是不准确的。而且星占学的预言，很多都是模棱两可的，你甚至很难界定，这到底是准确还是不准确。

在星占学上，有很多非常著名的事件。这里我只具体讲一个事例，也就是开普勒为华伦斯坦做的占卜。开普勒大家都熟悉，他是一个科学家。不过，开普勒也是那个时代最著名的星占学家，他是集天文学家和星占学家于一身的人。当时欧洲有这样的传统，达官贵人家如果有个孩子出生，他们就会去找星占学家，把出生的时间点告诉他，然后让星占学家替他算。不过，他们不告诉他算的人是谁，避免被星占学家所利用。星占学家却道高一尺，魔高一丈，他们搜集了大量的当时名人的出生时间点。这有点类似于我们今天大数据时代，利用个人隐私。因为你的出生时间点能够用来推算命宫图，这其实也是你的隐私。在那个时候，星占学家也是注意搜集这种隐私的。

华伦斯坦出生的时候，开普勒替他算过命。后来到华伦斯坦如日中天，成为一个大贵族后，他又让人去找开普勒给他算命。但是，开普勒当时已经知道这个找他的人是谁了。也就是说，开普勒已经能够从他的档案里，把他当年匿名的星占资料拿出来。

不过，开普勒第二次给他算命的时候，华伦斯坦是有额外要求的，就是要逐年地算。比如说，2017 年他将如何如何，2018 年他又将如何如何。开普勒就替他逐年地推算，一直算到他 52 岁。到这里，开普勒就不往下算了。开普勒的预言出奇地应验了，华伦斯坦在 52 岁那年被刺客刺死。于是人们就猜测开普勒为什么只给他算到 52 岁，不继续往下算了呢，开普勒是不是知道华伦斯坦 52 岁就会死掉？

当然，从常情来说，开普勒即使知道他 52 岁要死掉，也不能明确说，那样太得罪人、太刺激人了。但是在这个事例中，人们就猜测，开普勒是不是有某种超能力，是不是能够预先知道好多年之后的事情。到现在为止，没有人能够给出非常合理的解释。用唯物主义是没法解释的，如果说这是巧合，又得考虑概率，这样的概率是极其小的。

刚刚我们说了，古人搞星占学是为了教化，所以要编星占事应。什么叫星占事应呢？就是说，如果出现了一个有星占意义的天象，就需要编好它对应的什么事情，事后会有所应验。在编这些内容的时候，其实古人留下了非常广阔的发挥空间。假如我们约定，在某个天象的前后三年内的事情，都可以算做事应，那么你想在 6 年的时间里找一件事情，与天象所昭示的事情相吻合，还是很容易的。就这样，我们可以编出大量的星占事应，并利用这些事应来对人进行教化。

当皇上还在当太子的时候，你让他读这些东西，是有好处的。让他们认识到要敬畏天命，不能登基之后就为所欲为。所以在历史上，这种教化在很多王朝都曾经起过作用。

在古代中国和西方都一样，星占学家就是帝王之师，改朝换代时成为舆论制造者，在天下一统之后又给帝王做顾问，告诉他怎么统治国家才能更贤明。比方说，有一年水灾发生了，星占学家会告诉皇帝说，后宫里的女人太多了，所以上干天和，就出现了水灾，建议皇帝把宫女放出去，让她们去嫁人。于是，皇帝就把一部分宫女放出去了。你说这是迷信吧，但客观上却很有效。皇帝减少了后宫的规模，可以节省国库的开支，然后将其用来救灾。是不是挺好？所以，在这样的教化中，皇帝也没觉得自己有什么下不来台，各方面处理得都比较和谐。

西方星占学家扮演着今天医生和心理咨询师的角色。西方留有大量的星占学档案，在这些档案里记载着，英国有一个著名的星占学家，两次准确预言了首相的病情。第一次，有人把一个首相的尿给他送去，因为星占学家往往也是医生，他可以根据尿样判断病人的病情。结果这个星占学家回复说，这个人命不久矣，果然没多久首相就死了。后来，下一任首相又病了，也给他送尿去了，结果这回他看了尿样后回复说病人肯定会康复，没多久这个首相就康复了。新任首相觉得他算得很准，因此就跟这个星占学家成为了朋友。

其实我们今天去医院里也得化验，化验里就有验尿这一项，确实通过尿能得出人体的很多信息。也许你完全可以用唯物主义解释这个星占学家，第一次他在尿检中查出了致命的东西，所以才知道那个首相命不久矣。第二个人的尿检看来没什么大病，那他就会给出很快康复的预言。

星占学的遗产还有很多，它还能够帮助我们解决一些现代天文学的问题。比如1955年席泽宗院士发表的《古新星新表》，利用的就是星占学的材料，但它却结合了现代天体物理学的方法，由于时间限制，咱们今天不能详细展开了。

关于天学和王权之间的关系，如果各位有兴趣进一步深究的话，可以看《天学真原》这本书。这本书最新的版本是2018年出版的，从1991年到现在，已经有过8个版本。我可以大言不惭地说，天学和王权之间的关系是我最先阐明的，事实上同行们也认为这是我的成名之作。如今，过了二十多年了，这本书仍然被一些学者当作经典，有兴趣的听众可以去读一读。当然，我得先打预防针，这本书可能比较乏味，因为它完全是一本学术著作，肯定没有我今天讲座那么生动。

中国古代指南针实证研究

——兼谈磁技术的历史与文化

黄　兴

我在中国科学院工作。近年来，在古代指南针实证研究方面做了些工作，取得了一些进展。在此我把围绕指南针这项大发明的相关研究，长期难解的问题，以及我最新取得的进展和认识，向大家做一个汇报。

众所周知，指南针是中国古代“四大发明”之一。现在我们对中国古代原创的重大发明有更加丰富的认识，不只是“四大发明”，还有很多项。但是无论如何，指南针始终是一个兼具科学性、神秘性、文化性于一体的，对人类社会产生了重大影响的，非常有意思的题目。人们对指南针的关注度也非常高。我们去百度上随便搜一下，都能找到很多有争议性的话题。那么这些话题，究竟谁对谁错？怎么表述更合适呢？其实这里面还有很多工作需要做。

我报告的核心内容即是就当前关于指南针的这些争议，从实证角度和科学角度给大家一个确切的意见。

一、指南针的起源

说起指南针，当前研究的首要问题是它的起源：指南针是什么时候出现的？早期形态是什么样的？其实早在 19 世纪末到 20 世纪初的时候，大家就经常谈论指南针。中国人、外国人都在谈。当时经常把指南针和指南车混为一谈，认为古文献记载的黄帝大战蚩尤时所用的指南车就是指南针。在一些传说中，上古神话中的九天玄女曾送给黄帝几卷天书。当时有人又说指南针是九天玄女发明的。此类说法流传很广，在早期的 *Nature*（《自然》杂志）和 *Science*(《科学》杂志）上也有这样的言论。

（一）前人观点

指南针的起源究竟怎样？较早认真思考这个问题且影响比较大的是日本学者山下。1924 年，山下说先秦的指南车不是指南针，宋以后的文献中，才开始说磁石指南，因此指南针应该是宋以后发明的。这是他依据当时发现的文献资料提出的观点。后来很快就有其他学者提出，自先秦以来，很多古代文献里边都记载了司南。尤其是东汉《论衡》记载："司南之杓，投之于地，其柢指南。" 张荫麟提出，这句话所讲的司南可能是当时最新式的磁性指南装置。

20 世纪 40 年代，王振铎提出了一个磁石勺"司南"加青铜地盘的复原方案，并且也制作了实物。他的研究成果非常出色，得到了国内外学者和大众的广泛认可。王振铎制作的磁石勺实物，曾经长期在中国历史博物馆，就是现在的国家博物馆，作为一个辅助性的展示品展出。大家经常能看到司南的图像。这个图像几乎被视为中国古代先进科技的标志。

由于古代文献记载信息不足，没有特别明确地说司南就是磁石勺，司南可能有其他的理解方式，所以王振铎的复原方案也受到了一些质疑。从 1956 年开始，刘秉正发表了多篇文章，提出古代文献记载并没有说司南是用磁石制成的，还可以有其他的解释。而且除了王振铎，其他人未能重复制成可以指向的磁石勺。在此之前，1952 年郭沫若带领中国科学院代表团去访问苏联科学院，想以司南作为礼物。当时委托钱临照先生来制作。不知道什么原因，钱先生未能用天然磁石制成，而是用磁化钨钢来制作，但这个事情还没有见到正式的文字记载，都是大家在传说，并且成为怀疑磁石勺指南可行性的重要依据。

现存的王振铎制作的磁石勺确实是可以指南的，将王充《论衡》以及其他多部文献中的司南解释为磁石勺，也是说得通的。磁石勺方案不能轻易否定。到目前为止，多数学者仍然普遍认同这个方案。戴念祖、潘吉星、林文照等发表了多篇论文，回应了反对者的疑虑，做了进一步解释。近年来，闻人军等又提出了葫芦浮针等其他复原方案。

王振铎制作了磁石勺之后，很长一段时间内，没有人能够用天然磁石再做出来过。我们在网上看到的或者店里卖的所谓司南勺，都是用钢铁做的；有的还做了些铜锈在上面，其实就更离谱了。但是反对者们做的实验问题更大，他们声称做过这样的复原实验，无法成功；他们用的磁石磁性非常差；如果按古人的标准来说，根本算不上磁石；而且科学性、规范性存在严重问题。

磁石制成的勺子能不能指南，是一个技术性问题。本应该有一个明确的答案。王振铎当年是否制作了磁石勺，能不能指南？我们能不能再度成功复原？

1949 年以后，王振铎制作的磁石勺现在还有三枚，连剩余的磁石都在他女儿家保存着。我到他们家借出来，也做了测试、拍了照。不光是我接触到了这些磁石勺，在林文照当年发表文章中也做了测试。其中，3 号勺、4 号勺确实具有很好的指向性，没有编号的那个勺子很漂亮，但指向性不好。20 世纪 50 年代李约瑟来华的时候，观看过王振铎和他的助手演示司南。李约瑟还说，他们用的不是最好的一个磁石勺，但是指向性是非常好的。此外，在王振铎的论著中都有磁石勺的照片。所以王振铎是制作了磁石勺的，而且也能指南。那么问题就是，别人为什么没有再把它做出来？

（二）什么是磁石

这个问题要想说清楚，稍微有点复杂。

首先，什么是磁石。我们都说磁石，然而在现代矿物学中并没有说某种矿物叫磁石。磁石是古代形成的一个名词，是古人对某一类石头的统称。当时古人并没有建立磁铁矿、磁赤铁矿这些概念。他们只是从物理现象和性质来描述和鉴别：只要这块铁矿石能吸铁，它就是磁石；不能吸铁，就不是磁石。至于这块铁矿石的主要化学成分是什么，古代并没有相应的概念。

磁石能够吸铁，也就是它具有显著天然剩余磁性。满足这一条件的铁矿石主要有磁铁矿、磁赤铁矿、磁黄铁矿三种。它们的天然剩余磁性的饱和磁化强度依次为92.5emu/g、83.5emu/g、13.3emu/g。此外，还有钙铁榴石等少数含铁矿石也有很微弱的天然剩余磁性，与前述三种相差很远。

当前的指南针研究对磁石还有一些错误认识：第一，认为磁石就是磁铁矿。这是不对的，因为不仅是磁铁矿，磁赤铁矿、磁黄铁矿也能吸铁，也表现出磁石的性质。第二，只要是磁铁矿就是磁石。这也是不对的，因为无论是磁铁矿、磁赤铁矿还是磁黄铁矿，这三种矿物中只有少部分具有显著天然剩余磁性。

无论是从古代概念还是现代理论都可以总结出同一个认识：磁石应该从物理性质来界定，不能从化学性质来界定。

那磁石为什么会有磁性？这个问题解释起来再稍微复杂一点。

第一，物质为什么有磁性，这是最基础的问题。我们现在认为物质有磁性是由于带电粒子运动引起的，也就是说电流引起的磁。我们都知道，原子里边有电子，电子也一直在运动。为什么有的元素有磁性，有的没有磁性呢？原子有磁性（即原子磁矩）的条件是，在原子壳的电子层中存在没有被填满的状态，这是产生原子磁矩的必要条件。比如说铁、钴、镍，它们都符合这样的条件，所以这三种元素被称为铁磁性元素。只有它们才有可能产生磁性，其他的没有可能产生磁性的。

第二，为什么有时候铁或含铁物质也没有磁性，例如奥氏体铁合金也没有磁性，赤铁矿、针铁矿的磁性极其微弱。这是因为它们的晶体结构不一样。从晶体结构的层面来看，要具有铁磁性，晶胞的磁矩都朝一个方向。如果晶胞的磁矩有的朝这边，有的朝那边，正好互相抵消，这是反铁磁性。如果朝一边强，朝另一边弱，整体表现出比较弱的一个单向的磁性，这叫作亚铁磁性。磁石的主要成分是铁的氧化物，具有亚铁磁性（图 1）。

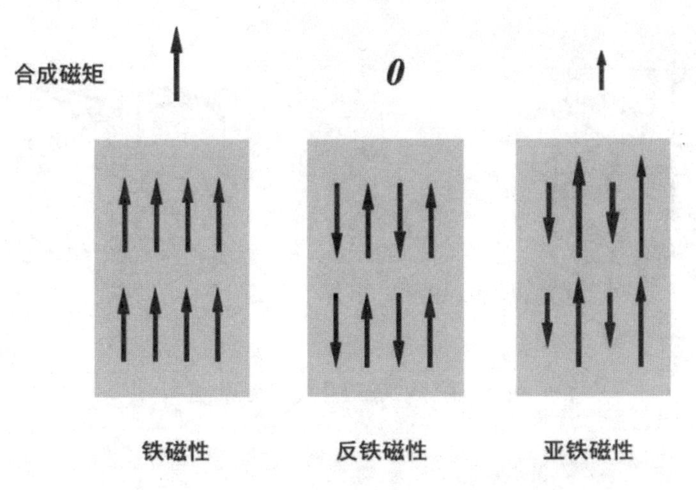

图 1　铁磁性、反铁磁性与亚铁磁性及其合成磁矩示意图

图 2 是磁铁矿、磁赤铁矿的结构，图 3 是赤铁矿的结构，图 4 是磁黄铁矿的结构 ①。因为它们的结构不同，导致这三种物质具有不同的性质。

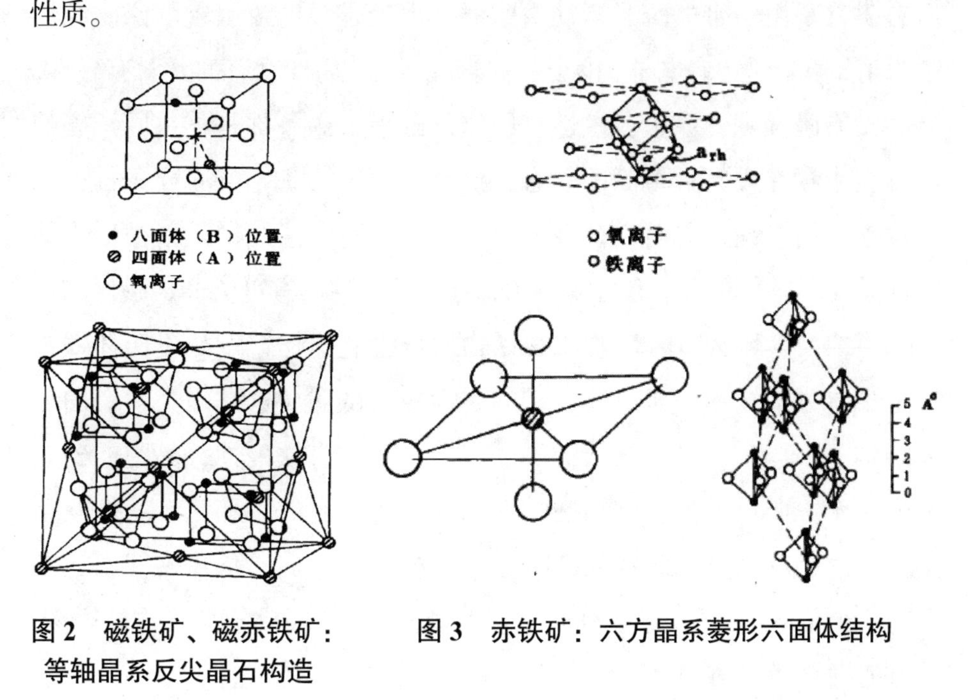

图 2　磁铁矿、磁赤铁矿：等轴晶系反尖晶石构造

图 3　赤铁矿：六方晶系菱形六面体结构

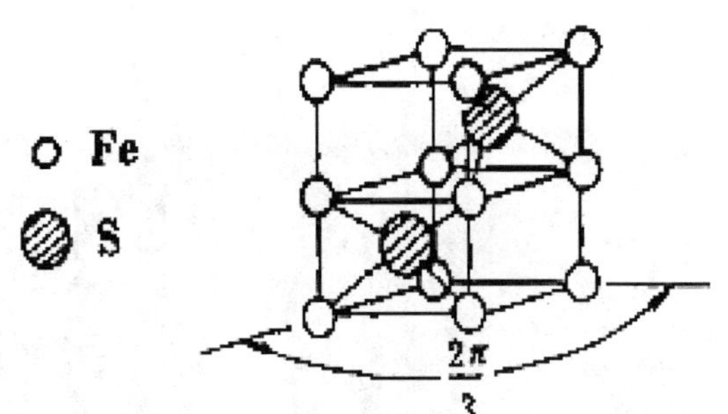

图 4　磁黄铁矿的六方晶系结构

---

① 图 2 至图 4 引自 Robert S. Carmichael 撰，余钦范译，《岩石与矿物的磁性》，《国外地质勘探技术》1990 年第 6 期，51—96 页。

第三，为什么同一种矿石，有的“剩磁”强，有的“剩磁”弱？

岩石的剩余磁性主要是热剩余磁性（简称热剩磁）。它的磁化机理是磁性矿物在地磁场中从居里温度以上逐渐降温得到剩磁。其稳定性很高，弛豫时间很长。矿石热剩磁的强弱与矿石成分、结构、造矿过程以及地质演化过程有关，因而有强有弱。此外，很多人在研究指南针的时候，并没用天然磁石做实验，而是把从铁与磁体摩擦磁化得到的经验，应用到天然磁石上，认为磁石经过打磨也会很容易退磁。摩擦磁化属于等温剩磁，与热剩磁不是一个机理，其稳定性是很差的。这样就得了磁石勺容易退磁的错误认识。

（三）采集磁石

那天然磁石是从哪里采集的呢？

古代文献里都说河北武安磁山产磁石。2014 年我跑去了两次，一次正好是夏至日，一次接近冬至日。但是看到的景象都是山顶上已经被挖空了，像火山口一样。路边散布着一些铁矿石，当地称为八宝石，其实属于钙铁榴石。它是一种含钙的矿物被铁液侵入以后形成的岩石，具有比较弱的磁性。而王振铎做的磁石勺，表面坑坑洼洼的，就是用这种矿物做的。它磁性不是很好，而且也容易断裂，但做成的勺子还是可以指南的。

真正的磁石是什么样子的？图 5 是北宋苏颂的《本草图经》里的“磁石图”[1]。磁石上面是长了很多小毛毛的。我在磁山找到的矿石跟这个显然不相符。也就是说在磁山本来是有磁石的，但现在可能被挖得差不多了。

图 5　北宋苏颂《本草图经》磁石图

① 引自苏颂撰，尚志钧辑校，《本草图经》，合肥：安徽科学技术出版社，1994，35—36 页。

我又到别的地方去找，费了很大劲，终于在张家口龙烟矿区找到一些比较合适的磁石。图 6 是这种磁石堆的近景。磁石上吸了很多毛毛，跟苏颂《本草图经》的“磁石图”是一致的。只有这样的铁矿石才符合古人对磁石的界定。

龙烟矿区产的磁石经 x 射线荧光衍射分析，主要成分是含 76% 的磁赤铁矿，不是磁铁矿，也不是赤铁矿。下一步工作就是把它做成一个勺子，看能不能指南。

图 6　龙烟矿区磁石矿堆近景（黄兴摄）

（四）制作磁石勺及指向测试

应该怎么加工磁石勺的呢？先把磁石从中间吊起来，让它平衡、静止了以后，沿着已知的南北方向，在磁石上画一条线，再画个勺子的轮廓，然后再一点点切割。用的工具是切割玉石的旋转式切割机。其实早在商代，就已经有了这种工具；当然是手动的。我们现在用的是电动的，但切割方式都一样。

图 7 是我做好的一个磁石勺样品。我们还录制了一个演示视频，把这个磁石勺先放在光滑的铜盘上，向下触碰一下勺柄，磁石勺在地

磁场力的作用下转动，停稳之后，勺柄指向了南方。它的指向性还是不错的。再把这个磁石勺放到普通的木头桌面上，它的指向也还是很准的。我还把它放到水泥地上，放到普通的地板上，比较平整的石板上，指向性都是不错的。在测试中发现，磁石勺要想指南，要求支撑面一定要硬，并不要求特别光滑，略有颗粒感反而可以增加微小振动，有助于完成转向。

将磁石勺放在由透明有机玻璃和小铁针制成的三维支架中，磁石勺周边的磁力线三维分布就清晰地展现出来（图 8）。可以看到，磁力线从它 N 极即勺头出来，转到 S 极，形成一系列非常优美的曲线。这说明这块磁石磁化均匀，方向一致性程度也很好，表明这是一块很好的磁石料。还有磁力线的动态展示，把磁石勺放在有机玻璃平板上，板下面有很多小铁针。轻轻敲击有机玻璃板，磁石勺转动起来，周围小铁针的方向也跟着转，展示了磁石勺周围磁力线随着磁石勺一起转动的情景。这是一个很有趣的现象。

现在大家应该可以认识到，用天然磁石做成的勺子确实可以指向。从技术上没有问题。

图 7　磁石勺样品
（黄兴制作）

图 8　磁石勺磁力线三维静态演示
（黄兴摄）

大家可能又会想到，外形加工对磁石的磁性有没有影响？这个磁石勺现在可以指南，过段时间还能不能用了？我可以告诉大家，这个勺子是我在 2015 年 2 月份制作出来的，到今天（2018 年 5 月 18 日）已经三年多了，一直可以指向。

同时，我还对磁石勺的磁矩（磁偶极矩）做了一个长期的测量。磁石勺能不能指南，从自身来说取决于它的磁矩大小。现有的磁矩测量设备或者要求被测物体外形是圆柱体或正方体，或者要求被测物体外形尺寸小于 1 厘米。磁石或磁石勺外形不规则，外形尺度在 10 厘米左右，用现有的手段很难测量它的磁矩。

本研究设计制作了一个磁石磁矩测量装置：将磁石悬吊起来，用力传感器测量它在磁场中的力矩；改变磁场强度，力矩也跟着变化，进而得到力矩与磁场强度比值；再用标准样品进行标定，就得到了被测样品的磁矩。它可以测任何形状、长度在 15 厘米以内的磁体的磁矩。用这个装置测量了磁石加工成勺状的过程中，以及成形后 500 天内的磁矩变化。结果显示：在磁石加工过程中，经历摩擦也好，或是被切开也好，磁石本身没有退磁；过了一段时间，第 88 天开始，磁矩有一个明显的下降；但之后一直保持稳定，直到现在，磁矩没有再改变。显然，磁矩的这种变化并不是因为摩擦导致的，而是因为它形状改变以后，内部的平衡被打破了，磁石整体趋于向较低磁能状态方向来改变，所以导致它会降低一点。一旦稳定之后，它就不会再降低了。

还有人提出，为什么必须做成勺子，其他形状行不行？其实我也做了一系列的实验，结果显示其他方法有很多也是可行的，但是各有各的缺点。比如悬吊的方法，吊起来确实可以指向。而且在做勺子的过程中，首先就得把磁石吊起来，磁石就会有固定的朝向，在上边标注一下正确的方向，就可以指示方位。这种情况下稍有扰动磁石就会晃晃悠悠，很长时间才停下来。当然，可以用手辅助一下。把磁石放在木片上，浮于水面指南，优点是有一定的阻尼，磁石可以很快稳定下来，但容易漂到容器边沿。

把磁石制成勺状，底部呈球面，转动的时候与地面是滚动摩擦，阻力很小；如果发生平动，是滑动摩擦，阻力较大。这样触碰磁石勺后，它就会原地转动完成指向，而不会横向滑动，四处乱跑。为了降低重心，磁石上面被挖凹；再做出一个柄，用来指向，自然就成了勺形。如果做两个指向柄，分别指示南北可不可以？不是说绝对不行，而是这样会让磁石的质心位于中心，导致转动惯量小于只有一个勺柄的情况，会缩短磁石勺晃动的时长，不利于完成指向。所以，从力学角度来看，勺状外观有着诸多的优点。

可能大家又会想到，如果不切割磁石，而是将其放在其他的勺子里面会怎么样？我把它放在铜勺里做了试验，也是可以指南的；但整体的平均磁化强度被铜勺给降低了。相当于磁石的剩磁减弱了。如果放在铁勺里，铁是铁磁性的，把磁石给半包起来造成磁屏蔽，指向效果其实更差。

那么还有人提出来，把铁勺摩擦磁化了行不行？我也做了系列测试，刚摩擦完，有时候可以指南，有时不行，再过一会，基本上都不行了。摩擦磁化属于等温剩磁，不够稳定。铁勺的质量远大于铁针，剩余磁化强度远低于铁针，比较适用于水浮法，不适用于勺状方案。

（五）古代能实现磁石指向吗

有的朋友又会问了，能指南的磁石勺现代人能做出来，古代人能不能做出来呢？

首先要看古人能得到的天然磁石的磁性有多强。古籍中有很多关于磁石吸力的描述，如磁石可以吸引一二斤刀回转不掉；能将十数根针前后虚连起来，不会掉下去。但多数此类文字并没有说所用磁石有多大。大块磁石肯定会好一点，磁石太小的话肯定有难度。我们找到的最具体的一部文献是南朝刘宋时雷敩的《雷公炮炙论》。该书记载：一斤磁石，上等的能吸一斤铁，中等的能吸八两铁，下等的能吸五两多铁。当时一斤约 220 克。用我采集到的磁石进行吸铁测试，多的吸铁比例是 90% 多，相当于中上等磁石；差一点能吸 30% 多。那也就是说古人也可以采集到我现在所用的磁石。

那古代技术条件下，能不能把磁石打磨成勺子？这个问题其实有些多余。因为从漫长的石器时代开始，人们就一直跟石头打交道，做出了各种各样的石器、玉器；汉代钢铁技术已经很成熟了，各种工具也很先进，石器的加工效果会更好。明代之后用砣具和解玉砂来切割磁石。清代来华的法国人亲眼看到清朝人用砣具来切割磁石，说中国用的磁石非常好，几寸厚的磁石能吸起十几斤的铁。

还有一个要考虑的问题是地磁场变化的情况。地磁场其实一直在改变，近两千年来地磁场是怎么个变法呢？现在能收集到的数据主要有北京、洛阳和天水这三个地区的地磁场演变情况。

磁石勺也好，指南针也好，都是在水平面内转动。我们要看的是地磁场的水平分量。两千多年来，这三个地区的地磁场水平分量经过了显著的“M”形变化。最高值是在公元元年前后；第一个最低值是公元 10 世纪前后，第二个最低值就是现在。最高值大概是最低值的两倍左右，也就是说在秦汉唐这段时间内，地磁场水平分量更高。从理论上讲，今天磁石勺可以指南，在汉唐时期就更可以（图 9）。

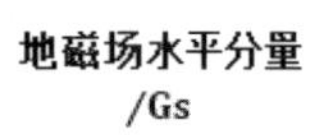

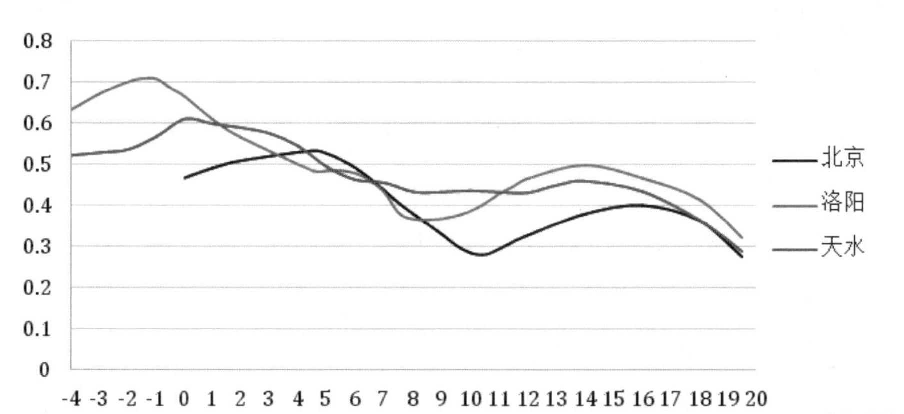

图 9　北京、洛阳、天水地区 2000 多年来地磁场水平分量演变

北京位于华北平原北端，洛阳位于中原地区，天水位于关中平原的最西端。这三个点围成的区域恰好涵盖了从汉到唐中华文明核心活动区域。

不仅如此，我们还制作了一个古地磁场模拟装置，然后把这个勺子放进去，用各种各样的地盘来测试，包括抛光的锡青铜盘、砂纸打光的锡青铜盘、用砂纸打光的大理石、砂纸打光的榆木地盘。

在地磁场水平分量比较高的时候，在较硬的盘面上，磁石勺的指向性非常好，多数情况下误差在 0—3 度之间。其实我们再去想，磁石勺它不是用来瞄准射箭或者精确打击的，它是指一个大概的方向。比如我们问路的时候，不可能要求人家的指向精确到 5 度以内；开车用的导航数据也经常出现误差，但并不影响使用。

综上，我们做一个小结。王振铎磁石勺方案目前是关于《论衡》“司南”的最佳复原方案。从技术可行性上来说，古代有能力来实现；从各种方案综合比较来看，是一个比较好的方案。但历史上是否真正发明过磁石勺，《论衡》中的司南是不是磁性指向器，这还有待更多的史料予以证实。

二、摩擦磁化指南针

我们再来谈第二个大问题，古代指南针究竟是在什么时候出现？怎么制作的，性能如何？

关于指南针最早的明确记载出现于中唐到晚唐过渡阶段。晚唐已有不少堪舆书籍中记载了“指南浮针”，记载了地磁偏角。例如在晚唐《九天玄女青囊海角经》中有“浮针方气图”，已经标示出地磁偏角。到了北宋已有普遍记载，沈括的《梦溪笔谈》讲：“方家以磁石磨针锋。”还介绍了悬吊、水浮、指甲放置、碗唇放置等四种指南针的安装方法。明确地说这时的指南针是与磁石互相摩擦而磁化，再适当地安装好，就可以指南。江西临川南宋墓里有两个张仙人俑，其中一个面部有些坏掉了，品相不太好看；另一个比较完整。这两个陶俑手里各拿一个罗盘，上面的磁针和刻度都很清晰。磁针中心有一个小孔，应该是旱罗盘，即在罗盘面中心安装一个立轴，支撑磁针。现在还能见到一些明清时期的相墓罗盘和航海罗盘。

在今天的安徽万安镇一带仍然传承着传统的罗盘制作工艺。我还亲自拆解了一个安徽万安镇的罗盘，看是什么结构（图 10）。它是用铜片夹住磁针，然后再加一个铜的小托，中间加个卡片把它顶起来。制作者所用磁针的材料和磁化方法都是保密的。其实也没有太多的秘密，从原理上说，铁针摩擦磁化可以获得等温剩磁，这属于次生剩磁，操作方便，但稳定性差。

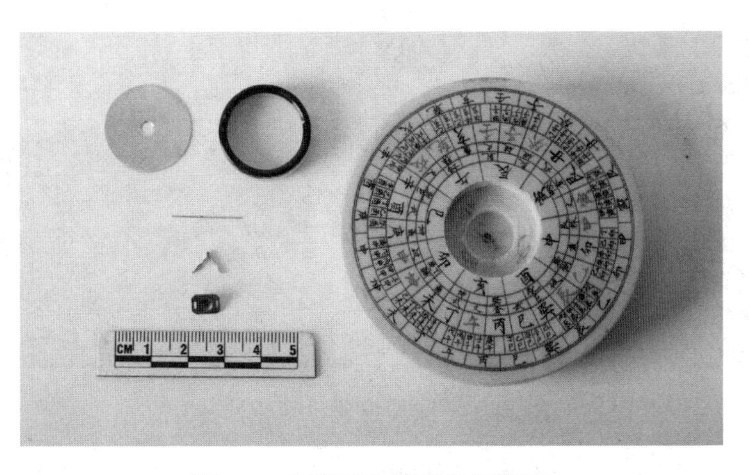

图 10　安徽万安镇罗盘拆解图

我们要深入解决的问题是古代制造磁针用什么材料？什么形状比较合适？摩擦磁化的效果如何？

首先来看针状的指南针，它为什么要这么长、这么粗？用什么材质比较好一点呢？我们用不同含碳量、长度、直径和热处理的铁针与磁石摩擦，做了一系列实验，然后再测量它的磁矩。磁针的磁矩怎么测呢？其实也是很难直接测量的。我设计了一个方法，先测算磁针的转动惯量，再用极细的丝从中间把磁针吊起来，在不同的磁场中测它的摆动的周期，就可以计算它的磁矩和磁化强度。把这些数据比较一下就有不少发现。

首先从含碳量来看，10 号碳钢、45 号碳钢、70 号碳钢，随着含碳量的增加，剩磁从 8.5emu/g~18.8emu/g 增加到 84.1emu/g~169.1emu/g，提升非常显著。所以应当尽量选用高含碳量的铁针。我买了三个万安罗盘，对其中两个磁针做了金相分析（图 11）。发现既有中高碳钢，也有中低碳钢。现代的罗盘制作者可以直接购买高碳钢丝，而古代高碳钢丝是难以加工的。古人制作罗盘针，就只能用中低碳钢来做了。早期的铁针，比如公元前 3 世纪新疆鄯善地区苏贝希墓地出土的铁针，从金相图来看，属于低碳钢（图 12）。

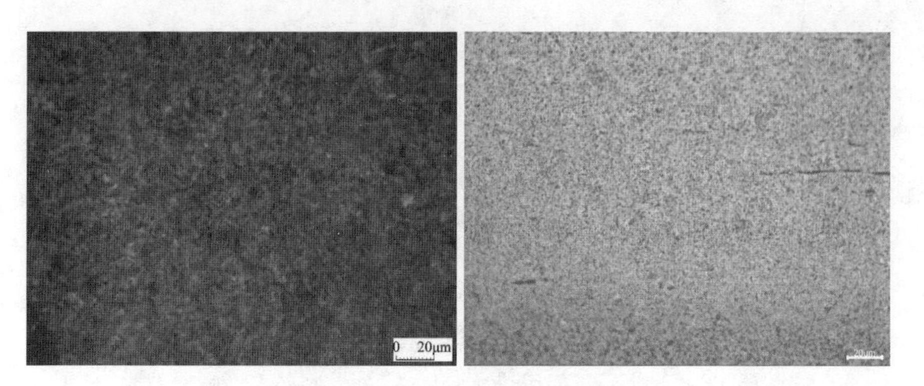

图 11　万安罗盘磁针金相照片

左：中高碳钢，片状和板条状马氏体；晶粒细小，经历过反复淬火。
右：中低碳钢，铁素体和珠光体；晶粒细小，经历过淬火和回火。

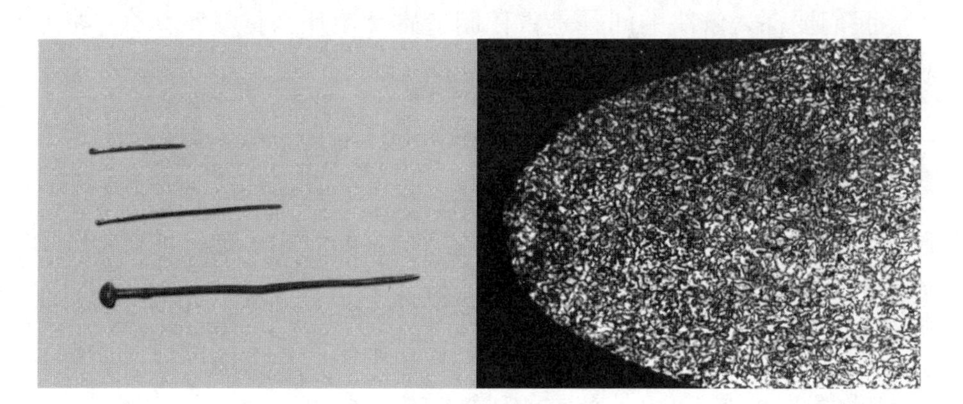

图 12　新疆鄯善苏贝希墓地出土公元前 3 世纪铁针及针尖金相图
（低碳钢，潜伟供图）

其次是热处理工艺。本实验所用磁针有三种处理方式：一种是未进行热加工；一种是淬火，即加热铁针置于水中急速冷却；一种是正火，即加热铁针在空气中冷却。铁针很细，在空气中正火冷却速度也不慢，与淬火有一定的等效作用。最终显示，热处理对磁化强度的提升作用是很明显的。淬火以后摩擦磁化，磁化强度会有显著提升。正火以后，低碳钢的剩磁略有提高，高碳钢的剩磁有所降低。所以，将铁针淬火后再摩擦磁化，可以显著提升剩磁。

实验还显示，磁针越长，转动惯量会增加，摆动周期越长，不利于快速定向。尤其对于旱罗盘而言，如果把磁针截短一些、加粗一些，会有利于快速定向，而且稳定性也会好一点。这一点，跟现代指南针的发展路线是一致的。我们后边还会讲到。

最后，把万安罗盘的磁针视作古代工艺的产品，跟我实验所用的各种磁针做一个比较。万安罗盘磁针的磁化强度约是39emu/g。在本实验中，最高的磁化强度约为400emu/g。我们就把它技术的整体水平了解清楚了，就可估测出，古人可能这么做，也可能那么做，但不会超出这么一个范围。

在航海领域使用得更多的是用鱼形铁片浮在水上指南。不光是古代中国人，古代波斯人、印度人的航船上，都是用这种类型的指南针。图 13 是意大利威尼斯 1485 年出版的《世界球》中的鱼形磁针[①]。这个有点艺术化了，不用做得这么弯弯曲曲的。

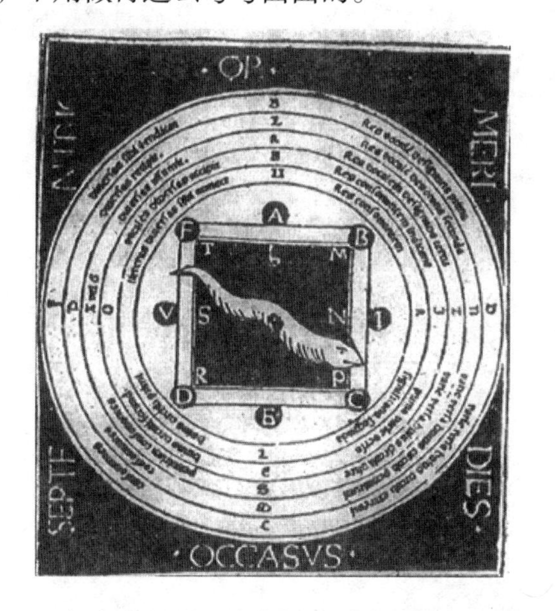

图 13　1485 年意大利威尼斯出版的《世界球》中的鱼形磁针

① 引自潘吉星，《中外科学技术交流史论》，北京：中国社会科学出版社，2012，137 页。

我做了一个实验，把铁片做成类似鱼的形状（图 14）。如果铁片头尾太尖的话，在局部会形成一个比较强的表面张力，不利于浮在水面上。水浮法的好处是有一定阻尼，不像陆地上的针会晃半天。而且鱼状铁片和磁针相比，长度没有增加多少，但是宽度增加了好多倍，那样它的磁矩和转动惯量的比值就要显著大于针状，所以在海上起伏的环境下，具有更好的稳定性。这是古代航海指南针的基本情况。

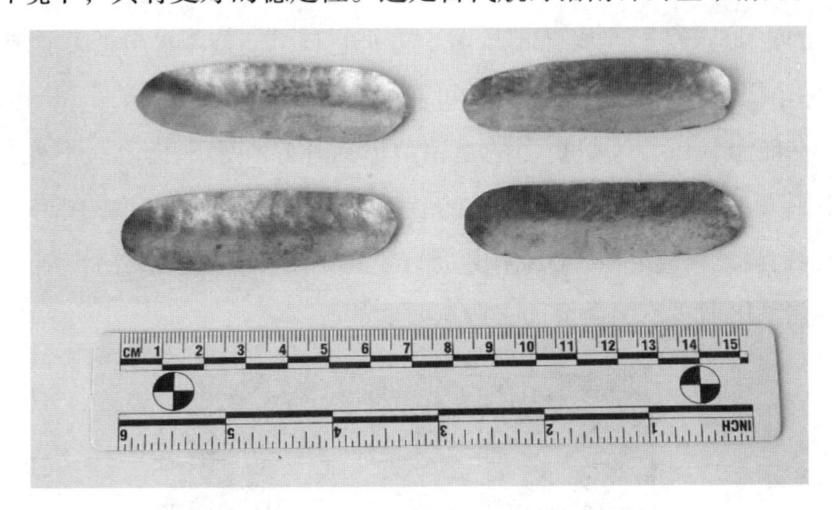

图 14　鱼形铁片指南针样品（黄兴制作）

三、热剩磁指南鱼

古代世界除了中国以外，其他国家只知道与磁石摩擦可以磁化指南针，只有中国还可以不用磁石，而是利用热剩磁效应来制作指南针。

北宋《武经总要》里边记载了一种“鱼法”：

> 鱼法以薄铁叶剪裁，长二寸，阔五分，首尾锐如鱼形。置炭火中烧之，候通赤，以铁钤钤鱼首出火，以尾正对子位，蘸水盆中，没尾数分则止。以密器收之。用时置水碗于无风之处，平放鱼在

水面令浮，其首常南向午也。

这段文字大致意思是：用薄铁片剪裁而成鱼形，长约 7 厘米，宽约 1.5 厘米。放在炭火中烧到通红，用铁钳夹住鱼首，把它给拿出来，以鱼尾正对子位即北方淬火。平时收藏在密器中，用的时候放在水面上，鱼首通常都会指向南方。

1945 年王振铎提出这是靠磁石摩擦磁化的。文献中没有说磁石，是为了保密，可能收藏铁片的密器里有磁石。1956 年刘秉正提出，这是把铁片加热到居里温度即 770 摄氏度以上，变为顺磁体，然后沿着地磁场南北方向放置，利用地磁场的热剩磁把铁片给磁化了。后一种说法是目前主流观点，在专业书籍、教科书上都这样讲。

实际上是不是这样的呢？我做了系列实验，得到了一个意外的收获。用中低碳钢片，经过剪裁和锻打，制作成十数个并且可以漂浮在水面上的鱼形铁片。把它们放到炉子里加热到 850 度，炉口温度非常高。我用铁钳夹住鱼形铁片之后，不管夹的是什么位置，先拿出来，沿着南北方向淬火。结果鱼形铁片不指南北，而是指向东西。这让我非常惊讶。要么指南，要么不指南，怎么会指东西呢？我用高斯计来测量它周边的表磁（图 15），发现磁性最强的地方，正是我用铁钳去夹的那个位置，为 S 极，有 21.4Gs。我瞬间明白了，这个所谓的指示东西，其实是它的宽度方向在指南北。我夹的这部位正是鱼腹，就是鱼腹在指南。我赶紧去测铁钳的钤头表磁，发现它为 N 极，高达 60.6Gs，是北宋时候地磁场强度的 90 多倍，高两个数量级。我再去测其他的铁质工具，发现它们都带磁性。表磁最强的是铁锉，它经常被用来打磨铁器；剪刀、钳子也都有剩磁，其尖端表磁最强。我原来用的铁钳是现代铁钳，后来又仿照古代的样子买了一个，和宋代出土文物铁钳几乎一模一样。用这个铁钳做了测试，结果也是一样。

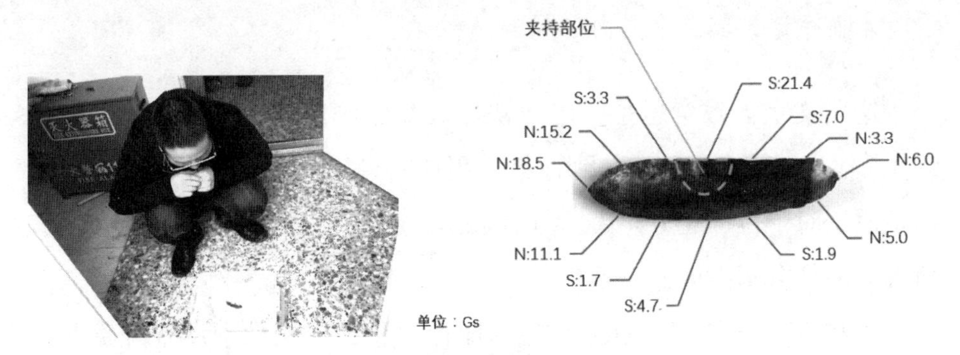

图 15　鱼形铁片指向测试及其表磁分布

此外，我还做了多项对比实验。用铁钳夹鱼首，拿出来淬火，方向确实指南。把坩埚底朝上放置，铁片放在坩埚底部的上面，放在炉内加热，然后用铁钳夹着坩埚，沿着地磁场南北方向放置，淬火以后发现鱼形铁片没有磁性，也不指南，也就是说地磁场对鱼形铁片的磁化没有起到实质性作用。

《武经总要》只是说把鱼形铁片烧至通赤，没有说是多少度。我们把鱼形铁片加热到400多度，不是加热到居里温度以上。夹出来以后，指向效果还是很明显的。因此，不加热到居里温度以上，只获得部分热剩磁，也是可以指向的。

有了这些科学认识，再返回来读《武经总要》的文献记载，就会发现这些文字很精炼，不是随便说的。文献讲鱼形铁片以薄铁叶剪裁，为什么不是用含碳量较高的钢片？我也用高碳钢做过实验，发现根本就剪不动，打也打不动；即使烧红了，拿出来马上就降温了，没法加工。所以只能用低碳钢或熟铁。文献讲鱼形铁片放在炭火中烧，放到炭火“里”是还原性气氛，使铁片增碳，有利于提高它的剩磁；炭火外面是氧化环境，会造成脱碳，会起反作用。等铁片烧红了再夹出来，而不是用铁钳夹着一起烧，那样会导致铁钳也退磁，磁化效果就不好了。文献讲要“钳鱼首”而不是鱼腹，是因为夹住什么地方，那里就会被磁化为磁极。文献讲“鱼尾正对子位”，这造成了一些误导，以为地磁场对热剩磁起了作用，其实没有实质性作用，可能是古人故弄玄虚的一个东西。文献最后讲“常南向午也”，就是说不是总指南：要么指北，鱼首就是N极，说明铁钳的钤头为S极；要么没有固定指向，说明就没做好，可能是温度不够，可能是铁钳被烧退磁了或者是磁性原本就不强。

《武经总要》是一本兵书。军队在野外迷失方向，没有磁石怎么办？一两件铁钳总是有的吧。虽然铁钳的磁性远远弱于磁石，但利用热磁效应也可以用来制作指南针。我们不得不佩服古人竟然拥有这样的知识和智慧。这项发明很可能是来自铁匠，他们整天打铁片、淬火，做成盔甲之类的。军用技术是高度保密的，所以只有在《武经总要》里面有记载，在其他文献里面都没有看到。此法后来“世不传也”，很可能是跟军事保密性有关系。

总之，《武经总要》“鱼法”利用了热剩磁效应。它的磁化是靠铁钳，不是地磁场，地磁场在磁化过程中没有起到实质作用；无需加热到居里温度以上。鱼形铁片适宜用中低碳钢来锻造，通过渗碳、淬火的方法来增加它的矫顽力，从而提高剩磁。

四、古代指南针技术的比较与分析

现在我们可以从技术史的角度，对各种古代指南针做一些比较分析，对其演变做一些探讨。

第一，对磁体材料的比较。

如果古人曾经用磁石做成了指向器，那唐代起改用铁来制作指南针，就是一个革命性的进步。磁石属于亚铁磁性，它的最高剩磁一般是 30emu/g。而铁是不一样的，纯铁的剩磁最高可以达到 218emu/g，如果再进行渗碳、淬火处理的话会更高。由此可以充分施展人的智慧，把其他技术引进来，改善材料性能，提升产品效果。这是一个显著的进步。

磁石是消耗品，做个勺子就消耗了这个磁石；摩擦磁化铁针的话，一块磁石磁化多少枚铁针都可以。所以现在制作罗盘的人都得有几块磁石，用于磁化铁针，磁石价值对他们来说赛过宝石。

从前面的研究可以看到，指南针技术不是孤立出现、存在和发展的，很大程度上依赖于古代钢铁技术的兴起和进步。我博士就读于北京科技大学，研究方向是古代钢铁技术。目前的考古发现表明，公元前 14 世纪前后的甘肃临潭陈旗乡磨沟村遗址已经使用了人工冶铁制品。中原地区在公元前 7—公元前 8 世纪，已经发明了生铁冶炼技术，可以高效炼铁。战国时期初步进入铁器时代；汉代钢铁技术基本成熟，全面进入铁器时代。在整个铁器时代，中国的铁器是极大丰富的，社会文明获得极大发展。在汉代，找磁石矿做指南针，完全没有任何技术难题。到唐代以后更是这样。

第二，对指南针外形的比较。

在实际使用指南针的时候，我们都希望它能够稳定指向，不会摇晃；尤其是在波涛起伏的海上航行，还需要它能够连续、实时地准确指向。与磁石摩擦磁化时，在一定的范围内，铁针的质量越大，剩余磁化强度会越低，但其磁矩会越大。所以航海的指南针磁针比堪舆罗盘的质量要大不少。另一方面，从力学角度来看，短粗的物体，质量分布更加集中于中心部位，转动惯量比较小。所以早期航海者都使用鱼形铁片来制作指南针，因其指向更加稳定，而堪舆罗盘是在陆地上使用，可以放稳，也不需要实时指向，故此使用短针。

这一点在现代航海罗盘上表现得更加突出。现代航海罗盘又称磁罗经，不是用针来直接指向，而是用一个360度的圆形刻度盘指示方向。在刻度盘下面安装了偶数根磁铁，磁铁长度不一，其两端都落在同一个圆周上。这样做的原因主要有：第一，如果用单根磁铁，要达到同样的磁矩，磁铁长度会变得很长；而转动惯量与长度的2次方成正比，就会增加得很大，导致磁体稳定下来所用的时间更长，不能快速定向。第二，现代船都是用铁做的，铁都会有剩余磁性，会产生干扰。船身剩磁很难完全消除，而且每出海一段时间就会增加。所以船要定期消磁，并且在磁罗经的两边加小磁块，把船的剩磁平衡掉。但对于不均匀的二阶剩磁和高阶剩磁，很难消除干净。这样就得把磁罗经做得小一点，尽量减小船磁对它的影响。

第三，地磁偏角与磁性指向技术。

有朋友可能会想，如果唐末之前存在磁性指向器的话，为什么没有发现地磁偏角？20世纪20年代日本学者也曾以此为理由，认为宋代以前没有指南针。

通过前面的实验发现，这个原因其实很简单。请大家回想一下，我在做磁石勺的过程中，首先要给磁石标定南北方向，然后沿着南方加工出勺柄。古代针状的指南针还没出现的时候，只能用日影等天文方法来定南北，即地理南北方向。照此加工，磁石必然指向地理南北，不是指向地磁南北。除了磁石勺，其他用天然磁石来指向的方法，磁石悬吊、水浮、放在铜勺里等等，都是如此。所以用天然磁石指向，技术上就不支持发现地磁偏角。

摩擦磁化铁针恰恰相反。铁针是先制作成形，然后摩擦磁化，磁化方向必然沿着长度方向，长度方向必然会指向地磁的南北极方向，这样就引起了地磁偏角的发现。再反过来一想，人们开始发现地磁偏角，其实也正意味着这种铁制指南针的出现，当然另一个前提是地磁偏角比较明显。所以地磁偏角发现之前，有可能是用了磁石做成的当时当地的指向器。

五、古代磁技术的历史与文化

现在我们谈些轻松的话题，聊聊磁性技术的历史和文化。刚才我们讲了半天磁，好像古代磁技术只有指南针，其实古代磁技术还有很多有趣的应用和故事。

我们先从远处说起。在殷商时期，有很多原始宗教信仰，大家都很崇拜天或天神。商王自称负有天命：我之所以统治这里，是因为上天安排我这样做的。而且商王就是最高的神职人员，借此来发号施令。但光说不行，还得有法器，如青铜器、玉器、甲骨等；有仪式；有巫术知识。有了这些不可替代的资本，才能成为上天的代言人；而且对这些的最终解释权也是被垄断的，别人不能随便解释。你随便烧个甲骨，说是这样那样的预兆，那是不行的。周取代商以后，面临一个重大的政治理论问题：怎么解释商王负有天命？商王是上天安排的，你把他推翻了，那不是逆天了吗？周人对此解释：天命不是一成不变的；按照天意好好做事情，天是支持你的，否则上天就要换一个人来取代你；商纣做了太多的坏事，推翻他是上天的安排，是在奖善惩恶。古代神职人员的作用于此可见一斑。

周朝建立之初，神职人员的地位仍然很高。但后来，情况发生了多种变化。随着社会文明进步，大众的知识水平也逐渐提高了，知道神职人员讲的并非总是对的。统治者逐渐推行礼制，将神职人员个体言行加以规范。春秋战国之后，各国君主更是看到，只有依靠硬实力才能生存下去。神职人员地位逐渐衰落、分化了，一部分留在朝堂，一部分就流落到民间。战国时期，燕齐一带的方士们非常活跃，其实有一部分方士就是承自古代神职人员。他们将“天人感应”“五行说”等结合起来，又将一些自然知识包装成种种方术，作为其种种说辞的实证。把这些掺和在一块，虚虚实实，发展出种种学说。

李零先生对方术有过很精准的总结：方术即数术和方技。数术包括天文历算等。就像上一讲江晓原教授所讲，古代天学的主要功能之一就是被当作一种政治巫术。此外，还有方技、医学、炼丹、冶金等。

秦汉时期，方士文化非常兴盛，它跟儒学紧密结合，不再是单独的方术。谶纬思想、天命观、五德始终说、灾祥说成为社会的流行学说，就像现在我们信奉科学，我们相信科学，但同时对科学也有反思。在秦汉时期，这些思想就是对当时的主流儒家、道家思想的反思。所以我们去理解古人、解释古人思想的时候，应该把问题放到那个时代的社会知识大环境中去思考。

我们现在再说磁石。古籍中记载的对磁石的发现和利用始于公元前 7 世纪前后。因为这个时期，正是生铁冶铁技术开始兴起的时候，人们有很多机会去发现和接触磁石。在燕国、齐国、赵国境内恰恰有很多磁石矿。我找的磁石矿是在武安，武安当时是在赵国境内。其实在山东那边也有很多磁石矿，属于齐国境内。磁石的特性引起了方士们的关注，甚至是一种热爱。他们对磁石了解最多，整天琢磨着怎么利用磁现象开发方术，作为自己进阶的资本，这也引发了很多有趣的事情。

（一）磁石与秦始皇

秦始皇统一六国以后，他身边聚拢了很多方士。在这些方士的影响下，秦始皇整天穿着望仙靴，想着见仙人，派人求取仙药。结果被骗了，秦始皇很生气。方士们不仅弄不来仙药，找不到仙人，还抱怨秦始皇太暴戾。然后秦始皇就把方士们埋了，发生了坑儒事件。坑儒事件中被杀死的少数是儒生，多数都是方士。儒生们是被方士坑了，受了牵连。

汉末一些文献中记载“阿房宫以木兰为梁，以磁石为门”。北魏《水经注》里说得更详细：“门在阿房前，悉以磁石为之，故专其目。令四夷朝者，有隐甲怀刃入门而胁之以示神，故亦曰却胡门也。”阿房宫用磁石做成门，没见过磁石的外国人暗藏铁刃进来的时候，就会有些异象，起到震慑作用。有的文献记载可以“吸之不得过”，可能性不大，应该没有那么强。甚至有可能是方士们故弄玄虚吓唬人，没有实际功能。当代考古工作者在西安一处被称为“磁石门”的地方做了考古发掘，发现那里并非阿房宫的遗址，可能是汉代上林苑的遗址。大家普遍认为阿房宫尚未建成，只修了前殿，起义军就攻入长安了，那么磁石门实际存在的可能性就比较小。

我们来推敲一下磁石门的事情。阿房宫不是随便建的，要有规划的；用什么材料，建成什么样子，用多大成本，事先就规划好了。当年秦始皇经历过“荆轲刺秦王”的事件后，整个秦国统治集团都受到了不小的惊吓。怎么提高秦宫的安保等级，是他们面临的重要问题。秦统一六国后，收天下之铜兵器，铸成十二个铜人，立在阿房宫前。这个事是真的。铜人在东汉末李傕、郭汜之乱的时候被砸了，是不是又被制成兵器，不得而知。规划阿房宫的时候，正是方士们得势的时候。方士们一直在想办法开发利用磁石，磁石门这个方案很可能就是他们提出来的。秦始皇当然不会拒绝，因为即便有了仙药，也不能让人拿刀子来捅。这些是推测出来的，只能说有可能是这样，不能排除磁石门这件事是后人捏造或者附会出来的；但即便如此，也是方士们利用秦始皇和阿房宫为自己做了广告宣传。

我们讲这件事情是要表明古人特别是方士群体，对磁石有着长期的关注，对磁石的应用投入了很多精力。因为一旦成功，他们可以得到难以估量的回报。

（二）磁石与汉武帝

汉武帝选择了董仲舒的建议，“罢黜百家，独尊儒术”。这个儒术跟孔子的“儒”是不一样的。孔子是不语怪力乱神的，而武帝时期的儒术是方士和儒生合流之后形成的，颇多怪力乱神和谶纬之言。方士们不光有一些器具和技术手段，他们也很了解人的心理需求，能配合人的期望来攀附。古代的皇帝们为了享乐，都想长生不老，他们也知道这几乎不太可能，但架不住有方士们投其所好，精心编织骗局来引诱他们。

汉武帝对神仙的迷信程度不亚于秦始皇，甚至比秦始皇还厉害。在多部古代文献里都记载有这样一件事：胶东有个方士，名叫栾大，就是山东半岛的人。他被引荐给汉武帝后，说自己的师傅讲过“黄金可成，河决可塞，仙药可得，仙人可至”。作为验证，先为汉武帝表演了斗棋。有其他文献介绍，斗棋是用磁石加工而成，或是用磁石粉黏结而成的小球，可以互相吸引或排斥。汉武帝自幼在皇宫中长大，可能没见过磁石，觉得太神奇了，就信以为真，派栾大去求仙。栾大回来说仙人嫌自己身份低微，不肯前来。汉武帝先后给了栾大五个将军的封号，后又封为侯，还把女儿嫁给他，并送千金做嫁妆。

这件事在当时引起了巨大的轰动。《史记》记载，“海上、燕齐之间莫不扼腕”。扼腕是古人情绪极度激动才会做出的动作，表明了“海上、燕齐之间”都是懂磁石的：不过是表演一个斗棋嘛，这也行?

我也会，让我来！

然而“黄金可成，河决可塞，仙药可得，仙人可至”的谎言迟早是会露馅的。汉武帝很快发觉栾大的方术很多都不应验。派栾大入海求仙，他又不敢下海，只是到泰山祠了神，结果被同行的密探给举报了。汉武帝发现自己的情感被欺骗了，连女儿也被耽误了，非常愤怒，把栾大施以腰斩之刑。

（三）磁石与招魂术

栾大的下场给了方士们一个血的教训。他们更加偏向于开拓“民间市场”，把磁技术作为一种仪式，捆绑到文化传统礼俗中。

同样在汉武帝时代，由淮南王刘安主持、很多方士参与编写的《淮南万毕术》里记载了很多方术。其中有一种招魂的方术：“取亡人衣，裹磁石悬井中，亡者自归矣。”为什么悬在井里呢？因为井刚挖出来的时候，水是浑浊的，被称为黄泉，所以古人认为井跟黄泉是连通着的。古人又认为黄泉是灵魂的居所，这在《左传》里就有记载。从井里招魂，就能把灵魂从黄泉招回来。为什么裹亡人衣？这也是招魂的惯例，古人认为人的精气会留在他穿的衣服上。

我们关注的是：为什么用磁石，还要吊起来？

系列实验显示，磁石吊起来以后，最显著的特征是磁石有固定朝向。不管你怎么摆弄，磁石最后都会复位。我们不知道方士们在做招魂术的时候是否利用了这个现象，但可以肯定他们有很大几率发现这个现象。作为一种仪式，悬吊磁石不是偶然的。在仪式正式进行之前，是测试过很多次的；而且不是一个人这么做，是一个群体这么做。

在磁石上沿着已知的方向做标记，就可以作为指向装置，即实现磁性指向。这表明发明指南针的条件已经具备了。《淮南万毕术》现在已经失传，只存百分之一的内容，失传的百分之九十九里面有没有磁性指向的记载，是非常值得期待的。

我们之所以讲这些内容，是让大家明白，从春秋到秦汉的天人观与我们现在大不相同。那样的文化环境下，磁石这种具有特殊性能的材料为方士们所关注。方士们投入了很多精力，别具匠心地利用磁石开发出了很多巧妙器物，也给他们带来了现实的收益。

（四）方士与司南、指南针

东汉方士儒生已经合流，儒生方士化，方士儒生化。在这样的背景下，我们再来看《论衡》这本书。这本书通篇都在反驳当时儒生们宣扬的“天人合一”观。这里所谓的儒生讲的很多内容都属于方术。《论衡·是应篇》涉及“司南”的段落中，儒生们讲有一种特殊的草“屈轶”，会指佞人。王充对此评论到：

> 狱讼有是非，人情有曲直，何不并令屈轶指其非而不直者，必苦心听讼，三人断狱乎？故夫屈轶之草，或时无有而空言生，或时实有而虚言能指。假令能指，或时草性见人而动。古者质朴，见草之动，则言能指；能指，则言指佞人。司南之杓，投之于地，其柢指南。鱼肉之虫，集地北行，夫虫之性然也。今草能指，亦天性也。圣人因草能指，宣言曰：“庭末有屈轶，能指佞人。”百官臣子怀奸心者，则各变性易操，为忠正之行矣。犹今府廷画皋陶、觟觽也。

在《论衡》的这一章中，王充表达的是，草即使可以指人，也是它的天性，并不会指出谁是佞人。王充列举了两个例子：“司南之杓，投之于地，其柢指南”“鱼肉之虫，集地北行，夫虫之性然也”。这两个现象都是事物出于其本性而发生的，没有任何特殊的含义。

王充以司南为例来反驳儒生，阐述自己的观点，说明儒生们对司南是不陌生的，知道司南能指南；而且司南指南也并非王充首先发现或提出，写入该书以前，人们在其他场合应该见到过司南指南，对司南能指南都是认可的。

如果猜测一下，司南有可能是方士们的新式磁技术产品。一个物件，投放在地面上就可以指南，在当时看来，这是多么神奇的事情。以当时的知识水平，自然无法按照现代科学予以解释。人们要么将其视为事物的本性，如王充；要么解释为一种神器。基于磁石本身特性，经过开发而具有了指南功能，方士或儒生们很可能会把它视为神奇。

再来猜测一下，《论衡》中“司南之杓，投之于地，其柢指南”这句话是否源自《淮南万毕术》，或者同源。这句话十二个字，语意完整，独立成条，与现存的《万毕术》体例一致。从内容来讲，这句话也很符合《万毕术》的主旨；而《万毕术》中有不少方术确实有一定的实际效果或现象。《万毕术》皇皇十万言，记载方术近万条，现今仅存百余条，绝大多数都散失了。王充所在的时代（公元 27—97 年）离《万毕术》成书时间（公元前 2 世纪后期）相距 200 年左右，即使王充看不到较为完整的《万毕术》，当时的方士们应该还在传承着《万毕术》里的方术，因为这本书就是方士们编写的。

关于王充《论衡》中“司南”的研究，目前大略就是这样。我们期待着将来能发现一些有价值的文献线索，将这些事情联系起来。

从唐代起，关于指南针的明确的文献记载就比较多了，主要集中在堪舆文献里。文献中也讲到了地磁偏角。北宋的《梦溪笔谈》更直白地说“方家以磁石磨针锋”，方家应该就是指当时的方士们。东汉末年，随着方士的组织化，诞生了道教。这两者有时候是相通的。有组织的方士就是道士，无组织的方士常被称为风水先生。

宋代以后，罗盘成为方士们标配的“法器”，用来增强他们工作的实证性、神秘感和仪式感。相比于秦汉时期的斗棋、磁石门，指南针与堪舆理论相结合，与民间文化礼俗相结合，走群众路线，拥有了更大的市场，以至传承至今。可以说，磁石勺不是勺，指南针也不是针，而是成色十足的“金饭碗”。

民间利用磁石还开发出很多其他的幻术，像宋末元初的木刻“指南龟”、木刻“指南鱼”、“唤狗子走”，以及明清时期的用磁石雕刻成的“佛手鉴”等。相比之下，指南针是古代各种磁性幻术中最成功的一种。

方士们使用指南针是在陆地上。而指南针之所以成为一项大发明，主要是因为它被用于航海指向。目前所知指南针用于航海始于北宋。《萍洲可谈》中对此有所记载。指南针与其他航海技术一起，促进了全球互通，对中世纪以来人类文明的发展和世界格局演变，产生了重大影响。方士不是职业的航海家，秦朝徐福东渡是另外一回事。指南针用于航海，是跨领域的技术转移带来的意外收获，其影响和贡献远大于堪舆风水。

综上，我们可以看到，中国古代指南针的发明和演变，跟很多因素密切相关。首先，中国有丰富的磁石资源，而且还分布在文化比较发达的地区，并且还恰好分布在方士文化兴盛的地区。独特的地磁环境演变为指南针的发明提供了有利的客观条件；大规模冶铁活动为磁石矿的发现提供了机会；先进的钢铁技术为制作各种指南针提供了材料支持；人们对磁石长期的关注和思考，为指南针的发明提供了必要的知识基础；文化信仰和丧葬礼俗，陆地旅行、海上导航，为使用指南针提供了广大的空间。综合以上因素，才会诞生出指南针这样一个将技术性、神秘性和文化性融为一体的独特的古代发明创造。

自 19 世纪末以来，关于古代指南针的相关研究出现过各种各样不同的观点，所有研究者的群体智慧共同推进了指南针研究的发展。作为中国科学院的一个工作者，我希望通过实证研究帮助大家对长期争议的问题形成一些阶段性的共识。作为中国人，我们要把握好解释自己历史的主动权，把指南针在内的古代科技文明讲对、讲明、讲深，不要埋没了祖先的智慧。

我的这项研究得到了中国博士后科学基金特别资助和中国科学院重点培育方向项目的支持。在田野考察、实验研究过程中得到了院内外、所内外众多学术前辈、同事好友、社会人士，以及不认识的热心人的帮助。非常感谢他们。

钢铁技术与中华文明的壮大

李延祥

我以前是学冶金的，后来跟着柯俊院士，一直在做中国冶金史，已经三十多年了。我将分两个题目讲中国古代的钢铁技术。

第一个题目是：钢铁铸就大汉威。大汉主要指的汉朝，也可以广义地理解为历史上的汉民族。这个题目，我想讲讲战国到汉代中原的钢铁冶金技术。第二个题目是：五胡何以乱华。钢铁冶金技术奠定了我们大汉之威，后来我们怎么就被人家渗透、被人征服了呢?

一、钢铁铸就大汉威

第一个问题，首先要介绍一下钢铁的基本知识，然后再讲中国在钢铁方面有哪些独特的东西，这套独特的东西发挥了什么作用。中国有一套独特的以生铁为基础的钢铁冶金技术体系，它不是一项两项技术，是整个一个体系。这个体系奠定了中国从战国开始到汉代的社会生产、国家疆域等方面的基础。大家都知道钢铁很重要，二战的时候中国的钢铁产量和日本不可比，中国才炼几千吨钢铁，日本都几十万、上百万吨，所以它才敢侵略中国。大家知道现在中国能产多少铁、炼多少钢吗？ 1958 年的时候，为了追求 70 万吨钢铁产量，搞了大炼钢铁运动，效果很不好。这些都表明钢铁很重要。在两千多年前，钢铁就起过大作用，这个作用宣传得还不够。有些历史学家未必全明白，但也有明白的，比如著名的历史学家杨宽先生。更多的学者不知道钢铁的重要性，这对于我们总结历史经验、实现中华文化的伟大复兴都没啥好处。

人类用铁有将近四千年的历史，最早的铁还不是人工造的，是天上掉下来的陨铁。天上的流星，没有烧尽，掉在地下就成陨石，陨石当中的一种就是陨铁。地球其实就是个大铁球，地幔下面的地心就是铁镍合金。如果地球被撞碎了，地球核心飞出去落在别的星球上就是陨铁。宇宙中陨铁每天都在生成，只不过大块的少。如果想收集陨铁很容易，大的收不着就收小的，可以在房顶上放几块塑料布，过十天八天去扫降下来的灰尘，拿吸铁石一吸，凡是吸上来的都是天上掉下的小陨铁。世界上最大的一块陨铁在南非，称霍巴陨铁，是世界自然文化遗产，重 60 吨（图 1）。这块陨铁基本上是沿着地球的水平线下来的，它在地上没砸出大坑来，打几个滚就停下了。也不知道是哪年掉下来的，发现的时间是在 20 世纪初。中国有世界第三大陨铁——新疆陨铁（图 2），文献记载是清代发现的。和这块陨铁一同落下来的还有一大块，现在在阿勒泰市里展出，比这块陨铁还大，所以现在的世界第三大陨铁应排第四。第二大陨铁在美国，是在格陵兰岛发现的，重 58 吨。

还有一些陨铁落下来碎裂了，分布在一条带状区域内，被发现后，古人就拿它做一些兵器。这种东西和铜不一样，很锋利，在全世界都有发现。距今 3200 年前的陨铁制品大概有 20 件，这个数据比较老，因为最近没人统计。前一段时间在古埃及墓葬里发现的法老剑，经过检测证明也是陨铁。世界上只有中国的文献对陨铁有几次比较清楚的

图 1　世界第一大陨铁——霍巴陨铁，重 60 吨

图 2　世界第三大陨铁——新疆陨铁

记载。通过文献我们知道，秦献公十七年即公元前368年，及宋治平元年（1064），降落的一定是陨铁。尤其是宋治平元年降落在常州的那块，文献记载这块铁挖出来之后送到镇江金山寺，就是白娘子故事里那个金山寺，在那儿展览了很长时间，后来不知去向了。

在北京平谷，就出土过年代相当于商代的陨铁制品。河北的藁城也发现过使用陨铁制作刃部的铜钺（图3）。陨铁是天然的铁镍合金，所以质量比较好，这也引导人类认识了铁，然后人类才开始渐渐地追求这种东西，实现了人工冶炼铁。

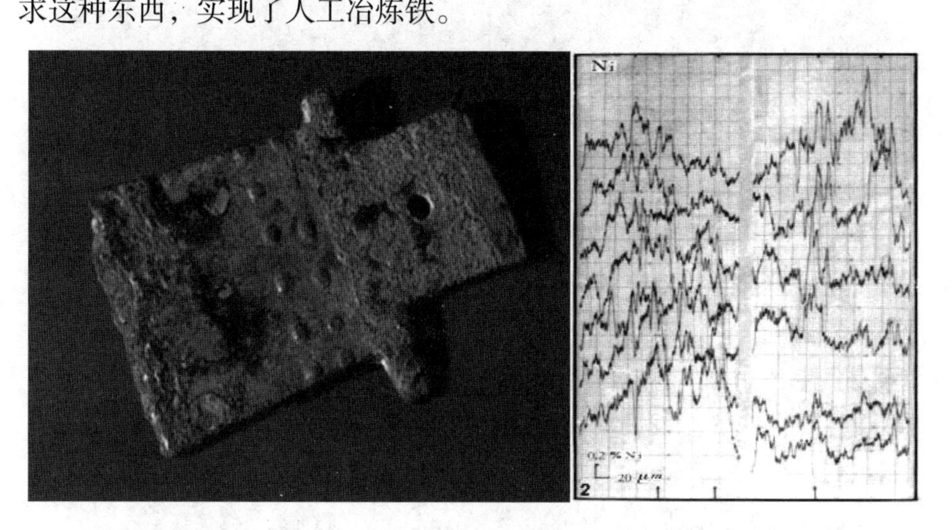

图3　藁城出土商代铁刃铜钺与刃部锈层镍分布

下面我就给大家讲讲什么叫钢，什么叫铁。钢铁总的说来是铁和碳的合金，碳就是烧火用的木炭里那个碳，化学元素碳。铁有两种，含碳量在0.02%以下的，相当于化学元素周期表里的纯铁。这个铁非常软，我们平常绑东西的铁丝就是纯铁，有时候也叫熟铁、海绵铁等。还有一种铁，就是含碳4.3%以上的铁碳合金，叫生铁。生铁是什么呢，小时候我们农村做饭的大铁锅就是生铁做的。那种铁锅很硬、很脆。农具犁铧早期也是生铁制作的。现在铁铸的东西中，马路上的井盖一般还是生铁的。当然生铁和生铁也有差别，我们稍后再说。生铁根据碳含量的多少又分为共晶、亚共晶、过共晶。共晶就是 4.3% 左右含碳量的生铁，所以这个概念挺好理解。就是说含碳 4.3% 左右的是生铁，不含碳的是熟铁。而含碳量 0.3% 到 2% 的就是钢。现在很多东西都是钢做成的，比如刀、剪和各种工业器材部件。所以熟铁、生铁、钢的区别主要在于含碳量，含碳量太低的是熟铁，含碳量特别高的 4.3% 左右的是生铁，在这之间的是钢。真正管用的是钢，这里面起主要作用的钢的组织，就是铁碳的化合物（图 4）。但是钢不能直接用矿石炼出来，只能先炼出熟铁或生铁，然后缺碳的补碳变成钢，碳多的脱碳变成钢，这是基本理论。至于钢铁组织具体要怎么调节，要把高温的“相”在低温时还保持着，让它起什么作用，那就比较复杂了。有淬火、回火、退火、正火，分奥氏体、珠光体、莱氏体、马氏体、贝氏体、魏氏体，这些大家了解下就行（图 5）。

炼铁有两种方法。一种是从熟铁开始炼，一种是从生铁开始炼。

第一种，从熟铁开始炼，叫块炼铁技术。这个技术发明得比较早，现在知道最早在今天的土耳其，古代叫安纳托利亚，曾经有一个赫梯

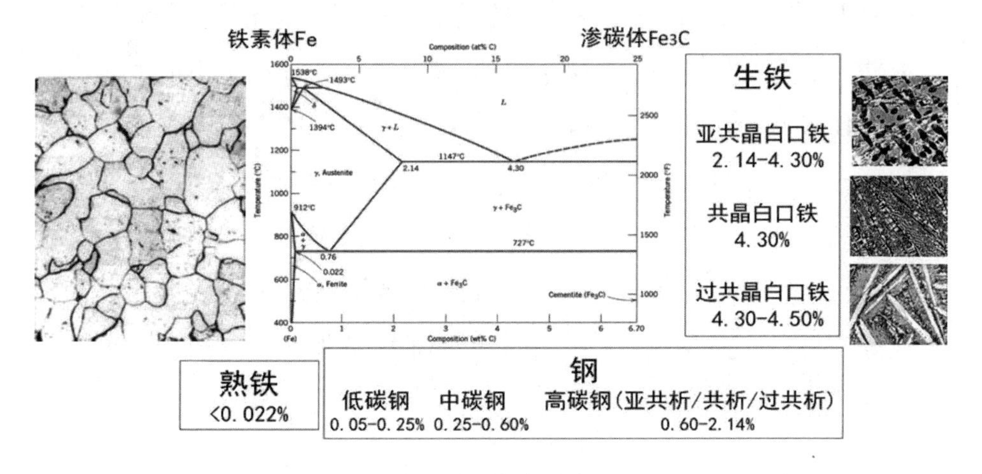

图 4　钢铁的种类

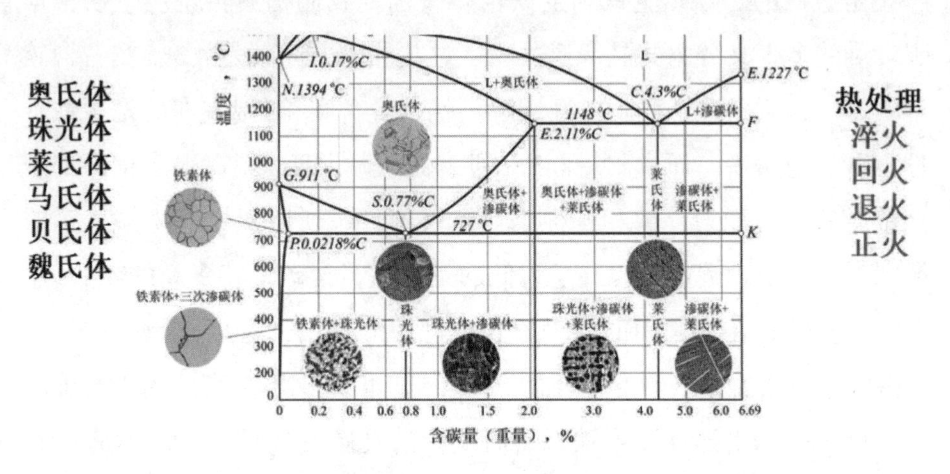

图 5　钢铁的组织结构

帝国，有文字记载那里最早发明了块炼铁。在两河流域出土的泥板文书里有一封信，是赫梯帝国的国王给两河流域的王写的。信中说，你订的那批铁货因为天气不好，我们生产不能及时供应，有点歉意。后来也在那边挖出来一些铁制品。

美洲直到西班牙人到达时才刚会炼青铜，不会炼铁。西亚、非洲等地仅仅会使用块炼铁冶炼技术。块炼铁冶炼使用的是碗式炉（图 6），碗式炉内温度为 1100 多度，生成的是不熔化、半熔化状态的海绵铁，是纯铁。然后有熔化状态的炉渣，能淌出来。炉子尺寸不能太大，因为在古代没有切割条件，一块没有熔化或半熔化的海绵铁，如果太大了切不开。所以这种方法炼的铁都是一小块，适合于小规模的三五个人的生产操作，炼几个小时就能完成。块炼铁炼出来之后，里面还夹着炉渣，需锻打成形，锻打过程中顺便渗碳。这种方式也能炼成钢，做成好刀好剑，只是速度慢。一个小炉子就炼那么大一块，有时候干脆建好几十个炉子一起炼。

图 6　非洲传统块炼铁炉

这种技术中国也会。在广西贵港市平南县，二十几个山头上全是这样的炉子，尺寸像个小火盆似的（图 7）。这些炉子都是一次性的，炼一次就要挪一个地方。这些炉子年代为汉唐时期。这样的块炼铁冶炼体系炉子还有。湖北大冶明清时期的块炼铁炉（图 8），尺寸也就这么大，但是它有些进步，一个炉子可以多次用，在这儿开炼，炼一回把铁扒出来，炉子修一修再炼，然后再扒出来再炼。这个炉子有 19 层，它连做了 19 回。比起平南的炉子稍微进步，但是原理还是一样的。

非洲几十年前还有块炼铁，现在大概都没了。首钢有一个老工程师曾经帮我拍过照片，他在非洲的村子里看到个铁匠锻打块炼铁。打铁过程中还有一些与信仰有关的仪式，往里加药什么的。块炼铁在中国文明圈之外通行，中国也有。中国经过鉴定的早期块炼铁制品发现于新疆，可以算中国最早的一批铁。中国的块炼铁技术是有可能也受到西方块炼铁技术的影响，最早可能是通过新疆传过来的。这条路我们没太摸清楚，结论也不是非常可靠，但在新疆、甘肃出土了一些早期的块炼铁制品，确是事实。当时铁兵器是非常贵的，要拿黄金、玉来做把柄儿。炼出来的铁做兵器是非常锋利的，它制成钢了之后，跟青铜短剑比，青铜短剑是不敢跟它对战的。当时留下了一批珍贵的文物，都是块炼铁制品（图 9）。

还有一种方法，就是从生铁开始炼，化学反应大概就是现在炼生铁的那套反应。木炭和鼓进去的风燃烧生成一氧化碳；有时候是二氧化碳，但木炭是过量的，还会再反应成一氧化碳。一氧化碳还原铁矿石，叫作间接还原；碳也会还原一氧化碳，叫作直接还原。冶炼生铁使用很高的炉子，叫作高炉，又叫竖炉。这类炉子有足够的高度，所以会

图 7　广西贵港汉唐时期块炼铁炉

图 8　湖北大冶明清时期块炼铁炉

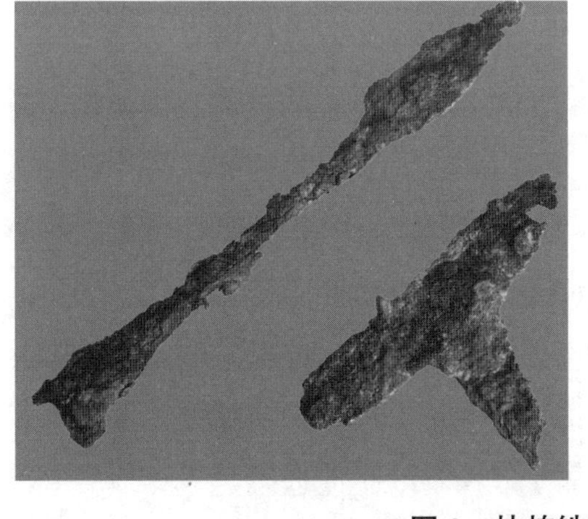

图 9　块炼铁制品

从左至右：鄂尔多斯春秋铁器；三门峡虢国墓地玉柄铁剑；宝鸡益门金柄铁剑。

有温度分带，有气氛分带，有物料的分带。炉子高度一般都在三四米，更高的时候达七八米，现在的大炉子都二三十米高了，但道理还是一样。如果炉内层带分布合理，上面铁被还原出来了，刚还原出来时，还是熟铁。熟铁在下降过程当中不断地吸收碳，然后熔点下降到 1000 度到 1147 度，生铁就熔化掉了，液态铁从炉子底下淌出，再排出炉外。按照时间安排好，炉顶上料，炉门出渣、出铁，就实现了连续生产，不用停炉。而且生产出来的是液态铁，这就好办了，大小都可以处理，这个就是技术高明之处。中国除了民间一直保持小规模的块炼铁之外，略晚一些，就开始用这种大高炉来炼铁（图 10）。

我们曾经讲过，生铁及生铁制钢技术是中华民族最伟大的发明创造之一。这个技术对中华民族本身的发展壮大作用远远大于所谓的“四大发明”。但是给我们写报道的记者舍不得传统的“四大发明”，就把它列为“五大发明”。现在再发掘，又提出中国古代有“三十大发明”。我的意思很简单，这项发明和“四大发明”不是一个等级的，对中华民族的贡献远超“四大发明”。

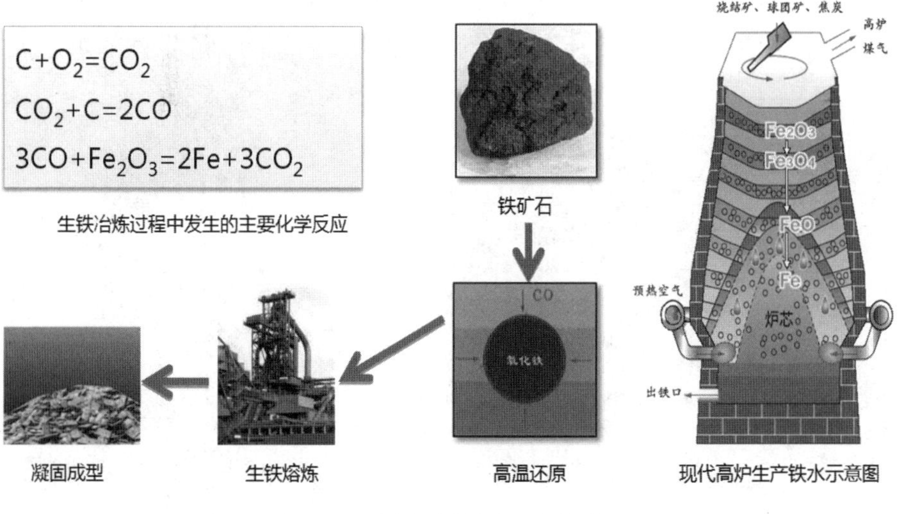

图 10　生铁冶炼原理与流程

那为什么中国很早就把铁化成水了，其他的文明怎么不这样做呢？有几个原因：第一个原因是我们的炉子好。在湖北大冶铜绿山挖出来3米多高的竖炉（图11），虽然3米多不算太高，但是放在全世界范围内比，在当时已经非常高了。它的结构非常合理，拿这个炉子直接处理铁矿石，就能够炼出来生铁。实际上在大冶，在铜陵，我们都发现过古人炼的半铜半铁的合金锭，说明这个炉子好，鼓风等技术也都到位。天然的铜矿石本身就是伴生铁矿石，所以把铜还原出来的同时把铁也还原出来，铸成菱形的锭子，一次能捡出好几百块。在西方发现的炼铜炉不太大，类似于碗式炉，尤其是它的高度不够，里边分带不够，所以炼不出来生铁。我们能炼，这是青铜时代给我们留下来的技术遗产之一。

第二个原因是我们铸造技术高。铁水出来了怎样让它成形？我们青铜时代就已经发明了非常伟大的范铸技术，用来铸造大青铜器，比如司母戊鼎，这个技术直接移过来，往里灌铁水可以铸成各种铁制器物。做罐子、做勺子，想做什么器物都能做出来。

以上是两条根本的技术原因。生铁炼出来后，我们还能对生铁进行改良，把它变成钢等。还有一个原因，是社会原因，炼生铁的炉子大，

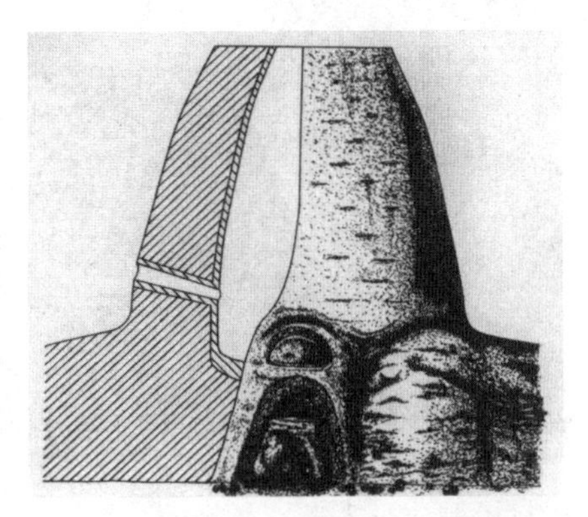

图 11　湖北大冶铜绿山古铜矿遗址出土的春秋时期炼铜炉及其复原图

一两个人、三四个人无法操作，得几十个人一起工作。炉子大，鼓风如果鼓不好，停了，那炉子就冻住了。小时候我们在铁匠炉拉过风箱，小孩都拉不动。过去还没有那么高效率的风箱，所以必须有强大的社会组织、强有力的政府支持，需要调集几百至几千人力，小规模只能炼块炼铁。从战国以后到汉代，中国都是强有力的中央集权政府。这是社会原因，这个原因也是很重要的。

因为会炼、会铸，所以我们中国走的是这条路线。中国早期的生铁制品可见表1。考古发掘出土的生铁制品，最早的在山西天马—曲村，年代为公元前8世纪，距今2800多年了（图12）。年代稍晚的在江苏六合程桥也有出土（图13）。这些都是实打实的东西，结构都是生铁。我们推测也许最早炼生铁是在楚国的范围之内，因为楚国炼铜规模颇大，尤其是大冶铜绿山。但是现在还没有证据，我们还在接着找。

表1　中国早期生铁制品

出土地点	名称	材质
湖南长沙杨家山 M65	鼎形器 1	白口铁
湖北江陵	斧 1	白口铁
江苏六合	铁丸 1	白口铁
山西长治	镢 1	脱碳铸铁
湖北大冶	斧 1	脱碳铸铁
河南洛阳水泥厂	锛 1	脱碳铸铁
河南洛阳水泥厂	铲 1	韧性铸铁
山西天马—曲村	残铁器 2	白口铁
河南登封阳城	镢 5，锄 1	脱碳铸铁
河南新郑	铁片 1	白口铁

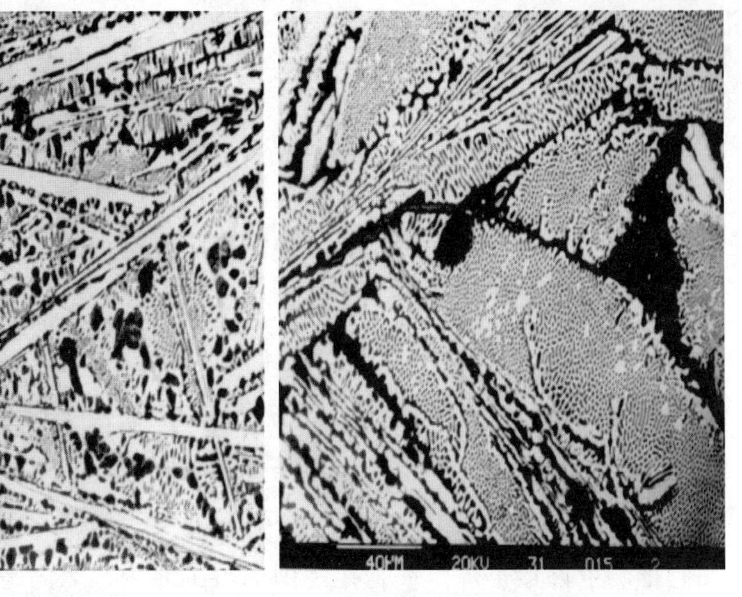

图 12　最早的生铁制品：天马—曲村 2 件铸铁器残片（公元前 8 世纪）

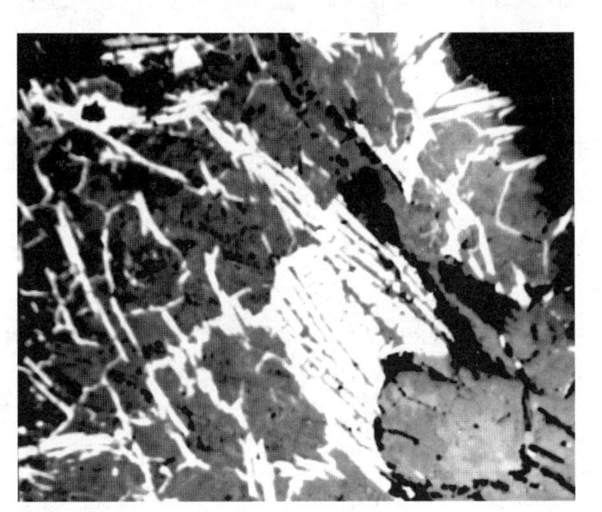

图 13　江苏六合程桥出土铁丸的金相组织（公元前 6—前 5 世纪）

中国古代以生铁为基础，形成了一整套技术体系，见图 14。民间一直在用块炼铁方法，将铁矿石先炼成熟铁，然后在锻打成形过程中，同时渗碳，也能成钢，也能做好制品。但在国家层次上，是大规模

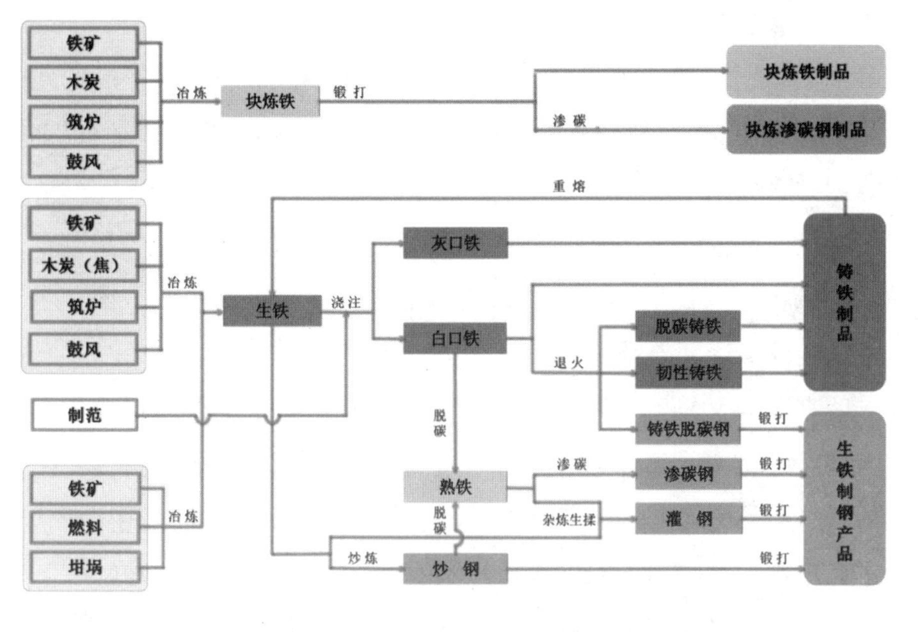

图 14　中国古代以生铁为基础的钢铁技术体系

生产，先炼生铁，然后铸造。以范铸技术来铸造效率高，把范都做好，像小孩摆积木似的一摆摆几百个，一炉铁水一天就能浇出好几百个大锤子、好几千个犁铧子。如果锻打制作铁锤、犁铧，那大概一天能打一两个，效率差。铸造成型的生铁产品还可以改良，不用把碳脱出来，把里边的铁三碳分解了，也能改良产品的质量。再往前，还有固态脱碳，器物铸造成形，然后在固态条件下在脱碳炉内烧几天。一炉放几千个生铁锤，把表面全都脱成钢，制成的产品实质上就跟钢锤子一样。高效率的铸造，然后脱碳集中处理，这就是固体脱碳钢。有时候把铁铸成板状，然后脱碳，因为板比较薄，两边都脱碳，最后把这块铁板变成熟铁，然后再锻打成形，锻打完了再往回渗碳成钢。

大概在战国时期，秦国范围内出现了炒钢。这个技术不用先铸造，而是把铁水放在空气中搅动。空气中的氧气进入铁水之后就会把里边的碳给氧化了。炒的过程中因为碳被氧化，铁水还放热，所以这样搅拌铁水，生铁不会凝成个大疙瘩，必须脱到一定程度才凝固。炒好了能炒成熟铁，一般能炒成钢。炒钢制品经过多次锻打，会形成所谓的百炼钢。百炼钢不是单独的钢种，是对一种器物的称呼。我们也称好刀好剑为百炼钢，还有锻炼身体、百炼成钢，都是从这儿来的。

再晚一点，在魏晋南北朝时期，我们还发明了灌钢。生铁里碳多，熟铁里碳少，那使用熟铁锻打成刀剑制品，在生铁水里涮一涮，生铁水里的碳就渗透到熟铁里去了。

后来我们又发明了用煤炼铁、用焦炭炼铁等，这样就形成了一个宏大的技术体系。这个技术体系完全建立前后大概用了四百多年。再往后就是原料的转变、规模的扩大。这些技术大部分大概应用于唐代。除了煤炼铁技术应用于宋以后，其他基本上都应用于宋代以前。

改性铸铁就是把铁三碳分解成石墨和铁，石墨有不同的形状。韧性铸铁主要用于制造改良农具，尤其是大犁铧，改良之后有一定的韧性。山西历史上生产的阳城犁镜不沾泥，就与韧性铸铁技术有关系。这些东西大量出口东南亚。铁农具有黑心、白心，有的时候还有球墨铸铁，即析出来的石墨是球状的等。这都是非常高超的技术，还不是脱碳，只是碳在里边分解了。

再说固体脱碳钢。我们在洛阳水泥厂遗址发掘出来的大铁锛（图15），里面还是生铁的结构，外面碳给脱掉了，得到钢的结构。就是说这丁铁锛原来是生铁铸造的，但是为了让它的性能更好，固体脱碳了，脱完之后表面上大概有几毫米全是钢，而这几毫米就够用了。

徐州狮子山出土的铁器是生铁脱碳钢，脱得很好（图16）。河南登封阳城出土了梯形铁板（图17），因为脱碳是个扩散过程，太厚了难以完全脱碳，所以铸成薄铁板，脱完碳铁板就变成熟铁了，之后可以作为熟铁料运到别的地方，铁匠可以任意将其锻打成需要的形状，

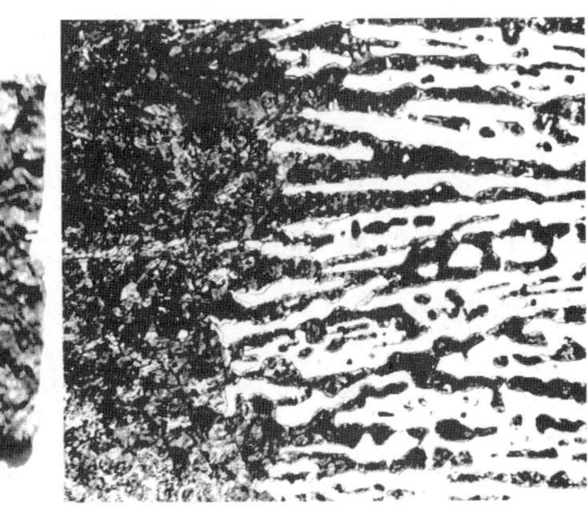

图 15　河南洛阳水泥厂出土的铁锛，心部莱氏体，表层珠光体

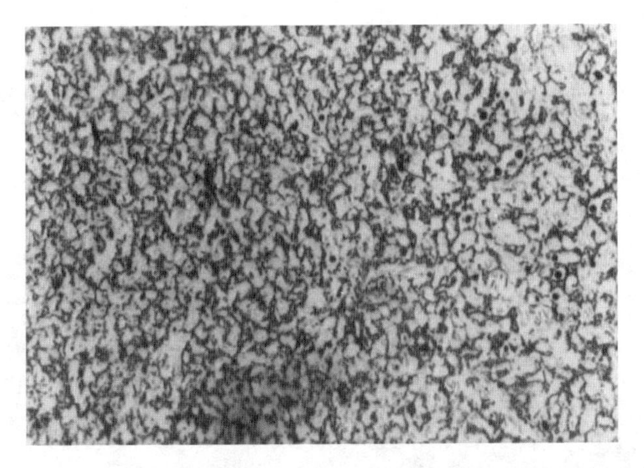

图 16　徐州狮子山西汉王陵出土生铁脱碳钢器物金相组织

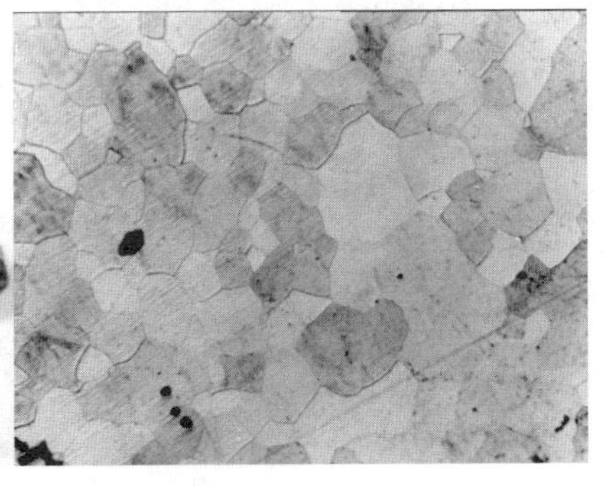

图 17　河南登封阳城战国梯形铁板及其金相组织

之后再往回渗碳。在不能炼出液态钢的情况下，通过固体脱碳这种工艺得到铸件，然后再把它的表面进一步加工，变为钢。这种技术到现在还有可利用的价值，现在我们炼钢炼得太好了，炼成一大块，里外都是钢，直接铸了。其实把生铁好好脱碳，还能够降低成本。

最后来说说炒钢技术，这是在欧洲贝赛麦转炉发明之前主要的炼钢方法。其实贝赛麦的方法跟这个方法原理是一样的，只不过是把空气都打到铁水里去了，让铁水温度更高，反应更剧烈。而炒钢只是在搅拌的时候空气才进去。徐州狮子山出土的矛凿就是炒钢制品（图18）。炒钢制品经过锻打，里面有夹杂物。通过这一点我们能判定一件制品是炒钢制品还是块炼铁制品。

图 18　徐州狮子山西汉王陵炒钢制品矛凿金相组织

明代宋应星《天工开物》里记载一种钢铁联合生产工艺（图 19），大铁炉子炼出来液态生铁直接炒，炒的时候会生成炉渣。因为空气和铁接触，会把铁给氧化了，所以炉渣拿出来之后直接再放回炉子里，又可以把里面的铁炼回来。这就是联合炒。

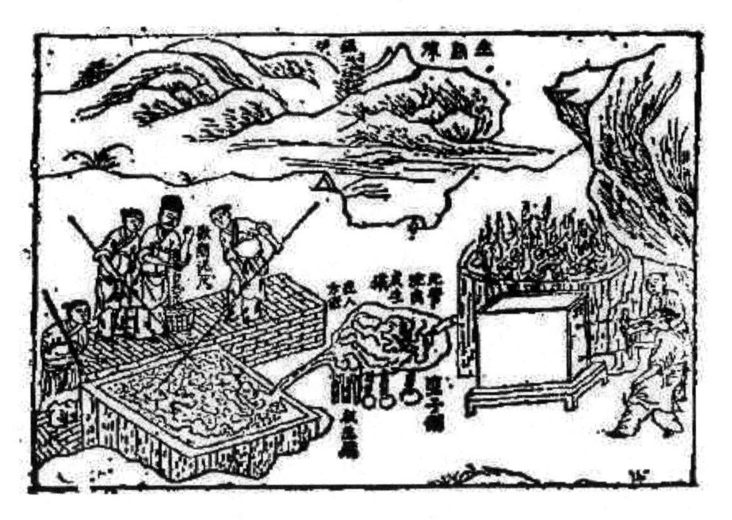

图 19　明代宋应星《天工开物》炒钢记载

更多的情况下是单独炒，比如在北京生产的生铁，边疆某个地区需要，就把几十万斤生铁发过去，由那个地方的工匠单独炒炼。怎么炒呢？就是砌好炒炼炉子，把生铁化成铁水再炒，炒完了也会生成渣，这个渣就返不回去了，因为当地不炼生铁，没有前面那一步，这个渣就都留在遗址上了。在很多汉城、唐城遗址里，绝对有一块地方就是用来炒钢的，找到的渣都是炒钢渣。就是说把一个工序分成两个地点来实现，后一个地点就没有再利用炒钢产生的炉渣。清代乾隆年间，纪晓岚有一首诗，写他在新疆看到炒钢厂的工作场景："温泉东畔火荧荧，扑面山风铁气腥。只怪红炉三度炼，十分才剩一分零。"后边还有个注，说 100 斤生铁能炒出 13 斤熟铁，这给出来一个很好的数量比。炒钢是伟大的技术发明，文献有间接记载，《太平经》里写的"使工师击冶石，求其中铁烧冶之，使成水"，这明显是炼生铁；"乃后使良工万锻之，乃成……干将莫邪"，这中间不炒的话生铁是锻不了的。

欧洲在 17 世纪也发明了炒钢，马克思曾经赞扬这种技术是震撼大地的技术。在贝赛麦转炉明之前，这是最主要的炼钢技术。但是那时候已经至少比我国晚了 1800 多年。

中国古代以炒钢为主。也有用块炼铁来制造产品，高一层碳低一层碳，反复折叠锻打。西汉就出现了很多好刀，叫百炼钢。有的上面写了“卅炼环首刀”，三十炼是折叠 30 次还是怎么回事，不是很清楚。因为它都生锈了，我们虽然知道是一层一层的，但数不出来多少层。汉代的刀剑常常会有错金或错银的铭文，有的时候错金又错银，铭文说是哪年造的哪月造的，甚至会写明是谁造的。

我们对山东临沂出土的东汉环首钢刀做过金相分析检测。剑的断面上，白的是高碳的，黑的是低碳的，这把剑又锋利又柔软（图 20）。曾经在徐州发掘出来一把剑，古人把那剑弯曲后放在盒子里，考古学家把盒子打开那把剑“腾”一下就绷直了，效果就跟电影里佐罗的剑一样。

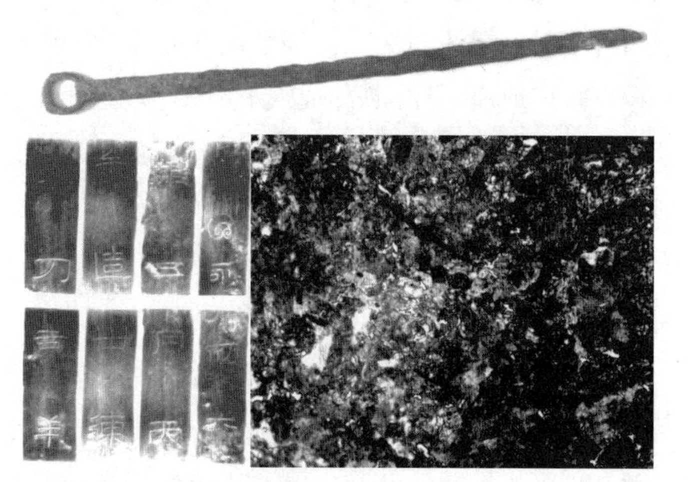

图 20　临沂东汉三十炼环首钢刀，刀背错金铭文 18 字，年代为 112AD

江苏徐州出土东汉五十炼钢剑，上面铭文写“建初二年蜀郡西王管王愔造五十练□□□孙□”，年代为 77AD。剑首铭文“直千五百”，就是值 1500 个五铢钱，这是相当珍贵的剑（图 21）。曹操还曾经命人制作过五把百炼钢剑。我们检测过的百炼钢产品有剑、戟等，都是上乘的兵器。最近又收集了一把剑，里面涉及“灌”这个字。“灌”究

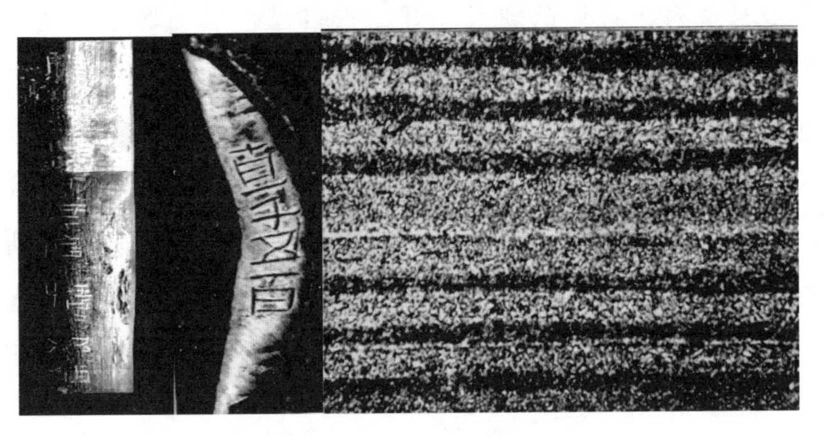

图 21　江苏徐州出土东汉五十炼钢剑，由不同含碳量的钢折叠打制，高低碳约二十层

竟是怎么回事，是后来的灌钢还是锻打，我们还没搞清楚。目前看来，多少锻多少炼是有个比例的，非常有意思。目前只发现两把，如果发现三把，这个比例就能基本确定下来。我们的钢铁也传到了域外。古罗马写《博物志》《自然史》的大作家普林尼，说铁的种类很多，没有一种能同中国来的钢媲美，说明罗马那时候已经与东方的汉朝有所接触了。

在战国时期，各大诸侯国都在发展冶铁业，比如邯郸就是赵国的大冶铁遗址。邯郸附近的冶铁遗址多得很，南阳、莱芜、舞阳、舞钢也有冶铁遗址，临淄城里全都是钢铁冶金留下的东西。还设有铁官，司马迁四代祖宗就是秦朝的铁官，在今天的韩城，那个遗址我去过，被破坏了一些，零星的炉渣还存在。战国的冶铁遗址，我们以前知道至少有 11 处，现在在北京附近，就在兴隆县，又发现了两处。说明战国时期各国实力都很强，都有大量铁兵器。汉代冶铁遗址就更多了，司马迁直接记载有49处铁官。《史记》里面的铁官是两种，记的都是大铁官，大铁官是直接炼铁、铸铁的，小铁官一般县都有，就是把别人炼好的铁自己再加工加工。我们曾经把《史记》记载的全国铁官所在地和我们目前找到的冶铁遗址汇总到一张图上，共36处，近几年还找到几处。每一处遗址，都有国家图书馆面积那么大，炉渣堆积都是几十万吨、几百万吨，堆积厚度是四到六米。现在当地老百姓拿那些炉渣铺路，大点的盖厕所、砌猪圈。每个中原铁官和下属的铁场都有编号，“河南一”是河南郡第一冶铁作坊，“河二”“河三”“阳一”等这些都在铁器上找到过，类似于商标的作用。

最近我们在边疆地区还发现了冶铁遗址，后来才发现这都是司马迁之后的或者是跟司马迁同时代的。但是屯田的军队建的铁官，司马迁未必知道，这样的遗址大概有五六十处。最近我们得到信息，在东北的鞍钢附近就有汉代的冶铁遗址，那里的炉子很大。有一个炉子在古荥，古荥在新郑边上，项羽、刘邦大战荥阳就指的这个地方。还有个城址，发掘时炉子已经没了，但是可能炉子出事故给冻住了，留下了大块的积铁（图22）。古代的大炉子，假如鼓风不够，铁、渣和炉料就凝固在那儿了，就成了积铁，古人切不开也炸不开，只能不要

图22　郑州古荥镇河南郡第一冶铁作坊1号积铁（左）2号积铁（右）

了，扔在那儿，重新建个炉子。这个遗址最大的一块积铁重达20吨。1986年我们开过一次国际冶金史会议，瑞典的学者觉得瑞典近代比较早炼铁，他发掘了一批东西，想宣传一下。我们会议安排与会者先去参观这块积铁，然后再开会。这个学者就急了，半夜三更急着修改他的报告。这一块积铁还是小的，现在还发现了一块更大的，在河南鲁山望城岗，当年曾经把那块铁块挖出来大概称了一下，有30吨。望城岗就在县城大街的十字路口，后来又把铁块埋在那个十字路口了。近来有人认为这块东西可称世界第一，代表中国汉代的冶金技术水平，要比古荥的好，所以有关人员正在商量怎么把它重新挖出来。

发掘者还在清理古荥的大炉子，炉子的遗存截面接近椭圆形，长轴4米，短轴2.7米。鼓风的时候是在短轴方向鼓，容易鼓透。这炉子如果复原了大概有六七米高，达到近代工业水平。实际上这些大积铁在很多汉代遗址上都有。比如山西灵石县，有记载说隋代皇帝巡边的时候挖出一块石头，说这是上天赐予的，是吉祥的征兆，然后就把这个县改名灵石县。那块“灵石”现在还在县政府门前摆着，我推测它应该是汉代或者战国炼铁炉子里的大铁块。有一次我去那里，看到了这块“灵石”，果然如此，上面还沾着炉渣。我拿了一小块炉渣回来分析，是典型的生铁冶炼渣。这东西在中国很多地方都有，有的村里有这么一块，老百姓称之为铁牛，也是这种东西。

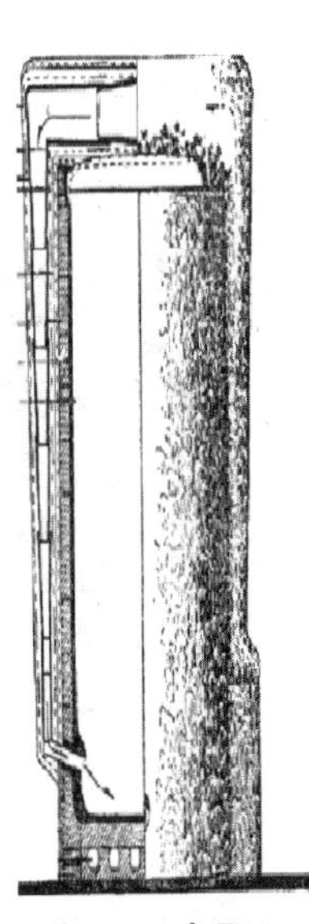

图23　南阳瓦房店汉代冶铁遗址发现鼓热风炼铁高炉结构示意图

南阳瓦房店发现的一处高炉技术更高超（图23），高超在它的鼓风技术。按理说鼓风直接鼓就可以，但是它的管子绕了一圈，炉顶上的热空气加上新鼓进去的冷空气，使尾热也得到利用。

历史书上还有记载，汉成帝绥和二年（前 7），沛郡铁官铸铁，就是化铁，还不是真正的冶铁，“铁不下”，就是说出事故了，“逆行不下”，“工十三人惊走”，炉子爆炸。可见这个铸铁的炉子有 13 个人操作。同样的事还有，有记载汉武帝征和二年（前 91）也出过事故。那么大的炉子，那么多冶铁遗址，那么大规模的冶铁生产，冶炼出来的铁实现了全面铁器化。从战国开始到汉代，只要能用铁来做的东西都用铁做了。青铜时代的铜只是贵族做点大青铜礼器，军队用一些，而铁器却普及到老百姓了。《管子》里对这方面也有记载。

汉代的画像石经常有牛耕的画面（图 24），汉代的文献里也有记载一亩地两头牛，两头牛耕多少地。大面积耕作这时个体户就能做得到了，经济自然就发展了。各地出土了不少大铁犁铧，包括当时的边疆地区，例如辽阳，这些大犁铧跟现在拖拉机的大犁铧是一样的。实验复制这样的犁铧由两匹马拉着，一来一回就可以犁出一道又宽又深的沟。

图 24　牛耕画像砖

还有修建大型水利工程、军事工程如长城之类的。青铜时代就有个别的小一点的工程，远远没有铁器时代多，因为青铜再好也不普及，工程质量也差；要开山打石头必须得好钢好铁，这些东西都在战国到汉代大量成形。史书记载，魏国李悝变法的时候，说一个农民耕种百亩，折合现在是 31.2 亩，可够五人食。到了中期、后期的时候，荀子说中等水平的农民食七人，能养活七个人了。还有记载说种子的收获量是 10 倍，撒一斤种子收十斤。欧洲 13 世纪大概是 3-5 倍，也就是说撒一斤种子收三斤到五斤。

更主要的是兵器全面铁器化，我们统计的兵器里有 52% 是铁器，虽然这个数据有点不太对，把一个箭头也算作一件铁器，但是比例确实是非常非常高的。有时候还大量用铜的弩机。用铜是因为弩机怕生锈，剩下其他的兵器基本都铁器化了。

汉代的铁兵器出土太多了，以前不被重视，挖出来都当废铁卖，或是放在博物馆里好几十年没人理。近些年来国家才建立了一个大的工程，就是抢救铁器，拨了很多钱，要求各个博物馆在这方面都得处理好。

铁兵器主要是两种，一种是环首刀，一种是铁剑、钢剑（图 25）。环首刀一面有刃，主要是砍；宝剑两面有刃。用的都是好的钢。除了环首刀、剑，一般一个汉族士兵的装备是一把环首刀，腰上还跨一把短的环首刀，格斗的时候，长的打不开了、脱手了，或者贴身肉搏，就把那腰上的短刀拔出来。

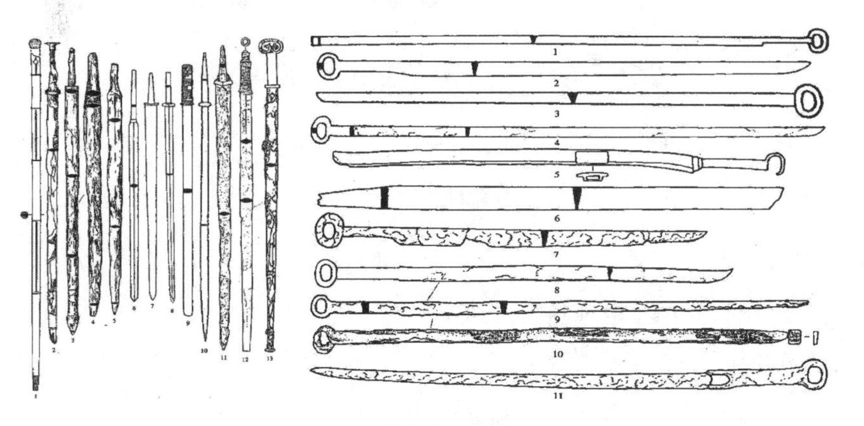

图 25　汉代钢铁兵器刀和剑

还有一种东西叫钩镶（图26），像盾牌似的，是好钢制造的，能攻防，能钩，还能推。打仗的时候，把对手的剑挡过去，手往前一推，把大铁结子推向敌人的身体，推到任何部位对方都受不了。所以这是汉朝的好武器。另外汉朝兵还大量装备弩，弩未必是钢铁的产品，但是弩射出的箭有可能是钢铁的。在西北有些遗址上，扔的弩箭头像小山似的，还能看出形状来，但是已经都氧化透了。钢铁是便宜的，现在铜的价格是5万多块钱一吨，钢才1000多块钱，所以大量地用铜箭头是用不起的，但铁箭头一点问题没有。

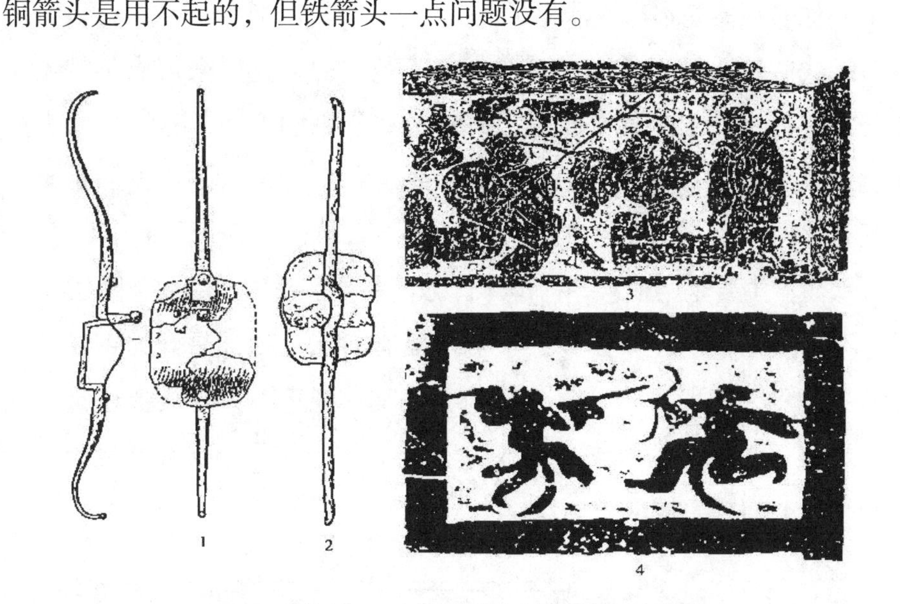

图 26　钩镶——兼具攻守功能的钢铁利器

在这种情况下，从刘邦到汉武帝前后的六七十年，中国最大的事就是大炼特炼钢铁。汉朝刚兴起的时候，北方有一个强大的势力——匈奴人。匈奴大王冒顿，杀了自己父亲，然后往东边打，往西边打，把大月氏王的脑袋和东胡王的脑袋都给砍下来，一个做尿壶一个做酒壶，然后他就跟汉朝叫阵。正好刘邦跟项羽刚打完，刘邦觉得自己了不起，就跟冒顿打了一仗，这一仗是在山西大同白登山打的，历史上称作“白登之围”，刘邦被匈奴人包围在那里，早晨起来往山下一看，一边一色马，据说匈奴有 30 万人。最后著名谋士陈平出计策，贿赂匈奴的阏氏，说匈奴要是打下汉地，美女太多了，阏氏将地位不保。阏氏劝说了冒顿而且和匈奴配合的韩王信没有及时赶到战场，匈奴人大大地敲诈一把之后，网开一面，让刘邦逃回来了。那年特别冷，把汉人士兵的手指都冻掉很多。刘邦逃回咸阳，再也不敢跟匈奴打仗，过两年手下又造反，他镇压之后，写了《大风歌》，其中的“安得猛士兮守四方”就是担忧打不过匈奴。

刘邦死之后，汉朝赶快与匈奴和亲。这次和亲和后来王昭君时候的和亲不一样，这时候和亲是典型的巴结人家，王昭君那时候和亲是笼络人家。匈奴的冒顿大王还给吕太后写信，让吕后带着汉帝国嫁给他吧。吕太后非常狠毒，但对冒顿大王也没办法，只好给他回信，说自己老了，容颜衰了，不足以伺候冒顿大王，但是王族里还有姑娘，很情愿贡献给冒顿。汉朝在这段时间一直受欺负。汉武帝之前的几个皇帝都没闲着，文献记载有 50 多个大钢厂，不是一下就建起来的，而是逐渐发展生产，提高国力。刘邦当政的时候，据说想找六匹颜色一样的马来拉车都找不着，一般宰相之类只能坐牛车。等到汉武帝时，据说府库里的钱，穿钱的绳子都烂了，提不起来；马满街跑。

国力强大，人口增加，汉武帝觉得被欺负了六七十年，要攻打匈奴。马邑之谋，汉军设大包围圈，匈奴人虽然跑了，但也算是败逃。电视剧《汉武大帝》中张骞通西域，从西方弄了一种药回来中国人就会炼铁了，实际上那时中国人炼铁已经炼得很好了。我们实验室里有很多汉代的兵器装备，环首刀、带把的钩镶等。

汉代的兵器，一般是 1.2 米左右的环首刀或者剑，匈奴人有一些铁剑，都很短小（图 27、28），更多的是青铜短剑。青铜短剑不会很长，像秦始皇陵出的青铜短剑，约七八十厘米，用不好自己就断了。越王

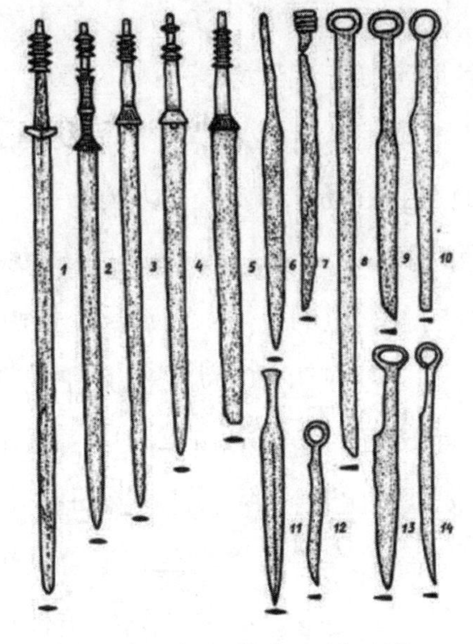

图 27　匈奴墓出土铁兵器

图 28　故宫博物院藏内蒙古太仆寺旗出土匈奴金柄铁剑

勾践剑好，但也不能跟铁刀对着砍，铁刀一刀就能把越王勾践剑砍断。

汉元帝时陈汤有句豪言壮语：“犯强汉者，虽远必诛。”这句话只有陈汤那时候说出来了，以后的唐、宋都没说出来，就是因为那时武力强大。匈奴人弓马娴熟，射箭射得准，但是没有大量的铁箭头，铜又贵。汉王朝还有弩，弩可以储存力量，双手端着用，能瞄准，射得也远。

总之，战国到汉代中原地区出现了世界上独一无二的生铁冶炼技术，然后在这基础上韧化、炼钢等，工农业生产全面钢铁化。我们现在农村的农具，尤其是中原的农具，祖形很多都可以追到汉代。这套技术和块炼铁技术不可同日而语，效率远胜后者。汉朝攻打匈奴不仅仅对中国产生影响，南匈奴入边，北匈奴西窜，最终在公元 476 年前后推动民族大迁移。所以钢铁的作用很大，不像金银、宝石、玉器等，更多的是文化层面的意义。

二、五胡何以乱华？

那么汉朝之后的中原王朝怎么就不行了呢？“五胡”乱华拿的是什么兵器？这就要说到中原钢铁技术的外传和最终优势的丧失。汉代全面进入铁器社会，对周边地区形成了巨大的技术代差，以后这个差别就越来越小了。

钢铁技术外传主要有以下几次。中原一动乱技术就外传，这是很简单的事情。在中原战国的时候，各个诸侯国已经开始传了。比如说燕国向东北传，先传产品后传技术，赵国向河套地区传，楚国向南边传等，这是和平时期的，做买卖、走私等等都能往外传播。中原一动乱就不只是产品和技术外传，人也往外跑。历史上有记载，成吉思汗打下一个城先把木匠、瓦匠全留下，因为技术人才抢手。如果有中原的铁匠跑到边疆，会被像神一样供起来，替他们打造兵器。所以秦统一战争有很多人跑，田横五百士之类的，往朝鲜跑。然后楚汉相争，项羽和刘邦又打了七八年。三国魏晋南北朝都有战乱，主要有三个方向的人口流动：闯关东，往东北跑；走西口，往西北跑；下南洋，往东南沿海跑。往往是先把东西带过去，渐渐地技术就传过去了。

向东北方向大概有三次高潮。战国晚期，以燕国为策源地往东北传。西汉前期、南北朝都可以看到中原人口向东北迁徙的迹象。在日本、朝鲜、韩国都出土过中原的遗物，例如韩国庆州就挖出来过生铁铤。汉人有时从东南沿海坐船，有时从齐鲁坐船过去，技术就传过去了。战国时候的遗址二龙城，在吉林四平南边，发掘面积只有 3200 平方米，就出土了 325 件铁器。这些铁器大部分都一样，上面还有燕国的文字。在北京附近燕国铸造的东西为什么会在那里发现？很简单，就是当地的人把燕国的铁器作为珍稀的产品、高精尖的产品向北边卖，因为北边的今黑龙江、嫩江等地还有很多民族，也需要农具铁器。赤峰也出土了很多战国、汉代的铁器（图 29）。此外，还有凌源出土的（图 30），还有燕山北边的。朝鲜出的更多了，还出过带铭文的，写着“河一”“河二”，说明是河南郡第一冶铁作坊、第二冶铁作坊的东西（图 31）。还有传到日本的，日本的国宝七枝刀是块炼钢、百炼钢制品，上面有铭文，是公元 112 年的。这些兵器也向西边传。陈汤就说了“胡兵五而当汉兵一，颇得汉巧”。《汉书》还记载自大宛以西至安息，也就是现在伊朗一带，当地人不会铸铁器，想要汉朝使节、逃跑的士卒投降，教他们做铁器。

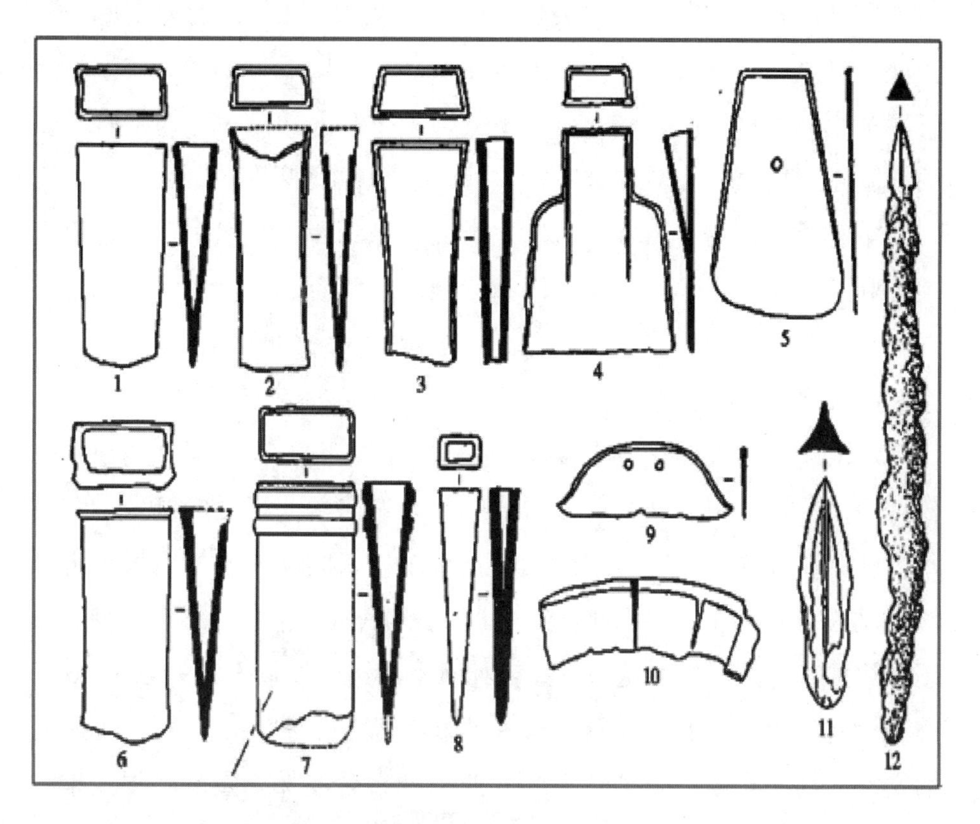

图 29　赤峰地区出土战国时期铁器

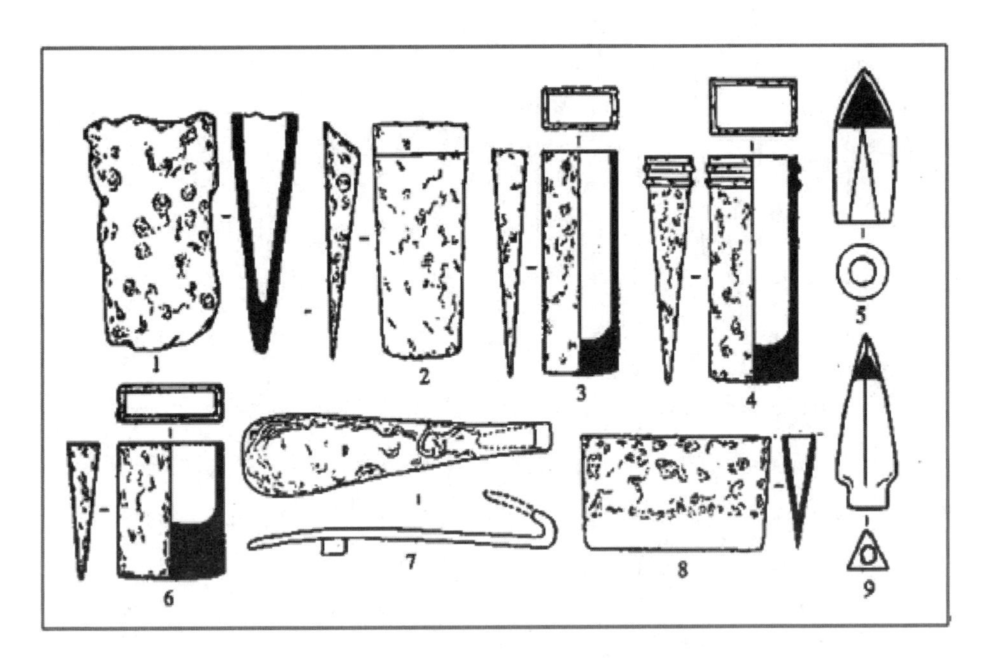

图 30　凌源市出土战国时期铁器

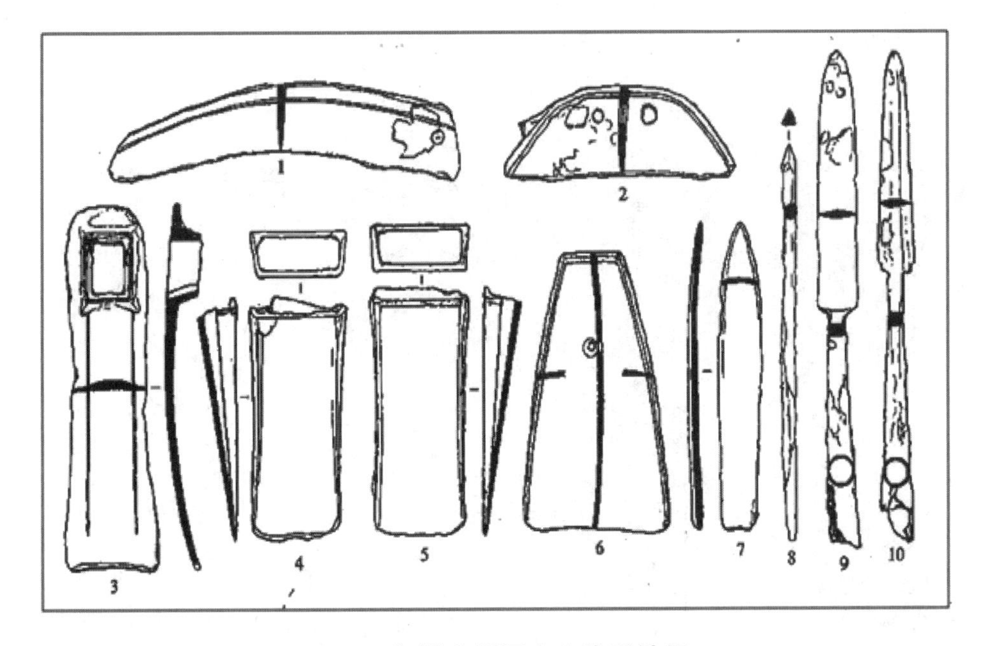

图 31　朝鲜龙渊洞出土战国铁器

这种产品的传播没能生根发芽，汉人撤回来这种传播也就断了，没人在中亚一带将生铁冶炼技术永久地传下去。几次中原王朝和那边打仗都有可能发生传播。但罗斯之战，唐朝战败了。大量的随军工匠被俘虏，新兴的帝国把俘虏的汉兵集中在巴格达，让他们生活了一段时间之后，又把他们放回来了。其中有一个汉兵走海路回到广州，他写的书里记录了很多工匠被俘的事情。这次冶铁技术大概也没有在中亚生根。最终大概是蒙古人把冶铁技术传到欧洲去的，蒙古人携带了很多中国北方的汉族工匠，直接打到东欧。东欧真正开始炼生铁是 14 世纪，英国炼生铁是工业革命前后，直接就和近代科学一起发展了。这是冶铁技术向西边传播的过程。铁制品在长城地带到鄂尔多斯，及今天阴山以外地区都有发现。匈奴大量用中国的铁器，匈奴人的墓里就出现铁器（图 32、33），这些都是通过战争、贸易、走私传过去的。岭南地区（图 34）、东南亚也都有。

中原王朝曾经封锁过冶铁技术。吕后就曾经发过诏令，禁止铁器

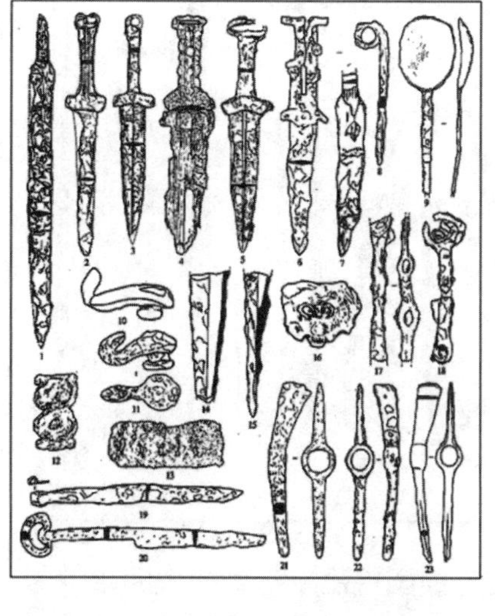

图 32　长城地带西部出土战国铁器

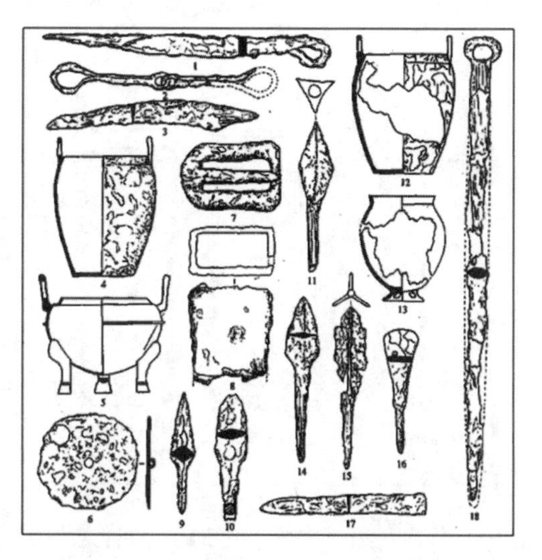

图 33　长城地带西部匈奴墓铁器

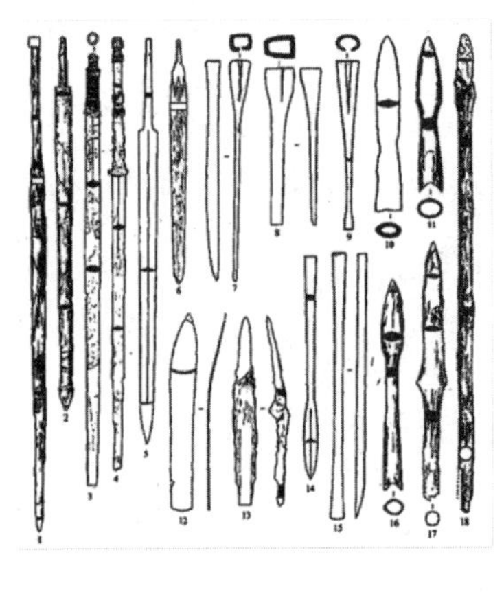
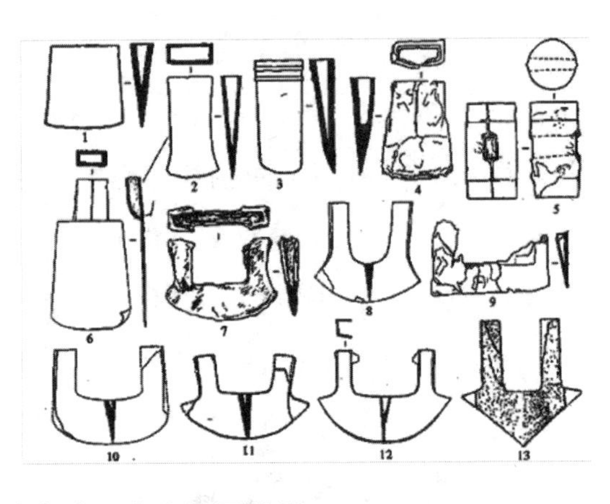

图 34　岭南地区出土战国铁器

输往南越。但是巨大的技术差存在，铁器太好用了，所以老百姓总是想尽一切办法冶铁。

周边民族都学会冶铁了，时间长了不但会用，还会炼。三国混战，周边民族包括归化的也没敢闹事，因为毕竟那三个主要政权很厉害。但是到了东晋，司马氏自己乱了，八王之乱杀得一塌糊涂。所谓南匈奴就是被汉朝打败投降的匈奴，住在今天陕西、山西一带，赐姓为刘。鲜卑是东胡的后裔在东北兴起的，包括段氏鲜卑、慕容鲜卑和拓跋鲜卑等。羯是杂胡，好像是匈奴的一部分。氐羌在四川一带。这些人通通揭竿而起，即谓五胡乱华。

这期间中原大乱，汉族人口大量减少，汉初的时候大概是1800万人，到了汉平帝就是公元元年前后将近6000万人。王莽那时候大概2000万，之后越来越少。到了东晋的时候，中原汉人剩1000万，后来还有杀伐战乱。这些减少的人口大部分是死去的，但也跑了很多，尤其是向东南方向跑，一族一族地过长江,长江以南地区的开发在这时候就开始了。最早的客家人也是这批人。还有往东北跑的，也有跑到其他各个民族地区最终归化那个民族的，其中有一些是知识分子和工匠。这些人在当地都起了大作用。冶铁技术自然也传播到这些地方。

有一件鲜卑人早期相当于汉代的兵器，长0.85米（图35）。辽宁朝阳有一个三燕的墓地，年代是公元三四百年，出土了一捆一捆的大铁剑，有长1.38米的，在辽宁博物馆里放着（图36）。这时候汉族的铁剑，一般是1.2米以下，也没有三燕的这么宽。剑柄处再安个木把双手抱着砍，比中原的兵器还厉害。也有大环首刀。所有的农具、工具都有，包括铁镢头、锯、大犁铧等（图37），质量跟中原铁器比一点不差。三燕京都做了很多发掘工作，也发现过冶铁遗址。

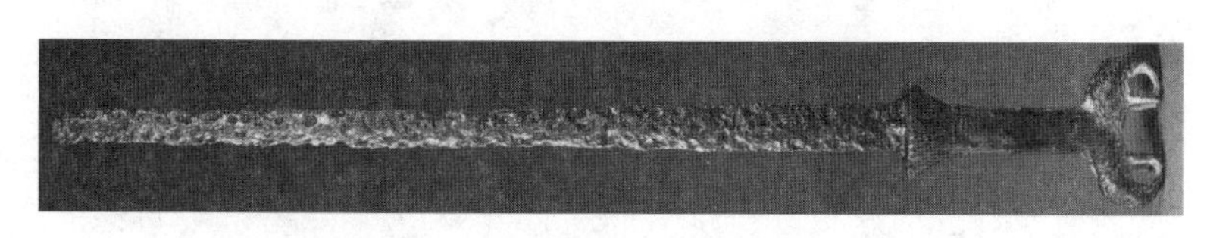

图 35　西丰西岔沟出土乌桓铁剑（汉代）

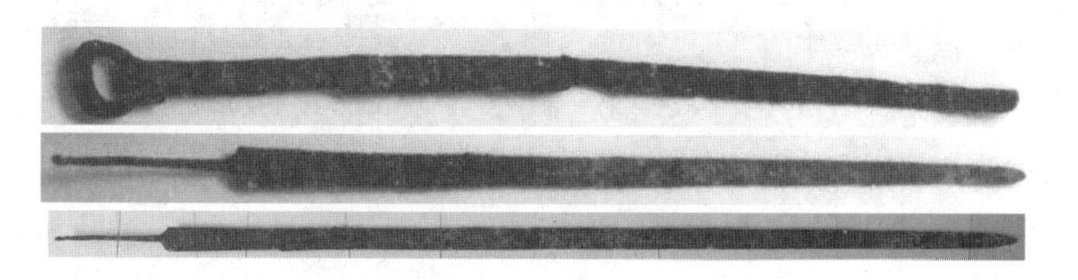

图 36　朝阳三燕墓地出土铁兵器

图 37　三燕墓地出土铁工具、农具

周边民族不仅兵器比中原更高级，还有所发明创造，他们发明了最早的马镫。有了马镫，马和人才能结合在一起，才能把马的力量集中在人身上，再集中在人手执的武器上。马镫是在鲜卑墓里最早发现的（图 38）。汉代的画像石、西方亚历山大的雕像脚底下都是空的。马镫开始是木头的，包着铜片（图 39），一个大汉，可能一下就能把木头给踩断了。马镫变成全铜的，然后就变成铁的，然后重装骑兵就出现了。重装骑兵的整个马身上都围着铠甲，马脸上都有（图 40）。所以他们攻打中原王朝时，中原王朝就抵抗不住了。这都是因为中原钢铁的绝对水平没下降，但是周边民族的冶铁水平提高了，不仅如此，还有所发明创造。

从魏晋南北朝开始一直到宋，周边民族进入中原地区是渗透式的，建立小的地方政权而已。再往后就是直接征服了。元朝、清朝都属于征服王朝。这些都和冶铁技术的外传有关系。宋代之后中国就没有好刀，唐代开始歌颂的都是西番刀、大马士革刀和日本刀。辽代冶铁遗址很多，他们立国的时候大兴炉冶，整个燕山以北我们找到的地点多得很。其中一个炒钢遗址在辽宁昌图县，是我找到的，旁边就是八面城，就是当年关押宋徽宗的地方。

北京延庆水泉沟也有一处辽代冶铁遗址（图 41），就在老长城底下。留下的炉子保存状态非常好。辽代在那附近的赤城县就有一个炼铁遗址，旁边还有一个大的炼铜遗址，北边的西山里还有辽代开采银矿的遗址。昌平区河子涧有个地方叫神仙洞，我一听说有个洞，就去看看，一看其实是典型的辽代采铜矿的大洞。这些都说明辽代曾大兴炉冶。他们的炉子各方面都跟宋代的一模一样。

宋代之后，就用煤来炼铁了，苏轼《石炭》诗就有反映：“（彭城旧无石炭，元丰元年十二月始遣人访获于州之西南白土镇之北，以

图 38　辽宁省朝阳市三燕墓地出土马镫

图 39　鎏金铜片包木芯镫

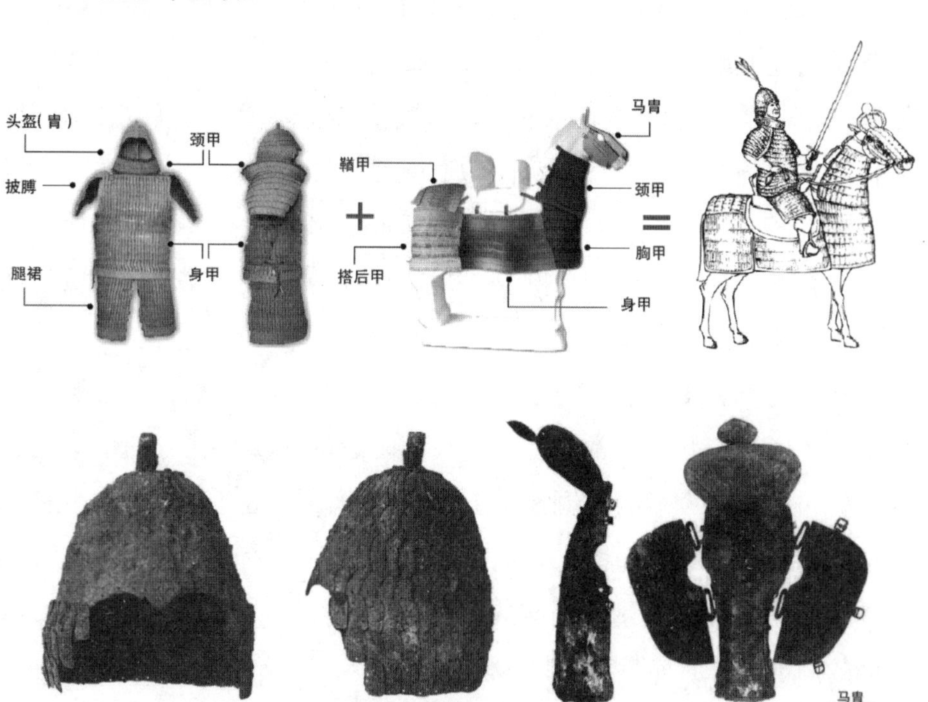

图 40　重装骑兵甲胄

冶铁作兵，犀利胜常也。）君不见前年雨雪行人断，城中居民风裂骭。湿薪半束抱衾裯，日暮敲门无处换。岂料山中有遗宝，磊落如盘万车炭。流膏迸液无人知，阵阵腥风自吹散。根苗一发浩无际，万人鼓舞千人看。投泥泼水愈光明，烁玉流金见精悍。南山栗林渐可息，北山顽矿何劳锻。为君铸作百炼刀，要斩长鲸为万段。”

但煤是怎么用的，是用来坩埚炼铁还是高炉炼铁，还是不太清楚。也有其他的证据。宋代的铁钱里有大量的硫（图 42）。煤里边是含硫

图 41　北京延庆水泉沟辽代冶铁遗址

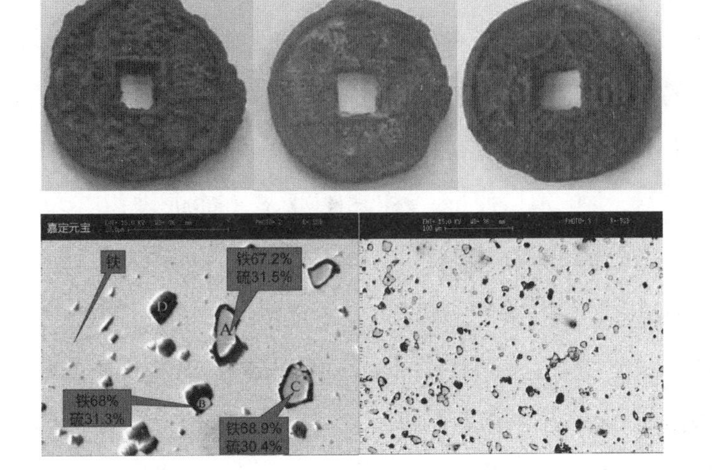

图 42　嘉定元宝及其金相照片

的，拿煤炼生铁，产生的生铁假如说仅仅作为铸造铁锅之类的，对质量没什么影响，但是如果把这样的生铁炼成钢就完了，硫是有害元素，它和铁形成了硫化亚铁，分布在晶界之间。炼完了这个钢无法锻打，一打就碎。

铁里有碳，碳可以测碳十四，所以直接测这些铁钱的年代，如果生成几万年了，那一定是用煤了，因为煤里边的碳十四已经放射完了。但是有的不是，那就说明是用木炭炼的（表 2）。用木炭炼的铁质量好，用煤炼的生铁质量不好。宋代以后，大规模的森林都被砍光了，又有大量的煤被用来炼铁。用煤炼成的铁加工成钢非常难，所以宋代以后没有好刀好剑，我们怀疑可能和这个因素有关。

表 2　宋代铁钱碳十四年代测定

样品	出土地点	年代（BP）
梁五铢（502—549）	安徽芜湖	1800
崇宁通宝（1102—1106）	陕西华阴	39130
崇宁通宝（1102—1106）	陕西华阴	38140
元祐通宝（1086—1094）	陕西	1045

在邯郸我们真找着了用焦炭炼铁的大遗址——西炉上遗址（图 43）。它的年代现在估计是元代的，这也是一场技术革命，把煤烧成焦会脱掉一半的硫，但还有一半的硫，所以这个遗址炼出的铁的质量还不是非常好。图 44 是遗址，图 45 是炉渣。遗址堆积有 500 多米长，炉渣很厚，里面留着焦炭颗粒。

日本刀出名，最早记载为欧阳修《日本刀歌》："昆夷道无不复通，世传切玉谁能穷。宝刀近出日本国，越贾得之沧海东。鱼皮装贴香木鞘，黄白间杂鍮与铜。百金传入好事手，佩服可以禳妖凶。"明代唐顺之也有《日本刀歌》："有客赠我日本刀，鱼须作靶青绿绠。重重碧海

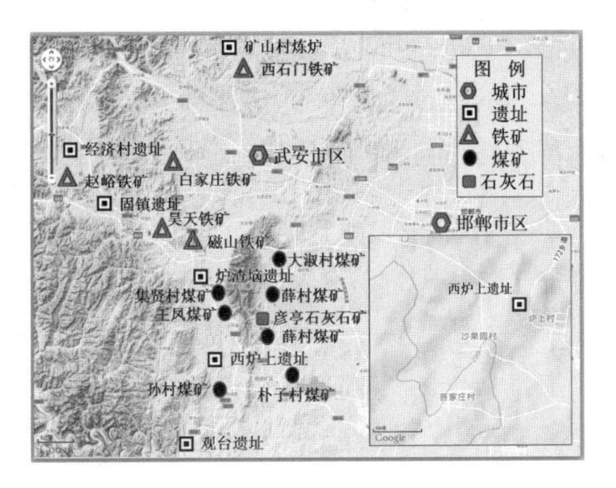

图 43　邯郸地区冶铁遗址

图 44　河北武安西炉上冶铁遗址　　图 45　河北武安西炉上冶铁遗址炉渣

浮渡来，身上龙文杂藻行。怅然提刀起四顾，白日高高天炯炯！毛发凛冽生鸡皮，坐失炎蒸日方永。闻到倭夷初铸成，几岁埋藏掷深井。日陶月炼火气尽，一片凝冰斗清冷。”

中国大概有 30 多位诗人歌颂过日本刀。日本刀用双手抱着砍，它的祖形应该是汉代的环首刀。双手抱着砍，能把水牛拦腰砍断。过去日本的倭寇主要用的就是那个刀。抗日战争时候，日本将官的刀都是非常好的刀。古人老歌颂日本刀，还买日本刀。有记载，明代 11 次进口日本刀，合在一起 20 万把。日本刀有一种特殊的冶炼方法，类似于块炼铁的冶炼方法，叫遏特拉（Tatara）炼铁法，用的全是木炭和砂铁矿，现在是日本的国宝。每年生产几把这种刀，保持着工艺。那套技术好像不是中国传去的，反倒跟斯里兰卡、印度的技术在炉型上有关系，有可能是从海路传过去的。元代“东倭纯钢”指的就是日本刀，西番刀指的是大马士革刀。

世界上三种刀，大马士革刀（也叫西番刀）、日本刀，还有东南亚的陨铁做的克里士刀。前两者是人造的材料。大马士革刀是用块炼铁为基础炼的高碳钢，非常厉害（图 46）。实际上这个刀是在印度和波斯都有生产，在大马士革城下，被西征的十字军碰上了，起名叫大马士革刀。整个近代钢铁史都和研究大马士革刀有关，最终才搞明白了，所谓钢就是铁和碳的合金，法拉第等都研究过这个东西。魏晋南北朝的时候，南北水平大致是相当的，匈奴可能比较高点。后来北方少数民族的刀比中原汉族的厉害。宋朝的时候就有记载，辽人和西夏人到中原来，带的东

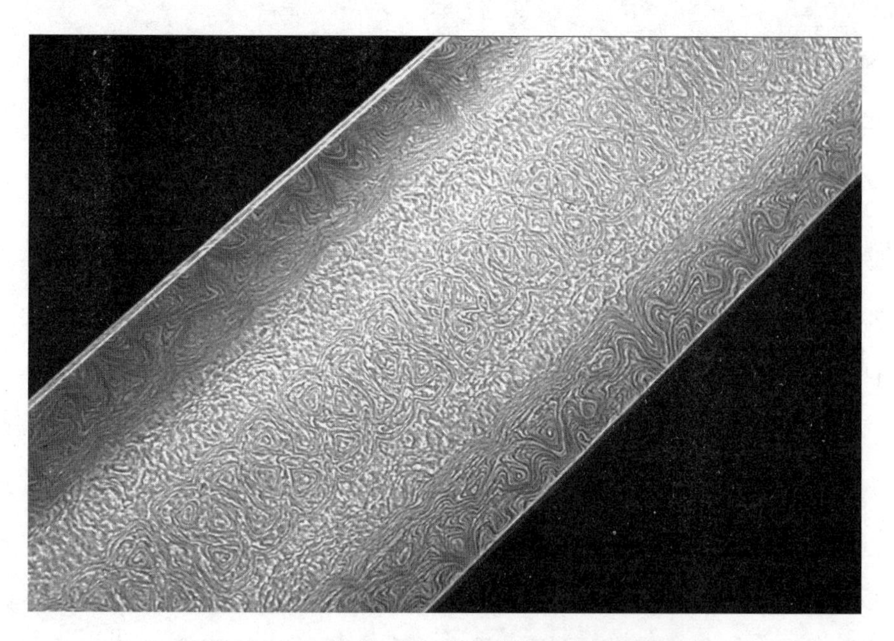

图 46　大马士革刀——高碳钢折叠锻造而成

西就是辽人刀、夏人甲，送给中原的官员们，中原的官员就非常高兴，说是好产品。这就说明当时中原王朝的兵器已经不行了，预示着要打仗了。

以上讲了两件事，一是说战国至汉代中原的冶铁技术大发展，国力强盛；一是说为什么汉朝以后优势丧失，兵器落后。总的说来，中国古代在钢铁冶金技术上有多创新，可以总结为10项发明（表3）。这10项发明构成了中国古代的一个钢铁技术体系，奠定了中华文明壮大的基础。

表3　中国古代钢铁技术十项重要发明

技术		发明时间	
		中国	欧洲
1	生产出生铁并铸成实用器物	前8世纪	14世纪
2	用退火技术生产韧性铸铁	前5世纪	18世纪
3	固体脱碳钢	前5世纪	
4	用铁范成批铸造生产用具	前4—前3世纪	19世纪
5	用生铁炒炼熟铁或钢材	前2世纪	19世纪
6	灰口铁	前2世纪	17世纪
7	百炼钢	前1—2世纪	6世纪
8	灌钢	前3—4世纪	
9	水排鼓风用于冶铸 活塞式木风箱用于冶铸	1世纪 17世纪	16世纪 18世纪
10	煤用于冶铁 焦炭用于冶铁	10世纪 16世纪	17世纪

研究古代的钢铁技术对我们也有些启示。第一，汉代到三国到魏晋南北朝，按理说我们水平都很高，就是内部乱了，没有长治久安，于是大量人口丧失，技术外流，人才外流。所以社会稳定是非常重要

的。第二，科学技术是第一生产力，技术要有领先才行，差一代最好。第三要有充分的文化软实力，古代周边民族即使征服了中原，也不得不保持中原的文化和传统，说明我们的文化软实力还是有一套的。

宋慈和他的《洗冤集录》世界

——写给官员的验尸手册

韩健平

我本科的训练是考古学，硕士学的是中国古代思想史，博士期间的专业是历史文献学。我学生时代所有的学术训练基本上都跟科学技术史没有什么关系，跟医学史就更不沾边了。但是，我在读博士研究生期间，学位论文整理的是马王堆出土的一部医书。那部医书是目前发现的最早的有关经脉理论的论著。因为这样的机缘，我就转到医学史这个研究行当里。1996 年博士毕业，我开始在中国科学院自然科学史研究所工作。因为我的背景并不是学医的，所以，我主要是做早期中国人关于身体形态结构方面的知识的研究。

2010 年的时候，美国密歇根大学要举办一个中国法医史方面的研讨会。因为做法医史研究的人不是很多，他们就问我愿不愿意参加。我当时也挺感兴趣的，就决定去了。在准备会议报告时，我翻阅了中国法医史方面的一些文献。结果就注意到清代乾隆三十五年（1770），中央政府曾组织人力绘制了一个《检骨图格》（图 1）[①]。这是一个制式的公文书。如果命案现场遇到的是白骨化的尸体，那么，就可以在《检骨图格》中填写检验的情况。但是，我发现这个政府组织人力做的骨

① 宋慈撰，王又槐增辑，李观澜补辑，阮其新补注，《重刊补注洗冤录集证》，1844，广东省城翰墨园藏板，卷五之二，一页至二二页。

图错误百出，就很好奇为什么会有这么多的错误。按常理，绘制骨图应该不是很难的事情。出现这么多错误，这是不应该的。所以，我当时就做了这样一个主题的会议报告。后来，我基本上就转到法医史方面的研究上，这几年也主要做的是清代法医史研究。

从 2017 年开始，我在中国科学院大学开了一门中国法医史的公选课。讲中国法医史，肯定要重点讲宋代，特别是宋慈的工作。另外，我正在撰写《洗冤集录》的一个校注。因此，我对宋慈和他这本书也有了一些想法。

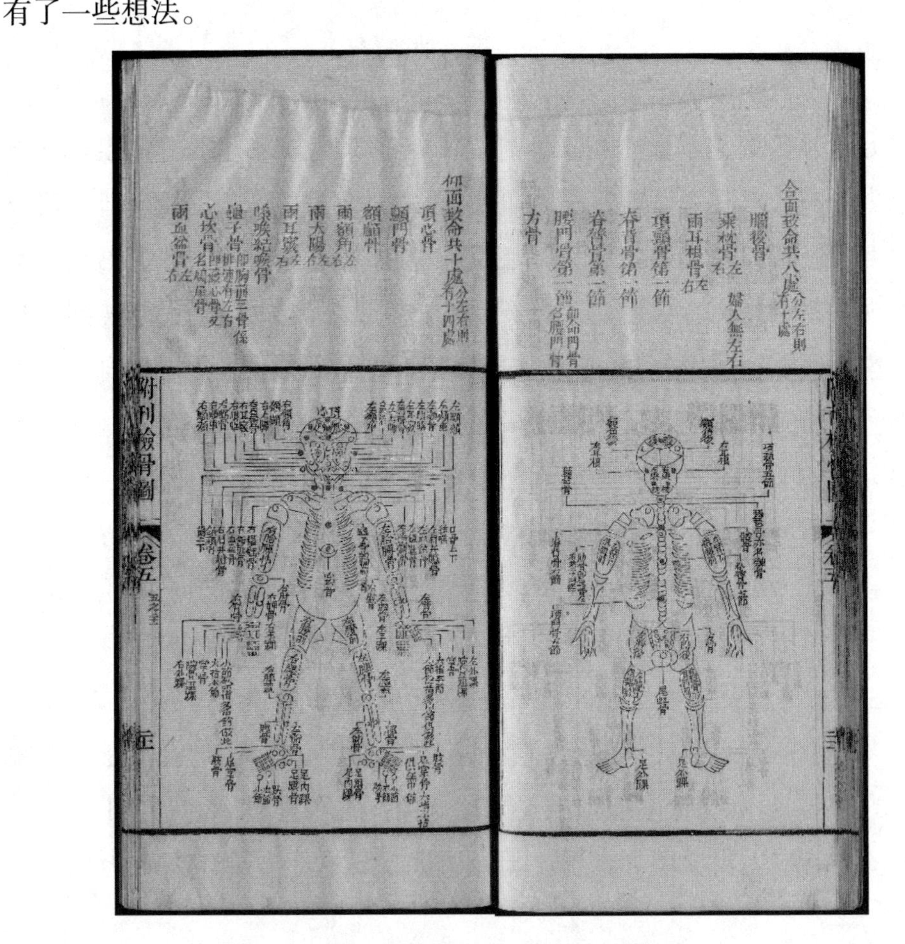

图 1　清朝《检骨图格》骨图部分图影

当我们谈到一本书的时候，一定要问作者为什么要写这本书？他如何来写这本书？他写完了这本书之后，这个书达到了他的预期目的没有？另外，对我们今天的人来说，读这本书有什么现代的意义？本文就是围绕这些问题来论述。

我们关于法医史的研究，包括宋慈的研究，实际上改革开放之后才开始繁荣。但是，大家的研究基本上没有触及我刚才问的这些问题。大家的工作主要还是关注传统法医学取得了哪些实质性的成就，或者在古籍整理的传统下对《洗冤集录》进行标点、校注和翻译。

长期以来，大家对宋慈不是很了解。因为《宋史》里没有他的传，所以，他是什么地方的人，受的什么教育，什么时候考中的进士，什么时候开始做官，都做过什么官，有什么政绩，这些全部都不知道。

但是，到了清代的后期，有一位学者撰写了一本书叫《宋史翼》。他写这个书的时候，找到了宋慈同时代的人给他写的一个墓志。写这个墓志的人叫刘克庄，是南宋晚期一位非常著名的诗人，也是一位文坛领袖。刘克庄曾经做过宋慈的老家福建建阳县的知县。刚好那期间，宋慈受邀到一个军府里去做幕僚，平叛地方上的民变。刘克庄就给他饯行，还写了一首诗赠给他，可见他们之间交情很好。宋慈去世十年后，宋慈的后人拿着草拟的宋慈的行状，找到刘克庄，请他写墓志铭。当时，刘已经是朝廷的重臣。

这个墓志铭把宋慈从小到大所有光彩的事情全部都写了一遍。但是，唯独没提宋慈编过《洗冤集录》这样一部著作。因为墓志铭是宋慈后人草拟好，刘克庄在此基础上写就的，不应遗漏大的事情。所以，从这个墓志铭我们可以看出，很可能在宋慈的生前和身后很长一段时间，《洗冤集录》并不是一部让宋慈扬名立万的著作。就是说，当时的人并不看重宋慈编著的《洗冤集录》，认为这个事情没有太大的价值。

但是，这部在当时人看来没有价值的书，在后世给宋慈带来了非常大的声誉。明清以来，大家都认为它是尸体检验的金科玉律。那么，我们接下来就要问一个问题。宋慈为什么要做这个事情？

宋慈编撰《洗冤集录》的出发点，就是他做提刑官的时候，发现州县的官员在尸体检验中存在很多问题。他希望编这样一本书来解决这些问题。

提刑官是路一级的司法长官。两宋时期，地方的政区是路、州、县三级。每个路里有若干个互不统属的机构，统称监司。提刑司就是其中的一个主管司法的监司。

提刑官监察州县的司法工作，其中最重要的就是命案的审理。尤其是监察在现场的尸体检验工作中，政府人员是不是有玩忽职守的情况，有权力寻租的情况等。如果有这些情况，监察出来就要惩办相关人员。

两宋时期有一个制度安排，就是一旦命案发生之后，是由州或县的官员负责主持尸体检验。通常，县里发生的命案，就由县尉负责。但是，有些县的县衙是设在州衙所在的城郭内的，称“郭下县”。这个县发生的命案，就由州的司理参军进行检验。县尉相当于我们今天县公安局的局长。司理参军应该就相当于州一级的这样一个角色。县尉和州的司理参军是负责尸检的正官。如果他们有事公出不在，就派其他官员前往现场主持验尸。例如，县尉不在时，就依次差主簿、县丞、监当官。如果这些官员都空缺，县令就要亲自前往主持勘验工作。负责验尸的官员，就称“验官”。

验官在接到验尸任务后，要及时带领书吏、仵作、弓手、手力等人赶往现场。验尸时，验官要站在尸体旁边，监督仵作翻检尸体，搞清楚死亡性质。图2描绘的是晚清一个县的知县主持现场验尸工作的情景[1]。宋代现场验尸的情况应该跟这个类似。《大宋提刑官》那个电视剧描写宋慈亲自去检验尸体，这是不符合当时的制度安排的。在尸体现场，验官是监督者、主持者和组织者的身份，具体检验是由件作来完成的。

图 2　清朝现场验尸的情景

那么，路提点刑狱官怎么去监督州县的命案检验工作？一般来说，提刑官在官署里的时候，他要复核州县上报的命案卷宗。另外，他还要到他所属的州县检查工作。就是说要下基层，要到每个县去视察。

《庆元条法事类》是南宋时期的一部综合性法典，里面就有路的诸监司下基层检查工作的许多规定[2]。宋代官员的职事分得并不很清，

---

① 吴友如等绘，《点石斋画报 · 大可堂版第二册》，上海：上海画报出版社，2001，142 页。

② 《庆元条法事类 · 卷七职制门四 · 监司巡历》载："诸监司每岁分上下半年巡按州、县，具平反冤讼，搜访利害，及荐举循吏，按劾奸赃以闻。""诸监司岁以所部州县量地理远近更互分定，岁终巡遍。提点刑狱仍二年一遍。并次年正月，具已巡所至月日，申尚书省。""诸监司巡历所至，止据公案簿书点检。""诸州县禁囚，监司每季亲虑。若有冤抑，先疏放讫，具事因以闻。""诸监司每岁点检州县禁囚淹留不决或有冤滥者，具当职官职、姓名按劾以闻。"谢深甫总纂，戴建国点校，《庆元条法事类》，哈尔滨：黑龙江人民出版社，2002，117—118 页。

诸监司都有监察刑狱工作的权力与责任。但是，提刑司在这方面做的工作显然更多。因此，其他监司要求一年要巡查所属州县一遍，但提点刑狱是二年一遍。这很可能跟提点刑狱下基层，更多介入州县刑狱事务有关。

提刑官到基层后，要根据州县的刑狱卷宗审问在押的囚犯，平反冤讼。历史上记载，有一个姓胡的提刑官检查某县的工作，赶上这个县的县尉在《验尸格目》里没有签自己的名字。我们知道，执行公务的人，一定要在公文里签名画押，日后好追究责任。这个县尉特别马虎，胡姓提刑官就要治这个县尉的罪[①]。

很可惜，我们现在没有宋代命案的卷宗保留下来。图 3 是清朝光绪十六年（1890）新竹县一桩死亡案件卷宗里的《刑部题定验尸格》。这是验官在命案现场制作的一个图表。在场的正犯、干犯、尸亲、相关证人和仵作，都要在图表里签押。根据仵作的喝报，填写什么地方有伤，什么地方没伤。最后，验官签署死亡性质的鉴定。

那么，宋慈是什么时候做的提刑官呢？下面我们就来看一看他的仕宦生涯。

宋慈生于 1186 年，是福建建阳县人。他的父亲叫宋巩，在广州府衙里做推官。电视剧《大宋提刑官》里说，他父亲在验尸的时候给人验错了，这个情节是不可靠的。按宋代的官制，推官是不具体主持验尸工作的。如果命案由广州府来验尸，也是交由该府的司理参军来领导。因此，宋慈后来关注验尸工作，与他的父亲可能没有直接的关系。

---

① 《癸辛杂识 · 误书庙讳》载："胡石壁颖为宪日，尝出巡部。适一尉《格目》忘书名，胡大怒，遂批银牌云：'县尉不究心职事，至于《格目》亦忘署名，可见无状。'追问，尉亦狡者也，遂作一状，录宪状判于前而空'署'字，以黄覆之。及就逮投状，胡见益怒云：'汝尚敢侮我如此。'遂索元批银牌观之，则有'署'字，盖一时盛怒中所书，忘其庙讳也。于是径不敢问而遣之。"周密撰，王根林校点，《癸辛杂识》，上海：上海古籍出版社，2012, 43 页。

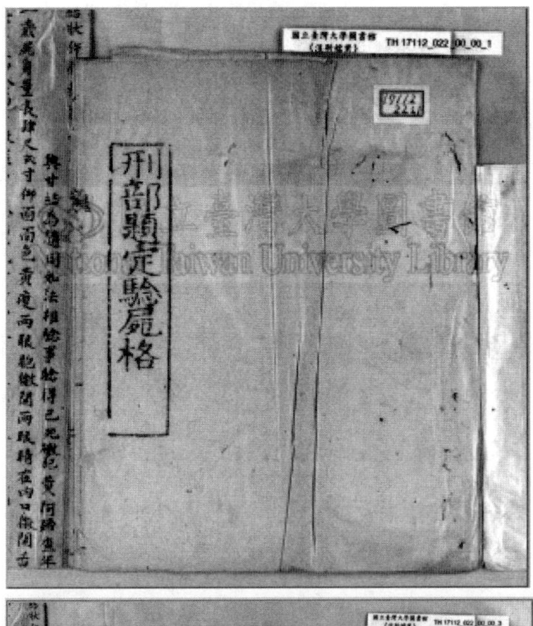

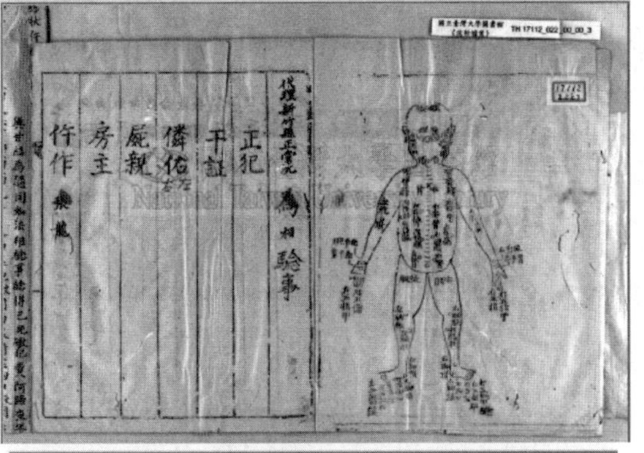

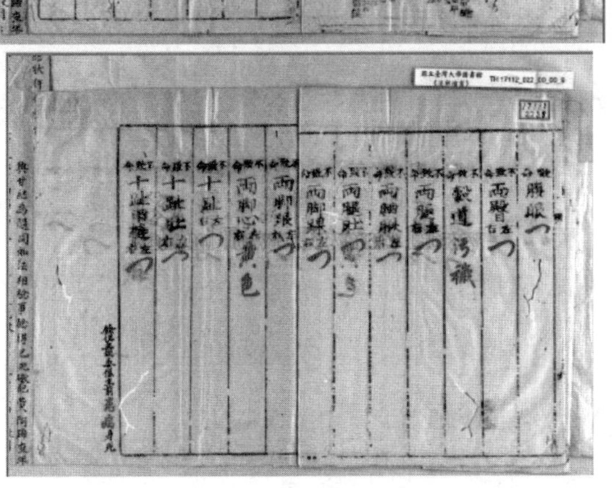

图 3　台湾《淡新档案》黄阿蹄案保留有 **28** 件文书，
此为该案《刑部题定验尸格》的部分书影

宋慈的家乡也是朱熹晚年讲学的地方，宋慈少年时期的启蒙老师就是朱熹的弟子吴雉。后来，宋慈又到首都的太学学习，拜在当时的高官，也是理学大家的真德秀的门下。但是，没有线索表明，宋慈的《洗冤集录》与理学有直接的关系。三十二岁那年，宋慈考中了进士。中进士之后，基本上就有了做官的资格。当时，朝廷委派他去做浙江鄞县的县尉。我们知道，县尉就是一个县负责领导尸体检验的官员。可是，他接到这样一个委任状的时候，赶上他父亲去世，他在家守丧，就没有赴任。结果，他这次赋闲时间很长。

大概四十岁前后，宋慈才又开始出来做官，去江西信丰县当主簿。主簿协助县令工作，分管县里的户籍、出纳、军政、狱讼等文书事宜，稽查官吏是否行政违法，县衙府库财物是否有损失等。在当信丰县主簿期间，江西路安抚使郑性之看中宋慈的才干，请宋慈到自己的幕府做了幕僚。南宋晚期，朝廷下放一些权力给领兵打仗的将帅，允许他们招纳人才组建幕府，来提升军队的战斗力。

信丰主簿任期满后，宋慈又被其他的幕府延请。在充任幕僚期间，他亲自带兵上阵，平乱地方上的一些民变，显示出他军事方面的才能。宋慈因此也得到一些上级官员的赏识和提携，做了福建长汀县的知县。此后仕途顺利，先后担任过邵武军通判、南剑州通判、临安府通判，干办诸军粮料院、常州知州、司农丞、赣州知州、蕲州知州等。五十余岁时，出任广东路的提刑官。接下来，又先后在江西路、广西路和湖南路做提刑官。《洗冤集录》就是做湖南路提刑官时完成的。他最后做的官是广州府的知府兼广东路经略按抚使。上任不久去世，虚岁六十四。 宋慈做了四个路的提刑官，前后也有好几年。这期间他的工作都是与州县的命案复核和基层刑狱的监察有关。在这个过程中，他发现了州县命案验尸存在严重问题。

那么，宋慈意识到州县官员存在什么样的验尸问题呢？

宋慈在他的《洗冤集录》序里有一个说明（图4）[1]。他谈到官员或者玩忽职守，把命案的检验当儿戏，根本就不重视。或者缺乏尸体检验的知识，到了现场之后，看了尸体，也搞不清楚究竟什么是致命伤。这个时候，就只能仵作怎么说，书吏怎么说，他就怎么办。而仵作和书吏都是当地人，命案发生之后，当事人有可能就偷偷地把仵作和书吏都买通了。仵作和书吏有可能在尸体现场上做一些不实的检验，但这时官员却发现不了。这就是宋慈意识到官员尸体检验过程中出现的问题。

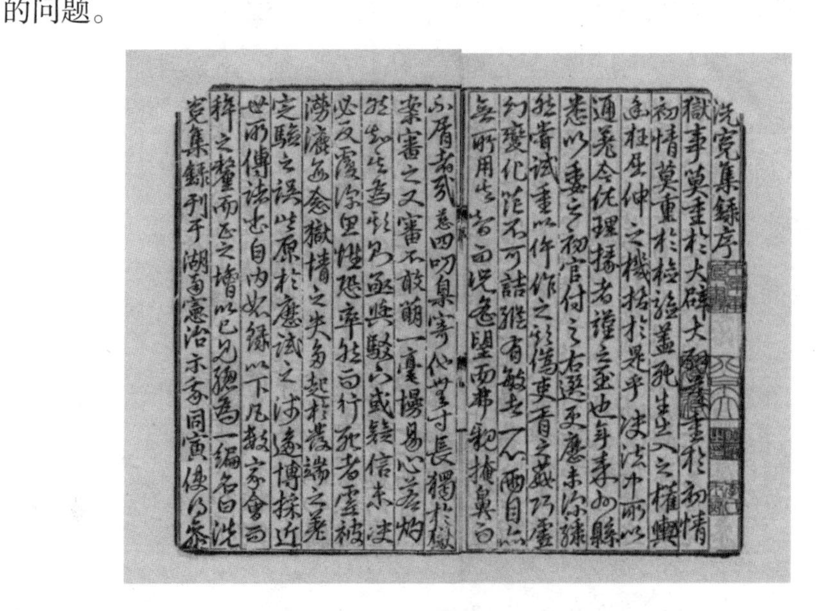
洗冤集録序
獄事莫重於大辟大辟莫重於初情
初情莫重於檢驗蓋死生出入之權輿
幽枉屈伸之機括於是乎決法中所以
通差今佐理掾者謹之至也年來州縣
悉以委之初官付之右選更歷未深驟
然嘗試重以仵作之欺偽吏胥之姦巧虛
幻變化茫不可詰雖有敏者一心兩目亦
無所用其智而況遙望而弗親掩鼻而
不屑者哉慈四叨臬寄他無寸長獨於獄
案審之又審不敢萌一毫慢易心若灼
然知其為欺則亟與駁正或疑信未決
必反覆深思惟恐率然而行死者虛被
澇漉慈每念獄情之失多起於發端之差
定驗之誤皆原於歷試之淺遂博採近
世所傳諸書自內恕錄以下凡數家會而
粹之釐而正之增以己見總為一編名曰洗
冤集錄刊于湖南憲治示我同寅使乃恭

图4　宋慈《洗冤集录序》书影

下面我们看一下他这个序里具体是怎么说的。他说，“狱事莫重于大辟”。大辟就是死刑。就是说，在有关刑事的案件里，最重要的就是死刑案子。但是，“大辟莫重于初情”。要刑侦这个命案，最重

① 宋慈，《宋提刑洗冤集录》，北京：北京图书馆出版社，2005。

要的一个环节，就是案件刚发生一开始进行侦查的时候获得的情况。而这个“初情”里最重要的一个环节，又是尸体检验。为什么说尸体检验最重要？因为我们知道，所有的口供都有可能是违心的，只有尸体上的证据才不能做假。所以，两宋时期有个非常大的突破，就是尸体上的证据重于口供。

宋慈接下来又说，“法中所以通差令佐理掾者，谨之至也”。“法中”就是国家的法律规定，“令佐”是一个县的县尉，“理掾”就是我们刚才说的司理参军。国家法律之所以要专门委派县尉或司理参军验尸，就是出于慎重。但是，宋慈指出，“年来州县悉以委之初官，付之右选”。“初官”指新来乍到刚开始当官的官员，“右选”指武选，这里指武人出身的巡检。

宋慈做提刑官，了解了很多基层的情况，他发现州县派的都是那种刚刚当官的人。本来一个县里应该是县尉去做尸体检验，但是如果这个县又来了一个新的县丞或主簿，县尉大概就欺负新做官的，让他去做检验，真正应该去做检验的县尉就不去。或者县里这些官员都不去验尸，而是让当地的巡检去做这个事情。宋代地方上的治安是有两套系统的。一套是县尉领导的，类似于我们今天县的公安局系统。还有一套是巡检领导的，像我们地方上的武警系统。巡检是武人出身，文化水平不高，可能字都不识。因为他的地位比较低，县里的官员接到命案之后，就往往让巡检去验尸。

初官和巡检一般都“更历未深”，是说他们缺乏主持验尸工作的经验。“骤然尝试”，突然就去试着做这个工作。“重以仵作之欺伪，吏胥之奸巧”，加上仵作可能翻检尸体时捣鬼，胥吏可能现场制作文书时做手脚。“虚幻变化，茫不可诘”，初官和巡检在这种时候，会两眼一抹黑，根本就搞不清楚事情的真假。即使他们里边可能有些是比较聪明能干的，“一心两目，亦无所用其智”，因为没有经验，也缺乏尸体检验知识，不能即时发现仵作和书吏的不轨行为，仍然无法很好地完成现场尸体检验的主持和指挥，进而造成冤案。“而况遥望而弗亲，掩鼻而不屑者哉”，还有些官员到那儿之后，觉得尸体太脏，有尸臭，不愿意接触。因为不吉利，就离尸体很远。在这种情况下，书吏和仵作捣起鬼来就更无所顾忌了。

宋慈称自己“四叨臬寄”，就是四次出任提刑司的长官。“每念狱情之失，多起于发端之差，定验之误”，他每次思考命案审理失误的原因，发现多是一开始做尸体检验的时候，就把死亡的原因和性质搞错了。这“皆原于历试之浅”，都是因为这些官员缺乏验尸工作经验造成的。

宋慈在他的序里，把当时了解到的州县尸体检验工作问题的严重程度做了一个说明。既然宋慈认识到验官存在这么多严重的问题，那么，怎么来解决这些问题呢？

宋慈决定编一本验尸工作手册，把尸体检验知识方面的文献都汇集起来。验官接到任务之后，根据命案的具体类型去查阅相关的内容，大致也能了解尸体要怎样检验，避免在命案现场受仵作和胥吏的欺瞒。另外，国家还有很多关于尸体检验的法令，可能分散在不同的文献和文件中，编这个书时，把这些法令也集中在一起。那么，官员在接到验尸的任务之后，一看这个书，就知道国家法律是怎么规定的，尸体检验程序是怎样的。这样一来，验官在现场指挥验尸的时候就不会再像以前那样出太大的乱子了。

宋慈在他的序里也简单地讲了一下他是怎么编这个书的。他说，“遂博采近世所传诸书，自《内恕录》以下凡数家，会而粹之，厘而正之，增以己见，总为一编，名曰《洗冤集录》”。那时社会上也流传有一些跟尸体检验有关的文献。他特别提到《内恕录》这部书。很可惜，这部书现在早已失传了。宋慈找了好几本这样的书，挑选里面有用的内容，校正其中的一些讹误，编成了一本书，并在里面加上了自己的一些观点。但是，宋慈没有在书里标明，哪些是他的“己见”。所以，我们现在分不清楚《洗冤集录》里哪些内容是他自己的，哪些是别人的。

到明清的时候，这个书传来传去，就叫成《洗冤录》了。实际上这个省略是不好的。如果我们把“集”字加进去之后，就知道这个书是汇编性质的。既然是汇编性质的，它的来源是比较广泛的。那么，不同来源的内容，可能会有差异和冲突。如果把“集”字省掉，叫它《洗冤录》，有些人就会望文生义，认为这是宋慈的专著，会弥合书中不同来源的一些知识的差异和矛盾，反而会制造一些新的问题。所以，我也希望做了这个普及之后，大家在跟别人谈这个书的时候，不要说《洗冤录》，而是完整地称呼它《洗冤集录》，这是比较准确的。

宋慈编完《洗冤集录》后，就在他工作的湖南提刑司做了刊印。宋慈给他的同僚们看，让他们在工作中参考书中的内容。他对这本书的内容还是充满信心的。他说，“医师讨论古法，脉络表里先已洞澈，一旦按此以施针砭，发无不中”。医师探讨研究古法，先搞清脉络表里，然后实施针砭，就会百发百中。他也希望同僚们能像医师研讨古法那样来读《洗冤集录》。那么，这本书就能帮助官员验尸时查明真相，昭雪冤屈，起到与医书帮助医师让病人起死回生的同一功用。

宋慈在序里大致讲了一下他是怎么编撰这个书的，可是，我们知道编撰这个书还有很多问题需要解决，比如说选择好材料之后，以什么样的框架、什么样的顺序来安排这些材料。这些序里都没有讲。好在我们可以根据《洗冤集录》这本书，大致做一个分析。

《洗冤集录》有五十三个条目。每一个条目都是一项内容。第一个条目是有关尸体检验的两宋法规。我大致核查了一下，有一部分法规是来源于《宋刑统》，就是宋初制定的那个基本法典。有一部分见载于《庆元条法事类》。还有一些不太知道出处，或者还没有正式编入法典，但是，当时可能已经有诏令了。所以，《洗冤集录》的第一个部分就是尸体检验的法律法规。官员拿到这本书之后，首先就知道国家关于验尸的法律规定是什么，什么是渎职，什么是应该做的。

接下来的二条目至七条目，是有关现场勘查的。比如说验官从县衙出来，应该带哪些人去现场，选什么样的人。沿途不要打草惊蛇。如果白天没有赶到尸体现场，夜晚要临时住宿，那住宿怎么安排。到了现场之后，应该怎么去召集地保、相关证人等。

八条目至十八条目，讲的是尸体检验一般的方法。我们知道，尸体有可能是溺死的，有可能是火烧死的，也可能是自杀的，死亡方式各种各样。但是，尸体检验本身是有一些常规方法的。所以，这个部分针对的是尸体检验的普遍性问题。例如女性受害人的命案，具体情况可能都不太一样，那针对女性都有哪些常规的检验？条目“九、妇人”讲的就是女性受害人的常规检验。再例如，验尸时遇到的尸体有可能是新鲜的。这个命案发生之后就报案了，验官也很及时地就赶到了。也可能某个尸体发现就晚了，等验官看到时，已经高度腐败了。“十、四时变动”这个条目，就是讲一年四季，尸体多长时间会发生什么样的变化。验官根据季节和尸体的新鲜或腐败情况，大致可以推测出他死亡了多长时间。

十九条目至四十八条目，讲的是各种死亡方式的特征和特殊检验方法。比如说，自缢怎么检验，溺尸怎么检验，自残怎么检验。用兵刃把人杀伤了，怎么检验。斗殴致死怎么检验。服毒身亡又怎么检。这部分内容占了大头。

四十九条目至五十三条目，不太好归类，我称它为杂类。例如，条目五十一是“辟秽方”。我们都听说过，尸臭是很难闻的。尸体检验之前，验官要准备好一些避秽的药物。条目五十二是“救死方”，这个书有这个条目，是觉得命案中可能有些人还有活的希望。

根据《洗冤集录》的内容进行分析，我发现它是有框架与顺序的，而且，还是有内在逻辑的。当然，这个排序也不是特别的严格。比如说，条目三十一是“札口词”，就是说，家里的女仆或男仆，在病重觉得大概不行的时候，主人就要到官府里去提前录一个口供，证明这个死亡是正常死亡，不是一个非理死。这个“札口词”放在各种死亡方式里边，就有点不合逻辑。

另外，条目五十三，也是该书最后的一个条目，是“《验状》说”。我们刚才提到，在尸体检验的时候，要现场制作《验状》。怎么写一个好的《验状》？就像我们有的人，写文章非常清晰，非常简明扼要。有的人就写得很枝蔓，而且遗漏很多关键的东西。“《验状》说”就是告诉验官怎么来写这个报告。我觉得应该放在现场勘察工作中更合适。所以，这本书里还是有一些不完全符合框架和逻辑的内容，但总体来说，是有逻辑结构的。正因为如此，学者们认为《洗冤集录》标志着传统法医学体系的形成。

我刚才简单地对《洗冤集录》这个书的结构做了介绍。我想，还是每一类里都找一条内容来详细分析一下，这样更能增进大家对这样一个分类框架的理解。

首先，我们来看一个验尸条令的内容。宋朝法规规定以下行为都算作渎职，比如“诸尸应验而不验”，命案发生之后，报到官府了，应该检验，可是州县不去检验；或者“受差过两时不发”，是说官府立案了，但是验官过了两个时辰，就是我们今天的四个小时，都不出发；“或不亲临视”，验官到了尸体现场之后，捂着鼻子离得很远；“或不定要害致死之因”，是说验官检验完了，没有给出鉴定结论。我们今天一个命案死亡的原因鉴定，专家之间可能会争得不可开交，好几年都不会形成一个定论。但是在传统社会里，朝廷要求现场就要做出结论。如果验官现场没有把这个结论写出来，也是要治罪的。“或定而不当”，是说现场的死因鉴定和死亡性质的鉴定有误，把非正常死亡检验成了病死等。这些渎职行为，都以失职论罪。“即凭《验状》致罪已出入者，不在自首觉举之例”，如果《验状》有问题，导致罪行有出入，没罪的弄成有罪的，有罪的当成无罪的，那么，验官发现后即使去自首，也不能被豁免。“其事状难明，定而失当者，杖一百，吏人、行人一等科罪”，如果命案特别复杂，现场的确看不出死亡原因，比如说高度腐败的尸体，因为这个原因造成鉴定失误，要杖责一百。参与验尸的吏人、行人，也要杖一百。

这里我要说一下“行人”的读音。我发现很多人都读成“行（xíng）人”，实际上，应该读“行（háng）人”。这个“行（háng）”，就是行业、行当的意思。“行人”，是“仵作行人”的省称。仵作这个行当大概是唐末五代开始出现的。这跟唐末五代整个中国历史的一个大的走向有关。因为唐末五代之后，政府对社会的管控比较松，整个市场经济是比较发达的。尤其是宋朝，我们看《清明上河图》知道，那时跟唐以前是完全不一样的。唐以前城市里的人都生活在坊里，早晚坊门是关着的，坊里的人白天才能出去，晚上都要回到坊里。可是，唐末五代开始，坊墙慢慢就被破坏了，沿街可以开店，这在之前是很难想象的。整个城市的市场经济发展之后，行业分工就开始增多，人口就大量流入。慢慢地，丧葬的事情就有专门的人来做，就出现了仵作这样一个行当。仵作天天就是跟死人打交道，也不怕尸体。

另外，他见的死人也比较多，对人是怎么死的，经验也比较丰富。所以，发生命案之后，州县就把他们征招进来，让他们到现场去做尸体检验工作。一直到清代的雍正年间，县衙才有仵作的正式编制，在这之前都是临时性的。州县有验尸的事了，就把仵作叫来。没有事，就还是干仵作行当。

我们再看一条《洗冤集录》里现场勘察的内容。条目二“检覆总说上”有这样一段内容：“凡承牒检验，须要行凶人随行。”验官接到公文去验尸，如果凶犯已经抓到了，就要带着凶犯一起到现场。到了现场之后，还得有人把犯人看住。怎么看住犯人呢？“差土著有家累田产无过犯节级、教头，部押公人看管”，就是说派当地的有一定家产的，而且没有犯罪记录的节级和教头，他们应是乡村安保的小头目，督率州县衙役看管。“如到地头，勒令行凶人当面，对尸仔细检喝”，要把行凶人带到尸体的面前，然后才开始检验。仵作对尸体的每个部位都要检验，同时高声报告正在检的部位有没有问题。比如，验顶心没有问题，验额头没有问题。因为是高声唱报，相关人员和围观的人都能听得见，这实际也是对检验的一种监督。检验完毕，“勒行人、公吏对众邻保当面供状”，命令仵作行人和公吏，对相关众人当面保证，没有贪赃枉法什么的。这是有凶犯的情况。“如未获行凶人，以邻保为众证”，如果行凶的人在检验的时候没有抓住，那么，这个时候验官要让街坊邻居作公证人，监督整个验尸过程，证明尸体检验是公正的。就像我们今天一个命案发生之后，公安要找第三方去参与整个命案现场的勘验过程一样，当时就是让街坊邻居来做第三方。

然后，“所有尸账，初、覆官不可漏露”，在现场形成所有的验尸文书，初检官和覆检官不可相互透露内容。两宋时期有一个特殊的规定，就是不管初检当事人服不服，尸体都要进行第二次检验，就叫“覆检”。初检是由本县的县尉负责，覆检就要请邻县的官员。这个制度安排，就是为了保证检验的可靠性。初检有问题了，覆检时可能发现问题，那么，还可以挽救。但是，我们知道尸体检验有时不是那么简单的事情，官员之间也怕得出的结论不一致，惹一身麻烦。所以，当时就出现了一个问题，初检官检完了之后，把现场制作的勘验文书内容泄露给覆检官，覆检官再照初检官的结论去检。这样一来，就失去这个制度安排的意义。所以《洗冤集录》里强调这是不可泄露的。接下来，该条文又说：“仍须是躬亲诣尸首地头，监行人检喝，免致出脱重伤处”，这是说检验官必须亲临尸体旁边，监督仵作行人检验和大声报告，以免遗漏致命伤。

图 5 是清末《点石斋画报》里的一个验尸场景[1]。我们看跪着的应该是当事人，周围都有街坊邻居围观。有两个仵作验尸，一边检验，一边要高声报告。几案旁边站着书写的人是一个书吏，会把它记录下来。知县要监控整个场面，所以对他的要求是很高的。如果仵作出问题，他应该能及时发现。书吏捣鬼，他要即时察觉。看了这个场景，我们也能理解，验尸官员现场勘察实际上面临很大的工作压力。

我们刚才讲了一个现场勘察的内容，接下来我们再讲一个尸体检验常规方面的内容，跟覆检高度腐败的尸体有关。两宋的制度是有初检和覆检的，那这之间一定有一个时间的间隔，这个间隔有可能就一两天，也可能三四天。覆检时，往往尸体已经高度腐败了，高度腐败之后怎么去检验？《洗冤集录》条目七“覆检”里的一段内容，就讲了这个事情。

它说，“覆检，如尸经多日，头面胖胀，皮发脱落，唇口翻张，

① 吴友如等绘，《点石斋画报·大可堂版第一册》，上海：上海画报出版社，2001，7 页。

两眼迸出，蛆虫咂食，委实坏烂，不通措手”。这时尸体高度腐败，你都无法下手去检验。“若系刃伤、他物、拳手足踢痕，虚处方可作‘无凭覆检’状申”。“刃伤”就是我们今天说的锐器伤。“他物”相当于我们今天说的钝器。像砖头瓦块，或者那种比较坚硬的鞋底什么的，都是他物。但是，我们今天说钝器，手足都包括在内，可是在传统法律里，他物是不包括手足的。所以，这里的“他物”伤与“拳手足踢伤”是并列。如果这些伤是发生在“虚处”，就是发生在腹部这些没有骨头的地方，写《验状》的时候才能说“无凭覆检”，即没有凭据进行覆检。

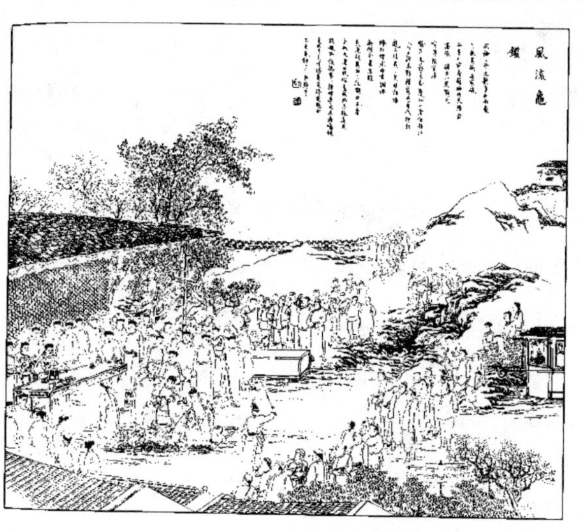

图 5　清朝尸体检验现场情景

“如是他物及刃伤骨损，宜冲洗仔细验之，即须于《状》内声说‘致命’，岂可作‘无凭检验’申上？”如是石头砖块这样的他物，或斧头菜刀一类的刃物，伤着骨头了，就要检验出哪是致命伤。尸体高度腐败是肉体腐败，骨头是完好的。如果说这个伤势已经造成骨损了，那就要把尸体冲洗干净，仔细检验，要搞清楚到底哪儿的伤是致命的，哪儿的伤是不致命的。在《验状》中就不能说“无凭检验”，如果说“无凭检验”，这个验状就有可能被驳回，我们看到，《洗冤集录》就讲了遇到这样类型的尸体，按常规要怎么办。

接下来《洗冤集录》讲的是不同死亡方式的检验方法，比如说，“自缢”怎么检验，“自缢”和勒死之后伪装成的“自缢”有什么不同。如果是被别人勒死之后伪装成自缢的，那这肯定是一个他杀性质的案件，一定是非理死，一定要把凶手找出来。《洗冤集录》里讲了各种死亡方式的特征，验官就根据这个特征去检验。

我们看一下“自缢”的特征是什么。条目十九“自缢”的第一段说：“自缢身死者，两眼合，唇口黑，皮开露齿。若勒喉上，即口闭，牙关紧，舌抵齿不出，又云齿微咬舌。若勒喉下，则口开，舌尖出齿门二分至三分。面带紫赤色，口吻两角及胸前有吐涎沫，两手须握大拇指，两脚尖直垂下。腿上有血荫，如火灸斑痕，及肚下至小腹并坠下青黑色。大小便自出，大肠头或有一两点血。喉下痕紫赤色或黑淤色，直至左、右耳后发际……”这段话把自缢身死的特征做了一个全面的论述。

我们知道，《洗冤集录》里讲的很多尸体特征，往往是当时官员验尸的时候做的记录，不一定是典型和可靠的。关于自缢的口闭口开，可能也不完全像这个记录里说的这样，勒在喉上就口闭，勒在喉下就口开。现代法医学认为，口闭口开，主要与下颌是受到挤压还是受到牵引有关。所以说，压迫位置在喉下，有可能口闭，也有可能口开。

另外，我们知道人死亡了之后，整个心脏就不工作了。这个时候，血液在重力的作用下，会往低处积聚和停留，形成尸斑。所以《洗冤集录》说腿有血荫，就是我们说的尸斑，就是血液下坠之后形成。另外，上吊死的人，的确可能会有大小便排出的情况。而且，这个勒痕如果是“自缢”身死的，那么，就是说他上吊的时候还活着，还有生活反应，在勒的过程中，会造成一些皮下的损伤，会出血，所以勒痕就是紫赤色的。

以上我们讲了宋慈编撰了《洗冤集录》这样一部书，希望它能帮助官员们把别人的冤屈都给洗刷掉。接下来，我们就要问一个问题，宋慈实现了这个目标吗？

《洗冤集录》里记录了一些可靠的验尸知识，肯定是有助于减少冤案的发生的。我来举一个例子。我们知道，宋代形成了一个很好的验尸流程，就是把身体所有要检验的部位列一个清单。从上到下，从左到右，按顺序排列。现场检验的时候，验官看着这个清单，然后一个部位一个部位去做检验。这有一个什么好处呢？我们平常做事情，往往会丢三落四的。现场勘验，局面可能会比较混乱，在检验过程中更容易出现遗漏。一旦出现关键证据遗漏，二次补救有时就很难。怎么解决这个问题？如果按照清单一步一步去做，就不会丢三落四了。

《洗冤集录》条目八“验尸”，就专门讲了这个清单。它把要检验的身体部位都给列出来，叫“身上件数”。先从正头面开始。验正头面时，还要看清有无头髻，头发是多长。因为牵扯到身份鉴定的问题。如果验的是个无名尸，头发是一个典型特征，没有写下来是不行的。接下来是验顶心，顶心验完了验囟门，囟门验完了是发际线、额、两眉、两眼。两眼是开着的还是闭合的。如果是闭合的，就要把眼皮打开看一下，看眼珠全还是不全。然后是鼻子，要把两个鼻孔检查一下。然后是嘴、牙齿。如果是自缢身死，要看舌头有没有抵住牙齿。然后验下巴、喉咙、胸、两乳、心腹、肚脐、小肚。然后是男性的外生殖器、阴囊，要检查一下阴囊里的两个睾丸是全还是不全。如果是妇人的话，要把产门做一个检验。再接下来就是验两条大腿的前侧、膝盖、两小腿的前侧，两脚脖、两脚面、两脚的十指。这就是整个正面的检验。然后是背面要验的部位、侧面要验的部位，也都是从上向下排列。

这种验尸清单的传统后世一直保留了下来。元代制定《尸账》，将南宋出现的《检验正背人形图》和这个验尸清单整合在了一起。验官检验的时候，按照印制好的《尸账》，一个一个部位去做检验。哪个部位有问题，就在《尸账》中的相应部位下做一个标注。今天，我们国家的行业标准里有一个《法医学尸体检验技术总则》，里面也以清单的形式罗列了体表要检验的部位，当然，它用的是今天解剖学的名词，但内在精神是一致的。

《洗冤集录》里除了提供了一些可靠的、合理的尸体检验的方法流程之外，一些有关尸体现象的描述也是非常正确的。例如尸斑，这个书里的条目四十七"死后仰卧停泊有微赤色"论述说："凡死人，项后、背上、两肋后、腰腿内、两臂上、两腿后、两曲䐐、两脚肚子上下，有微赤色。验是本人身死后，一向仰卧停泊，血脉坠下，致有此微赤色，即不是别致他故身死。"就是说，如果这个尸体是仰卧的，那么在重力的作用下，血液就会坠下来，所以尸体脊背上会有很多血痕，也就是尸斑。如果验官没有经验，可能觉得这是被人打成这样的。看了这个书，就知道这是正常的现象。它明确指出，底部的"微赤色"，或说血痕，不是他杀性质造成的。而且，通过这个尸斑，可以知道这个人死的时候所处的环境，究竟是垫在一个席子上，还是别的什么东西上面。所以，这些知识都有助于减少死因鉴定中的错误。

《洗冤集录》里提供的一些死亡方式的检验方法也是可靠的。条目二十"被打勒死假作自缢"讲的是被打勒死后假作自缢的案件的鉴别。里面有一段是这样说的："又有死后被人用绳索系扎手脚及项下等处。其人已死，气血不行。虽被系缚，其痕不紫赤，有白痕可验。死后系缚者无血荫，系缚痕虽深入皮，即无青紫赤色，但只是白痕。"这里是有法医学道理的。我们刚才已经讲过，人死亡之后，心脏就不工作了。心脏不收缩之后，血液在重力的作用下，就积聚在尸体的下方。

如果凶犯把人勒死之后再吊起来伪装成自缢，那么，脖子这里也是没有血液的，所以形成的勒痕就是白痕。如果是自缢，那么在这个过程中会皮下受损，会有生活反应，会形成青紫色瘀血，就是书中说的血荫。我们知道，凶犯伪造现场会动很多心思，这个时候往往是疑难的案件。但是，验官看了这个条目的内容之后，一看是白痕，大致就知道这是一个他杀的案件。所以，这些东西都是有助于究明死亡性质的。

但是，《洗冤集录》中也有很多不可靠的内容，反而会制造冤案。其中大家比较熟知的，就是银钗验毒。这个方法大概隋唐时期的医籍里就有记载了，宋慈把它也收进了《洗冤集录》。条目二十八“服毒”里面就讲了这个方法。它说：“若验服毒，用银钗。皂角水揩洗过，探入死人喉内，以纸密封，良久取出，作青黑色。再用皂角水揩洗，其色不去。如无，其色鲜白。”如果是中毒身死的，把银钗放到口腔里，过一段时间拿出来，它会变成青黑色，就是用皂角水洗都洗不掉。如果把银钗拿出来，它还是鲜白的，那就不是中毒死的。

但是，银钗验毒的方法不可靠。20 世纪 20 年代末，有一位从德国专门学法医学归来的教授，叫林几，他也是我们国家现代法医学的奠基人之一。他专门做了个实验，把我们传统中提到的那些常见的毒物，分别跟银放在水里一起加热，看是不是都跟银起反应。结果发现，这些有毒的物质，特别是砒霜，跟银没有任何的反应。反而，他发现银跟硫化物反应会形成硫化银，硫化银就是黑色的。可是，无论是活人还是死人，身体里都会存在硫化物。我们活着的人，口腔和肛门里多多少少会有一点硫化物，我们平常说的口臭，很多就是硫化物造成的。不管是中毒死的，还是非中毒死的，如果人死亡之后开始腐败，口腔里面硫化物更多。死亡的人，用银钗插进去，往往拿出来就是黑的。

银钗验毒到 20 世纪 30 年代初，很多法院还在沿用。林几回国之后一个非常重要的工作，就是我刚才说的，他做了这个实验，然后，写了一个报告《检验〈洗冤录〉银钗验毒方法不切实用意见书》，递给了中央政府，最后才在全国通令废除了银钗验毒的方法。像银钗验毒这样不可靠的方法肯定是会制造冤案的。

到这里我们已经把宋慈和他的《洗冤集录》的主要内容讲完了。下面我谈一下这样一部古籍，对我们今天的历史研究有什么样的意义。这是一个仁者见仁，智者见智的问题。包括我本人做法医史的研究，也常常要问，我做这个工作的意义在什么地方。

我相信，《洗冤集录》是研究宋代州县政府运作的一部重要著作。传统社会里，一个县的重要事务就是钱粮和刑名。刑名就是我们今天说的司法工作。其中最重要的，就是命案的审理。那么，州县官员去验尸，面临很多问题时，他们怎么应对？我们看到，《洗冤集录》里是有很多这样的材料的。包括前面讲到的，验官去验高度腐烂的尸体时，如果伤在腹部，可以在《验状》里说不能验。但是，如果伤在有骨头的部位，即使尸体再腐烂，也是一定要去验的。我们要了解中国传统政治，尤其是基层政府的运作，我觉得《洗冤集录》是应该引起大家注意的。我们现在做中国历史研究的，觉得《洗冤集录》是纯法医学史的著作，这种观点有点偏，有点窄。我不这样认为。虽然此书的主体是尸体检验的内容，但是，它与今天的法医学著作还是不同的，里面有很多跟国家治理和官僚政治有关的内容。

另外，我觉得这本书是有助于深化我们对宋代社会文明程度的认识的。这里的文明是指物质上、精神上真正有益于我们人类生存的那些成果。两宋时期，印刷术开始出现了。我们能读书籍，是从宋代开始的。宋代还有很多这样的文明成就，比如说瓷器、造船技术等。但是，我们要知道，在尸体检验方面，宋代也达到了一个非常高的水准。

包括我刚才说的，利用人死后有无生活反应的白痕来鉴别死后损伤。对皮下有损伤，但是从体表看不见的尸伤，也发展出了一套检验方法。我们在尸体检验中发展出来的按身体部位逐一检验的流程，至今仍为法医工作所借鉴。那么，为什么两宋时期能取得这么多的成就，包括在尸体检验方面，我觉得这是一个非常值得我们去探讨的问题。中国要真正变得文明程度更高一点，我想，宋史学家应该能从中总结出一些有价值的东西来。

中国栽培植物的发展与传播

罗桂环

我们的国家是一个农业大国，栽培植物很重要，是农业发展的基础。栽培植物之所以被大家关注的一个很重要的原因，在于它们是一个国家能否持续发展的重要前提条件。

最早关注这个学术问题的是瑞士的植物学家德堪多（A. De Candolle）。自从地理大发现之后，很多欧美的植物学家在世界各地活动。在中国，当时俄国使馆有个医官叫贝勒（E. Bretschneider），给过他很多资料。后来德堪多就写了一本书，叫《栽培植物起源考》。20世纪40年代末，国内著名植物学家、后来当过《中国植物志》主编的俞德浚和蔡希陶这两位先生曾将该书译出，在商务印书馆出版[1]，中华人民共和国成立初重印过一次。后来研究栽培植物起源最著名的学者是苏联的遗传学家、植物地理学家瓦维洛夫（N. I. Vavilov），后面我还要讲到。

我今天要讲的主题是中国栽培植物的发展和传播，原因在于我们国家是世界上最大的栽培植物起源中心之一。栽培植物的出现，代表着农业的诞生，是新石器革命的标志。所谓新石器革命，就是说当时

① 德堪多著，俞德浚、蔡希陶编译，胡先骕校订，《农艺植物考源》，上海：商务印书馆，1940。

的人已经定居，开始出现农业，所以叫新石器革命，改变了原先靠游猎和采集来获取生活资源的生产方式。因此，栽培植物和农业出现是新石器革命的一个标志。英国的科学史家贝尔纳认为，这个革命之所以逐步完成，主要是狩猎经济危机的结果，在人类发展史上有非常重要的意义。

我将简单介绍以下几个方面。一是我国早期各地起源的主要作物；二是历史上三个时段引种和驯化的栽培植物；三是美洲作物对我国人口和环境的影响；四是中国栽培植物对世界的贡献。

众所周知，中国版图很大，不同的地方有不同的栽培植物。这样就形成了各异的饮食习俗，通常南方人也许比较喜欢吃大米，北方人喜欢吃面。不过，北方早期栽培的粮食作物其实是谷子。那么引种呢，就是我们国家自从丝绸之路开辟之后，从西方和美洲引种了很多作物。有人认为带胡字的就属于这种，譬如胡麻、胡瓜、胡豆、胡萝卜等。后来从美洲引种的植物，名称很多都是带“番”字头的，比如说番椒、番茄、番豆、番荔枝等等。美洲作物的引种，尤其玉米、甘薯和马铃薯，对中国的人口、环境影响非常大。

图 1　劳费尔（B. Laufer, 1874—1934）

当然中国的栽培植物对世界贡献也很大，现在水稻基本上是最重要的粮食作物；大豆是最重要的豆类作物；柑橘是最重要的水果作物，几乎占到全世界水果产量的 27%；还有茶叶是世界上三大饮料之一。

提到栽培植物，我们不妨从一个叫劳费尔（B. Laufer）的美国人类学家说起（图 1）。劳费尔生于德国的科隆，1897 年在莱比锡大学获得博士学位，受过良好的人类学和植物学训练，曾经两次到中国东北和西藏等地考察，熟悉中国的很多历史文献资料。他从1910年开始在美国芝加哥自然史博物馆工作，任该馆的人类学部主任20年。1934年跳楼自杀。当时我国人类学家刘咸曾在《科学》杂志上发文纪念他。

他有关栽培植物传播的代表作叫《中国伊朗编》。看过这本书的人都知道，劳费尔不但有良好的植物学基础，语言学的造诣也很高，对中外交流，尤其是有关中国和波斯的交流，有很多很深刻的阐述。

我关注这方面的材料，和他说过的下面一段话有密切关系。他认为："中国供给我们无限的材料，使我们能够写出一部细致的关于人工栽培植物的历史。中国人的经济政策有远大的眼光，采纳许多有用的外国植物以为己用，并把它们并入自己完整的农业系统中去。在植物经济方面，他们是世界上最前列的权威。"显然，这是一位很有见地的学者。

说起栽培植物，有一位著名的学者不得不提，他就是20世纪上半叶苏联农业科学院院长、莫斯科大学教授、遗传学家瓦维洛夫。他曾经指出，世界有八大栽培植物起源中心，中国是其中最重要的中心之一。他认为，"在它特产种类的富有上和在它的栽培植物的潜在种属的程度上，中国在所有的植物形式起源中心中特别突出，而且它的各类植物一般由极多的亚类及遗传形式所代表"。就是说中国的栽培植物的种类、相关品种什么的特别多。他还认为，"我们假如更进一步，把栽培植物以外的中国用作食物的野生植物的繁多的数目也考虑进去，我们便能了解多少亿的人口如何能在中国的大地上生存下来"。他的意思是说，中国其实很多东西也不一定是栽培的，比如说笋，或者是香椿、蘑菇等等。中国可食用的这类植物很多，能养活的人口就多。

外国人来到中国，觉得中国人口那么多，还都能活下来，就说明中国的栽培植物还是很值得注意的。

瓦维洛夫一生去过五十多个国家，包括中国，寻找植物新种，探讨栽培植物的分布和起源。他收集了大量作物品种，为苏联后来建立现代植物基因库奠定了基础。他的代表作有《栽培植物的起源和地理学基础》（*Origin and Geography of Cultivated Plants*）等等。

中国丰富的栽培植物，也曾引起美国农学家的极大关注。美国在开发西部的时候，他们的农业部曾经成立过一个“外国作物引种处”以帮助西部开发的农民，处长叫费尔柴尔德（D. Fairchild），曾经写过一本书叫《地球——我们的花园》。他曾经派过一个作物学家到中国，这个人叫W. T. Swingle，我们通常把他译成施温高或者施永高（图2）。施温高跟岭南大学的一些学者有合作，因为岭南大学是美国教会大学。其中有一个叫郭华秀的中国学者，就跟他合作研究过柑橘育种。

施温高是柑橘育种方面的专家，搞柑橘分类的都知道这个人。他在中国采集过一些野生的柑橘品种，譬如说宜昌橙。为了更好地收集中国栽培植物，他曾经看过很多中国地方志，从中寻找物产方面的内

图 2　施温高（后排左一）及其美国农业部外国作物引种处的同事

容，然后指导相关人士到中国收集想要的栽培植物。他因此注意到，中国栽培植物种类是欧洲的 10 倍、美国的 20 倍。所以他们在那段时间派过很多人来华收集。施温高还注意到中国地方志里有很多和栽培相关的土壤的内容。因为引种时一定要注意合适的“风土”，也就是所谓的气候、土壤等条件，所以他特别注意中国地方志这类史籍。为此，他曾经向美国政府建议扩大对中国方志的收集，从 1918 年开始，他代表美国国会图书馆在中国收集方志，现在美国收藏的中国方志有一半是 1928 年以前经他帮助收集的，并被用于指导在华的物种收集。

丰富的栽培植物为土地利用提供了很好的基础。这一点很早就被外国学者注意到了。瑞典著名博物学家林奈曾经派过两个学生到中国来收集作物，其中一个叫奥斯贝克（P. Osbeck）的就曾经说，中国的作物种类实在是太多了，我们仅仅有那么几种栽培植物，所以我们要为植物的改良付出很多努力，但是在中国不需要考虑这些东西，因为不管什么样的土地，总能找到合适的植物在那里栽培。仅此即可看出，为何中国人这么多，都能活下来。

中国栽培植物种类繁多的原因，我个人认为主要缘于两个方面。一个就是幅员辽阔、物种丰富，为农业育种提供了很好的前提条件。中国是世界上国土面积第三大的国家，在植物种类的丰富程度上仅次于巴西和马来西亚这些热带地区，高等植物就有三万种左右。尤其像横断山区这种地方，很多是孑遗植物，为别的地方所没有。另一方面是中国有很悠久的农业发展史。大家常说中国有说五千年文明史，其实农业出现肯定还要更早一些，我下面还会提到。

长期以来，我们国家以农立国，农业又主要是种植业，因此很注意作物的培育，结果就形成了数量巨大的农作物。大豆是我们国家很重要的一种栽培植物，下图就是长白山林下的野生大豆（图 3）。当然还有一些别的原因，从域外引种就是一个。

图 3　长白山林下的野生大豆

长时间依靠农业种植业，使引进外来栽培植物良种历来受到中国各阶层的重视。众所周知，宋代是引进新作物很重要的时期，宋真宗曾经引种占城稻，就是现在越南北部地区的稻种，并在全国推广。明清时期也是一个很重要的作物引种时期，引进了一些重要的美洲作物，如福建商人陈振龙就把番薯引进来了。后来，康熙还推广过御稻。从这些方面就可以看出，在不同历史时期，无论是官僚，甚至包括皇帝，乃至一般平民百姓，都很注意栽培作物的引种。

栽培植物种类多样性受重视还有一个很重要的原因，就是可以防灾。春秋时期魏国著名思想家李悝就指出“种谷必杂以五种，以备灾害”。如果物种比较多，这个农业生态系统稳定性就比较高。近代爱尔兰主要依靠马铃薯作为主粮，后来马铃薯因病毒歉收，结果这个国家就损失了三分之一以上的人口。有些是由于食物不足老弱病死了，有些就跑到美国等别的国家去了，所以六七百万人口只剩下三四百万。

当然，世界上也不仅仅是中国人才重视栽培植物，也不是只有中国的皇帝或官僚认识到栽培作物对于一个国家或民族的重要性。美国的第三届总统杰斐逊也认为给他的文化“增加有用的植物是可以提供给国家的伟大服务” 。

对于为什么中国栽培植物如此丰富，外国人有不同的看法。施温高就认为，中国的季风气候很容易导致水旱灾害，所以中国的百姓就寻找一切可以利用的植物，也就是可以吃的东西。比如说明代就出现记载饥荒时期可以食用植物的专著《救荒本草》这种书。经过长期的选择，那些能够吃、用的东西就慢慢地变成栽培植物，这是灾害选择的结果。

一、我国早期（先秦时期）各地起源的主要作物

说到作物起源区域，我们中华文明肯定首先要说黄河流域。黄河流域最重要的本土起源的谷类植物是粟，早先叫稷。稷的野生种就是狗尾巴草，通常叫莠。还有就是黍。这两种作物都是中国北方旱作农业的基础。古人称国家为社稷，社就是土地神，大家要是去过北京中山公园就知道，那里有所谓的五色土，就是明清时期的社稷坛，为皇帝祭祀土地神和五谷神的地方。稷指后稷，他原来是周人的祖先，因为善于栽培作物，后来被奉为五谷神，稷就这样被当成谷子的名字。可见稷在古代社会地位之高。稷作为一个谷类植物，它早先的重要性是很大的。

黄河流域最重要的纤维植物是大麻。植物学家李惠林和戴蕃瑨都认为，大麻是起源于中国西北的。大麻就是一般的老百姓穿的衣服原料。古代北方人为了穿衣，还需栽桑，就是桑树。虽然桑不是纤维植物，但是作为蚕的饲料，它在古代也非常重要。孟子说：“五亩之宅，树之以桑，五十者可以衣帛矣。”古代的贵族或者老年人穿衣保暖主要织物就是养蚕织出来的帛。所以以前人把所得的纺织纤维叫“丝枲”，

丝就是蚕的丝，枲就是麻的织物。古人把农业称为“农桑”是有它的道理的。为方便养蚕，古人常在房子的周围种桑树和梓树——梓树现在一般叫楸，也叫豇豆树，现在比较少见。《诗经·小雅·小弁》中有“维桑与梓，必恭敬止”——所以古人称家乡为“桑梓”。

在棉花大规模推广之前，大麻是主要的纤维植物。古代管老百姓或者没有做官的读书人叫布衣，也是因为他们穿的是麻布制作的衣服。它在传统文化中也有很多体现。我们中国人把心很烦的时候叫心乱如麻，还有什么麻木不仁、麻痹大意，都是从麻丝易乱难解这儿引申出来的。大麻有不同的品种，作为毒品使用的大麻主要产于缅甸，分枝比较多，含麻酚的成分高一些，我国的分布比较少一些。

在黄河流域比较重要的蔬菜植物有葵，以前有所谓五谷五菜，葵是著名的五菜之一。在元代以前，葵在北方还被称为“百菜之主”，北方人常常吃这种东西，它有点黏滑，我怀疑汉族人喜欢吃滑的习惯，可能就是长期吃葵菜养成的。在明代，李时珍就不认识葵菜了，所以他就把它归到隰草类，可能当时不太吃这东西。后来李时珍的观点被清代植物学家吴其濬批评，说他自己不知道，就以为全天下人都不知道，未免眼光狭隘。这种蔬菜现在南方的湖南、江西、福建一带还有少量栽培，一般管它叫冬寒菜或者冬苋菜。

在北方比较重要的果树有枣、栗、桃、李、杏和樱桃。众所周知，北方大枣很多，现在质量比较好的、产量最多的是新疆。枣起源于酸枣。枣和栗在中国都被称为“铁杆庄稼”“木本粮食”。《战国策·燕策》记载，燕地的河北、山西一带人很多靠枣、栗活着。我国有一位植物学家叫李惠林，东吴大学毕业之后，在美国哈佛大学取得博士学位。回国后还在东吴大学任教授，1947年任台湾大学植物系主任。1950年到美国工作，1963年任宾夕法尼亚大学教授，他还是台湾中研院院士。这是一个很有才的植物学家。他认为“中国枣具有相当高的食用价值，可以鲜食或制成干枣食用”。“其可吸收内含物、含糖量、有机酸都优于无花果、海枣”，海枣也叫椰枣，“椰枣有类似的成分，但蛋白质含量比枣低很多。无花果和海枣是西亚两种最重要的水果。无花果、枣、油橄榄（也叫齐墩果）、葡萄被认为是公元前第四、第三世纪地中海地区粮食栽培中最重要的园艺补充植物。枣和桃、杏、柿在华北文明起源中扮演着类似的角色。”

中国除了黄河流域之外，长江流域是另一个很重要的栽培植物发源地，其中最重要的就是水稻。水稻号称“泽农”的基础。

长江中下游的楚越之地，地广人稀，是水乡泽国。水乡就是降水量比较多，大江大河、湖泊水域也比较多，所以形成的饮食习惯跟北方不太一样，古代称“饭稻羹鱼”，这是司马迁《史记》里面的概括。图 4 是考古出土的作物，河姆渡的 6000 多年前的稻谷。

在以前参考材料比较少的时候，瓦维洛夫认为水稻起源于印度，因为他曾经在印度发现过野生稻，但实际上中国野生稻也非常多，从云南一直到江西，整个长江流域几乎都有野生稻分布。而且中国江西、湖南等长江中游地区，都有大量的栽培稻出土，时间都在七八千年以前。所以印度虽然有很多野生稻，但在考古方面发现的遗存还是比我们要晚，所以水稻起源于中国，或者中国作为起源中心之一应该是没有疑义的。

图 4　河姆渡遗址出土水稻遗存

至于其他的作物，长江流域最重要的纤维植物是苎麻，南方人通常就叫苎，不叫苎麻。随着塑料工艺的发展，尼龙绳的出现，麻这类作物自 20 世纪 80 年代以来产量减少很多。但直到现在，苎麻还是国内麻类里产量最高的。除了麻之外，别的栽培植物还有芹菜、菱、芡，芡也叫鸡头米，以及慈姑、萝卜、甜瓜、竹笋、芋头，等等。

柑橘是长江流域起源最重要的水果。在北方，《诗经》里面有不少桃的称颂。在楚辞当中，屈原除了《离骚》之外，还有《橘颂》。所以桃子和柑橘在黄河、长江两大流域可谓各领“风”“骚”。水果除了柑橘之外还有梅。梅在古代是很好的调味品，现在是人们经常吃的小吃，诸如话梅之类。此外还有柿子、沙梨。在中国，不同地区的梨不太一样。东北主要是秋子梨系统，河北、华北地区主要是白梨，南方是沙梨。

中国其他地区也有很多本地起源的栽培植物。其中西南地区起源的粮食作物有大麦，大麦即青稞。青稞是很具有青藏高原特色的作物。如果论出土遗存的时间而言，一般认为两河流域在七八千年前就开始栽培大麦。中国现在已知考古出土的大麦遗存，一般在四千年以前。但从遗传学的角度考察，中国这种青稞跟两河流域的大麦不太一样，它们好像没有共同的祖先。

在西南起源的杂粮还有小豆，蔬菜有葫芦和冬瓜，香料主要是花椒，饮料有茶，以及经济植物漆树、竹子。花椒以前就简称椒，是很具有巴蜀文化特色的作物，现在川味很重要一个特点就是麻辣。麻辣中的麻，就是用花椒调味，辣靠的是美洲传进来的辣椒。说起来大家可能会奇怪，辣椒传进来的地方应该是在沿海，但沿海一带吃辣椒的地方其实很少，喜欢吃辣的地方多数在中西部地区。

茶和葫芦都是西南地区人民对中华文明的比较重大的贡献。闻一多曾经考证过，传说中开天地的盘古其实就是葫芦。新石器时代的很多器物，比如各种盛水的器物、勺子，包括很多陶器器型，都是模仿葫芦做的。葫芦在传统文化中有很重要的意义，很多宗教建筑都放置葫芦。

那一地区原产的重要栽培植物还有漆树和竹子。漆是一种很独特的产品，有学者认为漆的发现和使用显示了高度的智慧，不仅因为漆液本身有毒，而且清漆干燥变为永久性的保护层，需要在潮湿的气候条件下经过一个冗长缓慢的氧化过程。

竹子在中国南方分布很广，它是很有中华文明特色的一种重要的栽培植物。竹子用途极为广泛。有一个叫福琼（R. Fortune）的英国人，他曾经将中国的茶引到印度栽培。他发现竹子被中国人广泛地应用于生产和生活的各个方面。他说中国人老以为英国人不进口中国的茶好像没法生活，其实只要把中国的竹林毁掉，中国人的日子就过不下去了。

在华南，主要粮食作物包括薯蓣和水稻。水稻是从长江流域传播过去的，薯蓣则是本地起源。其他栽培植物还有芋头和荔枝。华南原产重要作物还有甘蔗，甘蔗是中国乃至全世界最重要的糖料作物，国产糖的90%都是甘蔗榨的。下图就是野甘蔗（图5）与栽培甘蔗（图6）。

图5　野生甘蔗

图6　栽培甘蔗

华南产的纤维植物还有葛，现在已经不把葛当纤维植物，但古代它一直都是纤维植物，《说文解字》解释葛为絺绤草。絺绤就是人们夏天所穿的那种葛衣的材料。清代岭南产的葛布仍然很著名。现在广东和江西有些地方还栽培葛，主要是当蔬菜或者用作中药，收获物是葛根。

东北起源的比较重要的栽培植物就是大豆、秋子梨、榛子，等等。大豆是非常重要的蔬菜兼粮食作物，现在中国栽培不是最多，不过消费量却居世界第一。以前的五谷就包括菽，也就是大豆。有些地方，譬如山西，《战国策・韩策》中记载，当地人吃饭叫“豆饭藿羹”。这个“藿”其实就是豆苗，意思就是他们吃饭靠豆，喝汤靠豆苗，这里的“汤”当然不是现在的火锅，但火锅用嫩豆苗也许是受这种饮食方式的启发。中国古人从很早就开始做各种豆制品，汉族人吃肉很少，一个很重要的蛋白质来源就是大豆。李惠林曾经说过，“大豆是有史以来人类发现和驯化最有价值的粮食作物之一，大豆种子含有丰富多样的蛋白质和大量的油脂，大豆驯化成功对中华民族的农业和营养有重要的意义和深远的影响”。它对民族繁荣的重要性不言而喻。除上面提到的那些，西北原产的一些水果和农作物也很重要，如核桃、大麻等。

中国作物这么多，一个很重要的原因就是文化交融的作用。栽培作物也是很早就表现为全球化的一种东西。美国有一个叫梅里尔（E. D. Merrill）的植物学家，他当过哈佛大学阿诺德树木园的园长，也是哈佛大学的教授。中国一些植物学家如裴鉴，还有后来的胡秀英，刚才说的李惠林，都是他的学生。他曾经有个发人深省的观点：东西两半球或两种不同的古文化相遇时，最先交换的东西是粮食作物和武器，都是与生命直接相关的，而不是与理念和精神生活相关的。

从上面简单的论述可以看出，在作物驯化方面，不同地区因为有不同的农业传统，都做出了自己的贡献。早在先秦时期，就为中国成为众多栽培植物的起源中心奠定了基础。随着社会的发展、农业技术的进步，中国栽培植物的引种驯化工作也在不断深化。

二、汉唐、宋元时期引种和驯化的植物

先秦时期，中国已经引进了一些很重要的作物，如小麦和亚麻。小麦在中国的粮食生产中，重要性仅次于水稻。小麦大概起源于两河流域，在八千年前，现在栽培的普通小麦就出现了。《诗·周颂·思文》就有“思文后稷，克配彼天……贻我来牟，帝命率育”。这“贻我来牟”中的“来”指的就是小麦，这里的表述带有一种神秘色彩。这些诗句的意思是：后稷真伟大呀，他的功绩可以跟天一样宏伟，他给我们带来小麦和大麦，上帝给了子民很好的养育。可见在周代的时候，小麦可能就是比较重要的一种粮食作物。在《诗经·豳风·七月》中就提到，当时主要作物中就有麦子。在《礼记·月令》中提到：仲秋之月，“乃劝种麦，毋或失时，其有失时，行罪无疑”。意思就是说要按时种麦，如果该种不种的话，那就要追究这个人的罪责。前面说到南方的饮食习俗是“饭稻羹鱼”，有些比较富足的地方称为“鱼米之乡”，北方有很长时间则是“麦饭豆羹”，就是说吃麦子、喝豆汤。这种饮食习俗的形成就是因为麦子成为北方的主粮。

汉唐时期，很多带“胡”字头的作物流传进来。一个重要的原因就是张骞出使西域，打通了丝绸之路，所以慢慢的很多东西通过“胡”地（中亚）传进来了。贝勒曾经下过一个结论，他说，凡是带胡字头的中国作物，都是从中亚传进来的，所以叫“胡”。这种观点被劳费

尔批了一通，指出实际并不尽然。无论如何，丝绸之路的开通，对于中国栽培植物的引入起了很大的作用。

汉代开始才有文献记载的作物也有一些很重要，如荞麦。荞麦可能起源于西南，文献记载出现得比较晚，汉代以后才出现。水果包括甜橙、椰子、枇杷、黄皮、杨梅、阳桃，这些东西大部分都分布在长江流域或者岭南。还有红松子、绵苹果等等。绵苹果可能从新疆西部传到河西走廊一带，它的名称最早出现在司马相如的《上林赋》中。林檎、枇杷也是《上林赋》里出现的栽培植物。蔬菜有菘、芸苔，菘后来也叫白菜。还有芥蓝、苦苣菜，这些也主要是南方的东西。这些作物不一定是汉代以后才出现的，只是在文献里出现得比较晚。早期的文献比如《诗经》记载的主要都是黄河流域的栽培作物，长江流域和岭南的作物在文献里通常出现得比黄河流域的要晚。一般最早出现在文献记载中的栽培植物，基本上都原产黄河流域，包括以前所谓的五谷和五菜。战国时期《楚辞》或者《礼记》会记载长江流域的一些作物，到汉代才会出现岭南作物的记载。所以文献记载的地域性和开发的时间段有密切关系，栽培植物起源的时间和出现在文献当中的时间也因此存在差别。

汉以后在文献中出现的菘，也就是散叶白菜，是中国最重要的蔬菜作物之一。它起源于长江流域，晋代在江南已经非常重要，当时好像还没有出现大白菜。南北朝时期的梁简文帝就对它大加称颂，说长江下游等地的莼菜、芜菁、茆菜，包括所谓“流火烹葵”（葵是在《诗经·豳风·七月》里出现的），都远不如菘菜。

汉代以后，通过丝绸之路从西域传进来很多栽培植物，其中比较重要的有葡萄、波罗蜜、阿月浑子、无花果、巴旦杏、蜜望子、石榴、榅桲等，葡萄成为当时我国普遍栽种的水果，阿月浑子就是开心果，蜜望子是杧果。这段时间传进来的带“胡”字头名称的东西挺多，诸如胡豆，也叫蚕豆；还有胡荽，现在北方人一般叫香菜，南方叫芫荽；还有胡瓜，也叫黄瓜；茄子；葫，就是大蒜；还有菠稜，就是菠菜；莴苣；以及莙荙菜和胡麻，现在西北人管亚麻叫胡麻，其他地方的人则把芝麻叫胡麻。汉代文献记载的胡麻是芝麻，现在是中国重要的一种油料作物。南方一般把芝麻油就叫麻油，北方人一般叫香油，比较有名的就是所谓的小磨香油。香料则有胡椒，胡椒是汉代或者后汉时期传进来的，是中国用途非常广泛的调味品。牧草有苜蓿，这是一种很好的饲料植物，在西北等许多地方都有栽培，是含蛋白质很高的一种优良牧草。

到宋元时期，中国的栽培植物有进一步的发展。宋代的经济中心已经南移到长江流域，原产于长江以南的水稻和菘就成为最重要的粮食和蔬菜作物。在北方，原先粟是最重要的粮食作物，汉代以后，小麦和大豆的重要性远远超出粟。海上交通的发达和元代地域的拓展对作物交流的影响非常深远。在宋代以前，可能只有散叶白菜，宋代开始就有了大白菜，刚开始叫扬州白菜、大白头、黄芽菜。白菜这个名称出现在北宋。大白菜后来成为北方最重要的冬季蔬菜。我来北京的时候是 1982 年，那时北京冬天主要的三种蔬菜就是白菜、马铃薯和青萝卜，多为窖藏。大棚技术的发展使得现在大白菜的重要性下降很多，但大白菜在宋以后一直都是北方的主要贮藏蔬菜，重要性首屈一指。著名诗人范成大曾经对白菜有过这样的赞颂：“拨雪挑来踏地菘，味如蜜藕更肥醲。朱门肉食无风味，只作寻常菜把供。”

宋元时期出现的其他蔬菜，包括丝瓜、甘露子、豆薯。豆薯也叫凉薯，是豆科植物。北方人不太习惯吃这种东西，南方人比较爱吃，它既可以当水果吃，也可以炒菜，比如炒牛肉。当时在文献里出现的香料还有八角茴香。

新增的果树有金橘、山楂、苹婆、银杏、榧子和罗望子。榧子就是浙江一带产的香榧，罗望子就是酸角。重要的外来作物包括占城稻和棉花。宋代为了充分利用土地资源，引种了生育期比较短、抗逆能力强的占城稻。但更重要的还是棉花。以前我们国家比较重要的纤维植物，就是前面我说的几种麻类作物。约在汉代的时候就有草棉传进新疆，但影响不大，影响大的棉花是从南亚巴基斯坦一带起源的，叫中棉，也叫木棉。现在栽培的主要是近代从美国引进的陆地棉和海岛棉。宋元时期开始，中棉已经逐渐取代了大麻和苎麻，成为中国最重要的纤维植物。

元代农学家王祯认为棉花“比之桑蚕，无采养之劳，有必收之效。埒之枲苎，免缉绩之工，得御寒之益，可谓不麻而布，不茧而絮”，也就是说种棉花比养蚕和种麻更经济实惠。明代有个很有名的学者叫丘濬，他认为棉花“地无南北皆宜之”，就是哪儿都能种，“人无贫富皆赖之，其利视丝枲盖百倍焉”。

在宋代传进来最重要的水果是西瓜，它是夏天很好的消暑果品，中国现为最大的西瓜生产国和消费国。宋代传入的重要蔬菜还有胡萝卜。胡萝卜营养价值高，约于12世纪传入，现今中国产量约占世界总产量的三分之一。

三、美洲作物对中国人口和环境的影响

明清期间从域外输入很多作物，比较重要的是美洲作物。明代中期以后人口不断增多，南方不少地方已经出现土地不足的状况。清康熙时期推行“盛世滋丁，永不加赋”的政策。因为以前收税的时候，除了收土地税之外，还收人口税。雍正推行“摊丁入亩”的税收政策

之后，把人口税跟土地税绑在一起，人口增长就不受那么大限制了。人口因此迅速增长，耕地不足的问题非常突出。我们国家原有的粮食作物是粟、小麦和水稻，有很多土地不好利用。玉米、马铃薯和番薯引进来之后，促进了土地的大开发。很多高寒地区可以种马铃薯，比如内蒙古一些地方。那些土地比较贫瘠，或者说水分供给不是很足的地方，像西南很多山地就开始大量栽种玉米。番薯在很多地方，比如沿海地区，只要水分充足，产量就会很高，所以它们的引进对促进人口的增长起了决定性的作用。

在明清期间新增加的重要栽培植物还有油菜。油菜现在还是中国最重要的油料作物之一。国内开始栽培的主要是南方的油白菜，现在栽培的主要是甘蓝油菜，是国外引种的。明代开始明确记载的作物还有苦瓜、油茶。油茶这种木本油料起源于南方山区。同一时期，北方出现的木本油料则是文冠果。

明清时期，美洲传入的作物名称常带“番”字头。这类作物通常很重要，比如番薯。闽南人曾经称番薯为金薯，因为明晚期有一个姓金的巡抚在当地不遗余力地推广这种作物，对当地的饥荒起到很大的缓解作用。由于这种作物的推广，中国各地发生的饥荒不断减少。还有玉米，早期曾称“番麦”，它逐渐成为仅次于水稻和小麦的粮食作物。现在中国产量最多的谷物其实是玉米，不过，它有很大数量是当成饲料用的。在玉米最大生产国美国的情况也如此。那一时期，美洲传入的杂粮还有木薯和焦芋。美洲传入的油料作物则有花生和向日葵。花生刚引进的时候也叫番豆；向日葵叫西番菊。葵花子也被当成一种小吃，商品名称叫“瓜子”。油料作物中，现在最重要的就是油菜、花生、向日葵，以及大豆，大部分在明清时期传入。

在蔬菜和水果方面，现在我们吃的很多重要的蔬菜都不是国内原产的那些。现在种得比较多的本土起源蔬菜就是白菜、萝卜、空心菜、冬瓜等，但马铃薯、番茄，还有甘蓝类的蔬菜，比如菜花、洋白菜，以及番椒，都不是中国起源的作物。水果中的西洋苹果也存在类似情形。原先国内栽培的苹果主要是绵苹果，就是市面上叫沙果的那种。现在大家常吃的，尤其市面上最常见的西洋苹果，是19世纪中叶从欧美引进的。现在产量最多的红富士，也属于西洋苹果类。它是新培育出来的品种，在20世纪60年代才从日本引进。现在西洋苹果是中国产量最多的水果。明代传进来的重要的经济植物还有烟草。

美洲作物传进来之后对人口、环境影响非常之大，番薯、玉米、马铃薯抗寒耐旱，很多不适合本土起源庄稼种植的山地、草原，都被大批的没有土地的农民涌入开垦，用来栽培这些美洲作物。当时各地山区有很多所谓棚民，就是这类农民。他们在山区搭棚子种玉米，水土流失之后，土地无法继续利用，又跑到别的地方去开垦。新的地方如果树木被砍伐得差不多了，土壤侵蚀太厉害、肥力不足，就再去下一个地方继续开垦，所以造成的环境破坏非常严重。而且当时人口迅速增长，也在一定程度上导致我们有很沉重的历史人口包袱。以往不少学者都记述过这类史实。

清代号称“宦迹半天下”的吴其濬在很多地方都做过官，他曾经指出“又如玉蜀黍一种，于古无征，今遍种矣”。玉蜀黍就是玉米，蜀黍是高粱的简称，玉米像高粱，所以叫玉蜀黍。他还说：“陕、蜀、黔、湖皆曰包谷，山氓恃以为命”，指出山里人都靠它维持生活。晚清很有名的学者魏源写过一本叫《湖广水利论》的书，说因为棚民到处开山垦荒种玉米，造成严重水土流失，结果长江都快变成黄河。书中写道：“湖广无业游民多迁黔、粤、川、陕夹界，刀耕火种，虽蚕丛峻岭、老林邃谷，无土不垦，无门不辟。长江数十年来告灾不辍，大湖南北漂田舍、浸城市，请赈、缓征无虚岁，几与河防同患。”同一时期，黄河更是被一些外国人称为“中国的遗憾”。

民国时期，有一个颇有名气的美国水土保持学家罗德民（W. C. Lowdermilk），他曾在金陵大学教授林学和水土保持学，中国水土保持学家李德毅、傅焕光等人就出自他的门下。他曾经长期研究过水土保持问题，写过《山西森林滥伐和斜坡侵蚀》《西北水土保持报告》等著作。后来曾应民国政府邀请指导农林部水土保持实验区。他曾经在汾河流域做过很多水土流失的调查。

1908年的时候，美国农业部外国作物引种处派出一个叫梅耶（F. N. Meyer）的人，在中国北方收集作物的时候拍了一些中国环境恶化的照片。当时的美国总统西奥多·罗斯福（Theodore Roosevelt）在美国国会上作关于自然保护的演讲时，就用过其中的一张照片，是五台山区断流的一些河床。他说中国人过度开垦山区，导致河都断流了，以此警告美国要从中吸取教训。

四、中国栽培植物对世界的贡献

中国作为世界上最大的栽培作物起源中心之一，原产的栽培植物对世界影响深远。我们不妨举一些著名的例子，其中水稻无疑是粮食作物中最重要的。水稻在中国毫无疑问是首屈一指的谷类作物。长江中下游是它的起源中心，它首先传到周边的东亚和东南亚国家，然后传入南亚次大陆，后来流入欧洲。公元8世纪的时候传到西班牙、意大利，后来土耳其人又把水稻引入巴尔干地区。新大陆发现以后又被西方殖民者引到新大陆。现在水稻是全世界最重要的粮食作物之一。

中国传出作物中，重要性仅次于水稻的是大豆。大豆是当今世界最重要的豆类作物。除了谷物之外，产量最多的就是大豆，现在产量在全世界已达三亿四千多万吨。它在中国很重要，在国外也如此。

大豆在汉代的时候就传到亚洲邻国，18世纪又被引种到欧美。在1954年的时候，美国大豆产量就超过中国跃居世界第一位。从1973年开始它就变成美国出口最重要的农作物，当时产值达90亿美元。美国对大豆种质资源非常重视，因为不是大豆原产区，一旦发生病虫害就会有很严重的后果。在中国改革开放以前，美国大豆产区发生过一种线虫病，几乎导致美国大豆绝收，恰逢中国改革开放，他们立即从华引入一些很好的抗线虫品种，挽救了大豆产业。当时美国伊利诺伊州一个州的产量就比我们全国的产量都多。那里有关大豆的育种科技也很发达。20世纪上半叶，去美国学成归来、成为大豆专家的学者如马育华等，多出自于伊利诺伊大学。现今美国是全球最大的大豆生产国，生产了世界上大约1/3的大豆。

当今中国是世界上最大的大豆消费国，消费了世界大豆产量的1/3左右，我们自己年产大豆约在1500万吨左右，但进口大豆多达9000多万吨，其中从美国进口3000多万吨，大约130多亿美元；从巴西进口5000多万吨，200多亿美元。以前我们中国人是靠大豆蛋白质来维持生命、维持民族的繁荣，现在其实也差不多。我们进口的大豆90%左右都用来榨油，榨油剩下的油渣、豆粕就变成了各种饲料，养鱼、养猪，反过来又变成我们民族蛋白质的主要来源。而且进口的大豆，不论是巴西大豆或者是美国大豆，基本上都是转基因大豆，因为它出油率很高。现在很多人怕吃到转基因的东西，其实躲不开，实际上也没那么可怕。

中国外传的重要经济作物还有茶叶。茶叶是全球三大饮料作物之一，中国是最大的茶叶生产国，南亚的印度和斯里兰卡则是世界上最重要的茶叶出口国。茶的外传跟水稻还不太一样，它约在9世纪的时候传到日本和阿拉伯地区，17世纪初传到欧洲。比较有名的茶叶引种是1848年、1852年，东印度公司先后两次派了富有园艺知识的采集者罗伯特·福琼来华，多次到茶区收集茶苗和茶种。主要采集地是浙江宁波和安徽黄山周围的绿茶产区和福建武夷山红茶产区，上述地方属于中国绿茶和红茶最有名的产区。当时他把收集到的茶种和茶苗引到印度阿萨姆地区栽培。而最早招募的制茶工匠都是武夷山区崇安（武夷山市）星村那一带的茶工，还有鄱阳湖地区的江西人，他们教会印度人怎么制茶。他们当时引进的中国茶有两种：一种是灌木茶，中国人喝的大部分是灌木茶；还有一种就是制普洱茶的大树茶。现在印度人种的茶基本上是杂交茶，因为那里种灌木茶长得不太好，也没有香味。后来他们用灌木茶跟印度原产的大树茶野生种杂交，产出来的茶味比较浓，适合制成红茶。当时把茶叶引种到那之后，不出半个世纪，印度、印度尼西亚和日本的茶叶外贸额就都超过中国，给我们的经济带来致命的打击。后来有一个植物学家认为，英国人“把中国的茶引到印度之后，决定性地改变了世界范围内的工业”。

有趣的是，美国独立也跟茶有关。18世纪，英国跟法国打了七年的争夺殖民地的战争，后来英国人打赢了，但是花了很多钱，所以要在美国征茶叶税，取得一些补偿。美国人不乐意，就在波士顿等地组织了各种抗茶会，不让茶叶上岸，这样就没法收税了。但是英国人不肯就此罢休，后来美国殖民地的民众被逼急了之后，干脆把这些茶叶全倒到海里去了。英国人就派军队去镇压，镇压的结果是诞生了一个全球最富有、同时不怎么喜欢茶叶的国家——美国。

现在茶叶还是南亚印度、斯里兰卡等国的主要出口物资。从20世纪80年代至20世纪末期，印度的农产品出口20%的产值靠茶叶。虽然他们的茶叶产量比我们少，但挣的钱比我们多，原因在于中国茶的品质一直上不去。斯里兰卡也是如此。斯里兰卡原本种了大面积的咖啡，后来茶叶比较好卖，而且可能当地更适合种茶，虽然产量不及我们，但出口量很大。

柑橘是中国外传的最重要的水果作物之一，它在世界上的影响也非同小可。2015 年的时候，柑橘的产量已经相当于世界水果总产量的 27%。除中国之外产量最多的是巴西、印度和美国。现在国内栽培的柑橘很多是所谓的宽皮橘，就是很容易剥皮的那种，比如说芦柑或者砂糖橘。但是在美国、巴西和澳大利亚，他们种的主要是甜橙，尤其是所谓的脐橙，现在占柑橘总产量的百分之八九十。我们国家后来也引种过脐橙，比较知名的是赣南脐橙，主要从美国引进。

五、余　论

在长期的历史发展进程中，我们的先人不断育种创新，同时吸收外来种类，促进了我国栽培植物的与时俱进和品种的不断丰富。粮食作物从刚开始只有水稻、谷子，到后来增加了小麦、玉米；纤维植物从开始的大麻、苎麻，到后来又增加了纤维质量更好的各种棉花，包括中棉、海岛棉和陆地棉。品种改良的成就也显而易见，典型的例子如蔬菜中白菜由原先的散叶白菜，培育出后来的大白菜；油菜由原先的蔬菜种类培育出油料作物。由于外来作物的引人注目，一些作物名称甚至发生了“鹊巢鸠占”的变化，其中比较典型的是“木瓜”。以前我们说的木瓜是一种蔷薇科植物，它的果实很酸，类似贴梗海棠的果实。现在市场上卖的水果木瓜其实是美洲进来的番木瓜科植物，原先叫番木瓜，现在通称木瓜。另一个例子是“樱桃”。我们现在栽培的樱桃，也不是原产本国的樱桃，而是欧洲或者美洲引种的甜樱桃，就是有些人根据英文名称 cherry 译成的车厘子。祖先传下来的丰富作物种类，为土地的深化利用和经济发展提供了良好的前提条件，为社会和文明的发展也注入了绵绵不断的活力。作为中华民族的后人，我们有义务管理好这笔财产，发挥和发展其应有的效益。作物资源是很重要的战略资源，除了保护已有的作物资源，我们还要注意扩大种质资源，保护野生植物资源的多样性，给后人留下发展的基础。

接下来我给大家举一些晚近形成的栽培植物例子，说明保护植物多样性的重要意义。大家知道，猕猴桃在中国被当成药用和观赏植物的历史是非常早的，这种植物在《诗经》里就有记载。唐代著名诗人岑参写过这样两句诗："中庭井栏上，一架猕猴桃"。作为药物，在《神农本草经》或者后来的本草书上都有记载。但是作为水果栽培比较晚。和橡胶、西红柿一样，它的开发历程很有启示意义。

19 世纪末 20 世纪初的时候，有个叫威尔逊（E. H. Wilson）的英国人曾长期在华作植物采集。他写过一本名为《一个博物学家在华西》的书，在 1929 年再版的时候改名为《中国——园林之母》。因为这部书，他在中国很有名气。他在中国西部采集植物时就很喜欢吃野生猕猴桃。那时宜昌海关有一些外国人，威尔逊就把野生猕猴桃推荐给他们吃。结果他们发现猕猴桃挺好吃，挺符合西方人那种吃浆果的口味，类似西方的醋栗，他们就称这种猕猴桃为"宜昌醋栗"。威尔逊曾经试图把它引到英国变成一种栽培植物，也曾把它送到美国阿诺德树木园等地栽培，结果都未能成功。但是一位新西兰来华的女教师把猕猴桃带回新西兰之后，在一个农场主庄园里被培育成新型的水果。它的成名过程也很有趣。新西兰有种不会飞的鸟叫 Kiwi，是新西兰的国鸟，因为它会发出 KiwiKiwi 的叫声，当地毛利人就叫它 Kiwi 鸟。猕猴桃毛茸茸的样子和 Kiwi 鸟很像，后来人们就把新西兰的猕猴桃叫 Kiwi。Kiwi 传到中国，国内商人并不知道 Kiwi 是猕猴桃，就给它翻译了一个还挺好听的名字叫“奇异果”，所以现在商场里的所谓“奇异果”，其实就是新西兰产的猕猴桃。但是有时候为了以示区别，就把进口的、卖得贵的叫奇异果，便宜的、本地产的叫猕猴桃。

除了奇异果，西洋参也是一个有传奇色彩的例子。西洋参和人参有很密切的关系。人参是中国原产的一种很有名的补益中药。18 世纪有一个叫杜德美（P. Jartoux）的法国传教士在华测量地图的时候，特意去调查了人参产地。他有亲身体验，觉得吃这种东西能让身体变好，变得更有劲。他根据植物地理学的分布理论，认为加拿大跟东北同纬度的地方应该也有人参分布。回到法国后，他跟去加拿大传教的一个法国传教士商量，让他帮着找西洋参，结果那个传教士真的在加拿大找到了大片的西洋参。当地人不怎么吃那个东西，他就挖了一些回法国给美国化学家化验，想看看究竟这种东西有没有什么大补元气的特殊的成分。但是化验结果说这种东西的营养成分大概不会超过胡萝卜。法国人就想这种东西反正对他们来说好像意义不大，就把它当人参卖给中国人，结果在中国还挺好卖。刚开始的时候欧洲人不断在加拿大挖，后来快挖绝了，也跟中国一样就开始种。在美国种的就变成花旗参，因为近代国人把美国国旗叫花旗。西洋参由此就变成了一种栽培植物。可见这种栽培植物驯化的过程是在不断发展的。

我给大家再举一个蔬菜的例子。现在大家在食堂吃凉拌菜，有时会吃到一种叫红凤菜的植物。其实这种菜很早就被当作野菜，而且在南方，随便找个地方把它插下去，它就成活了，如果把它当成苋菜或者当成别的什么菜去种，其实也是很容易种的。所以它很容易变成一种栽培植物。

20 世纪 80 年代，有一位美国学者曾经这样写道：从中国引进的那些作物，“改变了景观，改善了美国经济”。而且“植物栽培者仍在选用引进的基因，增加美国作物的种质资源，以期生产更优良的谷物、水果、蔬菜和观赏植物”。这位美国人认为，中国至今仍是最好的基因资源中心。从她的感言中，不难看出种质资源、野生植物资源都是非常重要的，外国人都在惦记着，我们更要保护好这些东西。让青山长在，绿水长流，使植根于此的中华文明更加灿烂辉煌。

汉机织汉锦：汉代丝织技术研究的回顾和进展

赵　丰

关于丝绸的研究很杂。尽管丝绸是一个物品，看起来比较简单，但是事实上它牵扯的面比较广。对我们博物馆人来说，它首先是一个实物，我们往往会把它当作艺术品来研究，同时对丝绸的研究又涉及生产技术，或者是社会经济，因为它跟贸易有关。

前一段时间我们发布了一个消息，就是用汉代的织机来织汉代的织锦，我们织出来的是“五星出东方利中国”这块织锦。大家对这个实验非常有兴趣。所以我就用“汉机织汉锦”这个题目来回顾一下汉代丝织技术研究的基本情况，以及最近几年的新进展。

本文分三个部分：一是汉代丝织品的发现与整理，主要是汉代丝织品大概的研究状况；二是汉代织机，主要是汉代踏板织机与提花织机的织造技术研究，两者都是中国古代的重要发明创造；三是汉代之后提花织造技术的发展和影响。

一、汉代丝织品的发现与整理

（一）汉代丝织品的发现

1. 马王堆汉墓

汉代到今天为止已经有两千年左右，绢、丝绸、纸张一般说起来保存期是 800 年到 1000 年左右，但是在有的墓葬里面就会保存得特别好。我们先看一下丝绸的总体保存状况。

汉代最有名的遗址可能就是湖南长沙马王堆。马王堆是一个西汉时期的墓。西汉墓在中国南北各个地方都有不少发现，西汉建国初期，各个地方分封了不少的王，都是当时的权贵，基地埋葬条件比较好。尤其当时流行的埋葬方法都是挖得比较深，密封比较好。北京的老山汉墓也发现有丝绸，现收藏在首都博物馆。还有大葆台汉墓，里面也有丝绸，但保存得不是特别好。另外还有满城汉墓，发掘得比较早一点，里面也有丝绸，这是在北方北京附近的。到最南方广州那边有南越王墓，里面也有丝绸，但是以残片之类为主。

汉代其他保存得比较好的墓葬基本上都在两湖流域——湖南、湖北。湖北有不少汉墓，比如凤凰山汉墓，这个墓很有名，保存的东西也不错，有一些战国时期的丝绸。而马王堆是一个特例，就是保存得特别特别好。马王堆汉墓大概是在 1972 年发现的，“文化大革命”的时候，部队要扩建医院和挖防空洞，挖的时候突然发现那个地方冒沼气，冒出来的时候可以点火。后来报告给当时的湖南省博物馆的革命委员会，他们派人来考察，最后就进行了发掘。这在全国都很轰动，年长的人可能都有这个记忆。我当时还比较小，1972 年的时候大概是 12 岁，记得当时经常在操场上看电影，放电影之前会插播一段新闻纪录片，就播了马王堆。当时长沙附近的老老少少都赶过去看那个墓，墓主辛追老太太的尸体被放到医院里面，老百姓就爬到墙上去看。之后很多科学家、考古工作者都去研究那个墓的主人，她吃什么、穿什么、生的什么病、怎么死的等等。这个墓成为当时我们科技考古的一个经典的、使用科技手段最多的案例。

马王堆汉墓里面出土了很多东西，都特别重要，除了墓主的尸体、丝绸，还有各种东西，比如遣策，就是当时随葬品的清单，还有帛书、各种著作等。从丝织品的角度来说，马王堆特别有名的其实是刺绣，我们现在看到很多的马王堆复制品是素禅（dān）纱衣——特别轻薄的纱。长寿绣都是刺绣，有印花的、手绘的，也有一部分织锦。这里举了两个例子，都是织造出来的。一块是马王堆一号墓的一件织锦，当时是放在枕头边上的，其实可以看到边上是刺绣，里面是织锦。另外一块是三号墓的隐花波纹孔雀纹锦（图 1）。

图 1　马王堆一号墓出土的织锦（左）和三号墓出土的隐花波纹孔雀纹锦（右）

马王堆汉墓是马鞍形的，一开始挖出来的是一号墓，保存最好，墓主是辛追老太太。还有两个墓是她儿子和丈夫的，保存状况都不如一号墓好，不过也还不错，也挖出来不少东西，像乌纱帽等。马王堆汉墓可以说是我们国内保存最好的西汉时期墓葬，出土了很多丝织品。

2. 敦煌马圈湾汉代遗址

西汉时丝绸之路开通，汉唐之间丝织品保存好的地方都比较干燥，也就是在丝绸之路沿途。丝绸之路从西安开始，但是西安这个地方气候比较湿润，有泾河、渭河，基本上要保存丝织品不容易。保存得相对比较好的就是甘肃河西走廊这一带，河西走廊东边一段也不是特别好，但是到了敦煌附近，整个气候就越来越接近于新疆一带，这里出土了很多东西。整个河西走廊在甘肃省境内，在汉代的时候有一道长城，也是沿着河西走廊建筑的。这道长城主要是用来防御匈奴。它的另外一侧就是河西走廊。为了保护整个丝绸之路的通畅，所以在长城沿线，凡是有烽燧的地方都有驻军，派兵守护，还有一些地方有专门的驿站。当然烽燧多一点，驿站少一点。驿站里有住宿，甚至有医疗设施。丝绸之路申遗时，有一个驿站遗址马圈湾，离敦煌五六十公里，边上就是祁连山。祁连山里面有一眼泉水，有水就可以住人，在这里就设了一个驿站，经常有各种官员、商人、使者等路过休息。驿站里还有专门的兽医，过往的车马可以在这里休息，马有病时可以治一治。这个驿站留下了非常丰富的遗存，其中就有大量的丝绸（图 2）。

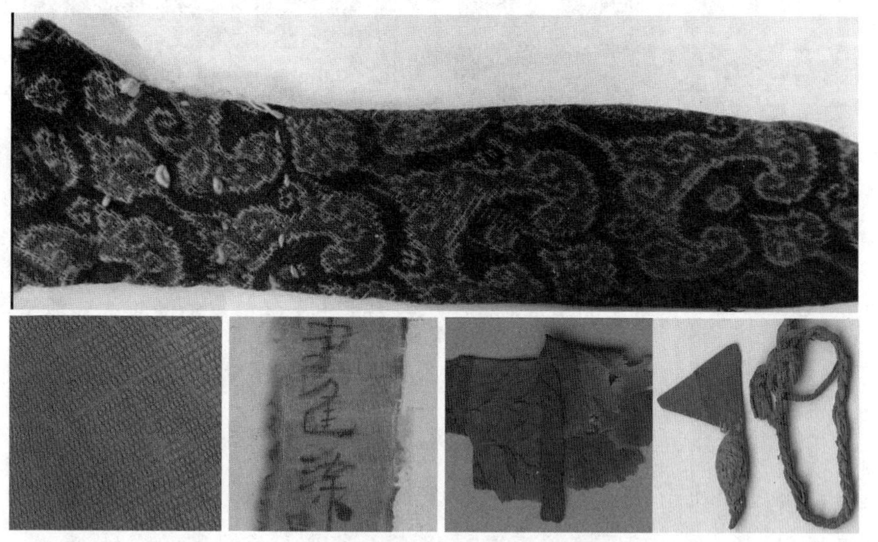

图 2　敦煌马圈湾烽燧遗址出土的织物

3. 诺因乌拉（Noin-Ula）匈奴王墓

除此以外，比较重要的西汉时期的境外发现，主要在蒙古。蒙古有一个地方叫诺因乌拉，是匈奴人的地方。当时汉代跟匈奴人有非常多的交锋，一开始匈奴对汉代的进攻很多，到了汉武帝的时候，特别是后期，就组织了大军把匈奴打跑了。诺因乌拉的墓葬跟内地的不完全一样——在草原上非常广阔的地方，用石头垒起来，像小山丘一样，后来判断为匈奴人的墓葬（图3）。其实这样的墓在丝绸之路上有很多，都有这种标志，上面有一个封土或者是一个冢。中国内地最有名的就是秦始皇陵，秦始皇陵也是这么一个封土堆。很多的墓在表层看不到太多的东西，要往下挖，像阳陵、茂陵等都是一个一个的土堆，这就跟草原的墓葬风格有一定的关联。诺因乌拉这个地方天气很冷，下面经常会结冰。因为墓是挖下去的，所以后来这里塌陷下去了，俄罗斯的考古学家科兹洛夫发现之后就进行了发掘。

这个匈奴墓里面发现了很多纺织品，特别是中国的丝绸，有刺绣，也有织锦，也有很多毛织物刺绣的东西。图4就是来自中国的一件织锦。

另外一件非常有名的叫山石鸟树纹锦，它有山石、鸟、蘑菇云一样的云气纹，还有树，跟摇钱树的造型特别像（图5）。这件织锦非常特殊，主要特殊在它的织造技法。现在大家研究得还不太多，这件东西收藏在俄罗斯的艾尔米塔什博物馆里，褪色得比较厉害，但是仔细看的话，可以看到它有很多层次。这件织锦的丝线，当时报道的有六种之多，但是我看了之后觉得大概只有五种不同颜色的丝线。现在褪色了，比较接近，还是可以看出很多细微的区别，在当时色彩应该更加华丽。这个墓很重要，发现得也比较早，俄罗斯人自己做了不少研究，日本人也比较喜欢这个墓，也做了不少研究。墓葬的年代一般说起来可能是在西汉末年到东汉初，因为在这里面发现了一些漆器，漆器出现年代快到西汉末年，所以很多人把它定在新莽时期，即西汉东汉之交。

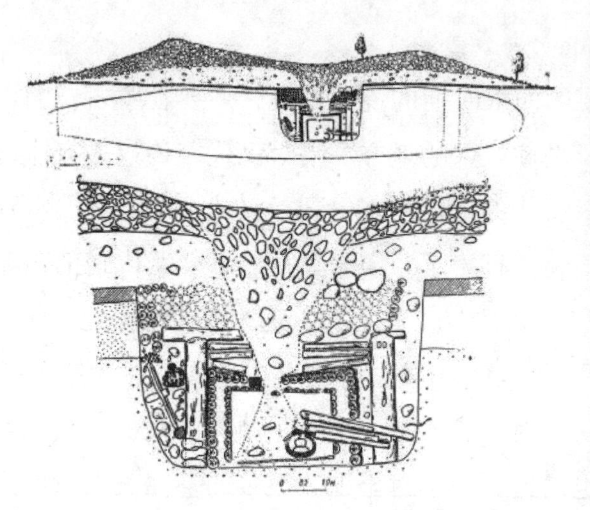

图 3　诺因乌拉匈奴墓形制

图 4　诺因乌拉匈奴墓出土的织锦

图 5　诺因乌拉匈奴墓出土的山石鸟树纹锦

4. 吐鲁番胜金口墓地

汉代丝织品近年最重要的发现，集中在新疆地区。因为新疆有塔克拉玛干沙漠，它是很干旱的地方，远离几个大洋，所以称为亚洲腹地。斯坦因曾经有本考察报告，就叫《亚洲腹地考古记》（*Innermost Asia*）。它是在亚洲最里面、最中间、离水最远的地方，所以可说最干旱，往往能够比较好地保存丝织品。

在吐鲁番边上有一个叫胜金口的地方，在那里发现了西汉时期的织锦（图 6），织锦周边是毛织物，中间是丝质物，这是最近几年的发现。

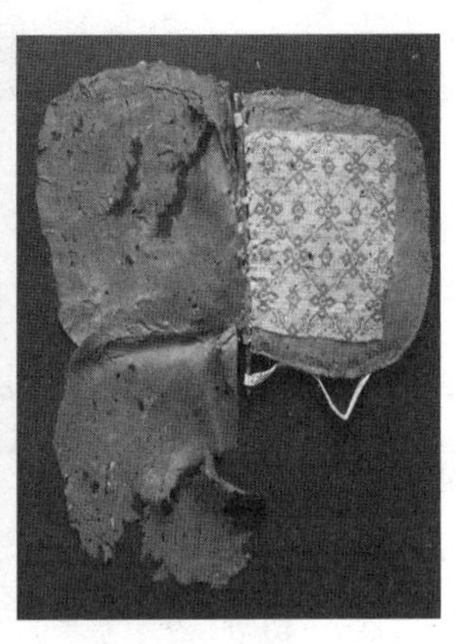

图 6　吐鲁番胜金口出土的织锦

5. 楼兰

楼兰是新疆考古最开始的地方。新疆考古最重要的人物斯文赫定在 19 世纪末 20 世纪初的时候，开始到新疆一带考察，发现了楼兰，还挖了一些东西带回去。斯文赫定只是粗粗地进行了一些调查，挖到了一些文书，最后把这个地点的名称定下来，认为这个地方就是古书上面所说的楼兰。因为他是一个地理学家，挖东西不是他的主要目的，他挖东西是要证明这是哪里。斯文赫定之后就是斯坦因，斯坦因对楼兰的调查比较彻底。斯坦因是考古学家，所以他挖东西是要搞清楚这里面的文化。斯坦因基本上跑遍了整个楼兰罗布泊地区，把很多遗址都编了号，也发掘了一些东西。一个遗址里面发掘的东西不会特别多，他的着重点在于弄清这是一个怎样的城市，城墙是怎么做的，哪里是寺庙，哪里是官府，哪里是老百姓的生活区。楼兰的墓都在一些高台上面，因为是雅丹地貌，所以当时人死了之后，都埋在高台上面。斯坦因也挖了几个墓，在汉晋时期的墓中挖出不少丝绸。图 7 就是他当年挖的，上面有“登高明望四海”的铭文。

但是斯坦因没有挖完，后来斯坦因再来做考古，就不让他做了，当他第四次来的时候，就把他轰出去了。后来中国考古学家周肇祥、黄文弼等人跟斯文赫定合作，组织了西北科学考察团进行调查，这个地方的考古工作开始慢慢由中国人自己主导。到1949年以后，这个地方变成了军事禁区，很多工作也就停下来。重新开始是到改革开放之后。当时日本人提出来要拍一个“丝绸之路”的片子，日本人对丝绸之路狂热的程度非常高。当时邓小平同志批示，允许他们进入这个军事禁区。中国的考古学家第一次坐直升机去那里考古，发掘了整个城市。在楼兰古城以及楼兰古城边上斯坦因挖过的一些地方，出土了很多的石头，以及一些经典的汉代、特别是东汉时期的丝绸等（图8、图9）。

6. 尼雅

楼兰考古开始之后，整个新疆特别是丝绸之路的考古一下子就热起来了。尼雅也是斯坦因曾经考察过的一个地方，也成为了人们的关注点。加之1959年新疆解放之后的第十个年头，要办新中国的考古成就展，觉得东西不够，相关人员就到尼雅那边去看看，结果运气特别好，一去就发现了两个汉代的木乃伊，很轰动，但是后来就再也没进去过。直到1990年前后，日本有一个珠宝商人小岛康誉，一开始他做新疆的教育等，后来对新疆的考古有兴趣，出钱在尼雅进行考古调查，开始几年都没有特别大的发现，1995年突然发现了尼雅一号墓地。这次挖出来很多好东西，包括木乃伊、尸体、衣服等，出土的汉代丝绸特别多，而且特别完整，特别有名的是“五星出东方利中国”锦。这是一个非常大的发现（图10）。

图 7 “登高明望四海”锦

图 8 “千秋万岁宜子孙”锦

图 9 “四海贵富寿为国庆”锦

图 10　尼雅遗址出土的丝织品

7. 扎滚鲁克

除了尼雅之外，还有扎滚鲁克、山普拉等地点，都是盗掘过的墓地，而且墓地都比较乱。沙漠上面的墓有的不像尼雅的一个个都有棺材，扎滚鲁克的墓很大，里面就像太平间一样，放进去一个一个尸体，一个墓穴可以埋葬几代人，甚至十多代人，反正一个家族的人死了就放进去，放到后来放不下了，可能得推一推，又腾点地方出来放，所以经常是一个墓葬里成群的尸体在一起。扎滚鲁克就是这种情况。但里面出了很多丝绸（图 11），虽然都不是特别大，却是经典的中国内地的丝绸。后来有新的丝绸发现，也都是锦。

8. 营盘

营盘往东是楼兰，往南是尼雅，往北是吐鲁番，它在一个比较中间的位置。这个位置很重要、很关键。这里有一个营盘城，属于尉犁县，城里面有很多很大的墓地。因为这个地方地理位置好，所以被盗得很厉害。后来新疆文物考古研究所就把它全部清理了一遍，挖出来很多东西。其中最有名的是营盘十五号墓，有一个穿毛织品衣服的人。同时里面也出土了很多丝绸，这些丝绸都很有特点（图 12）。

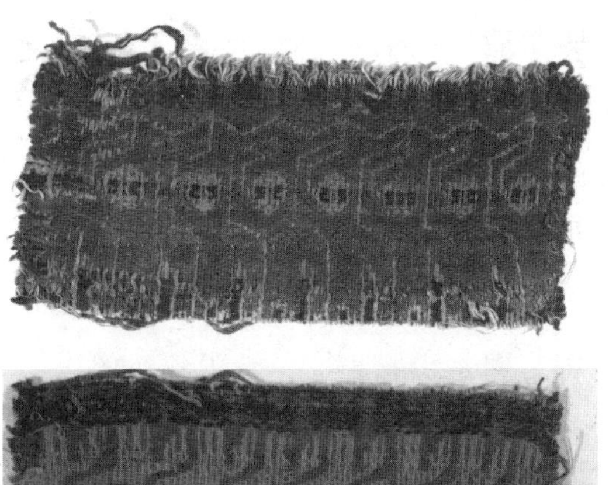

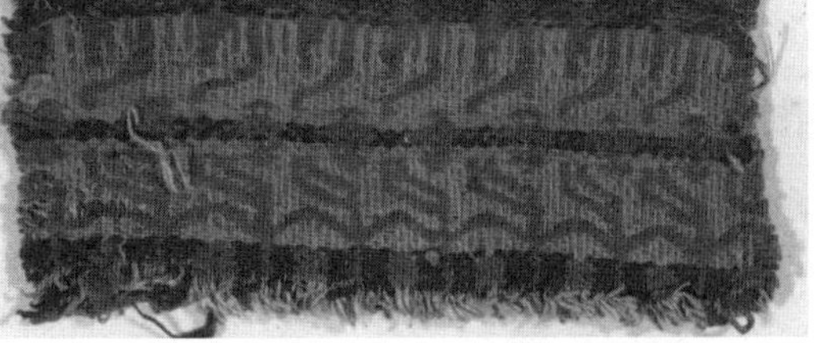

图 11　扎滚鲁克古墓群出土的丝织品

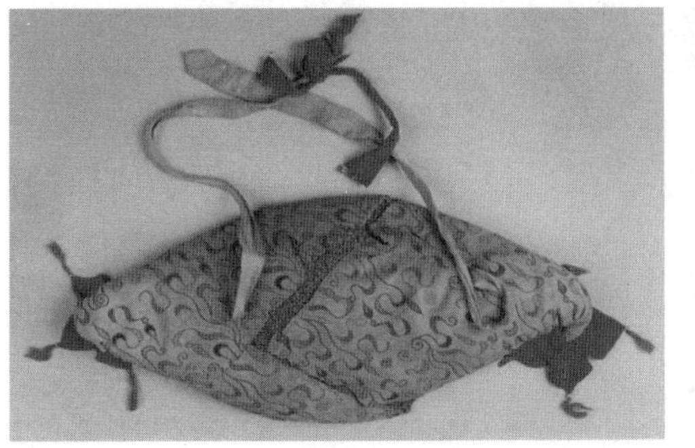

图 12　营盘墓地出土的织物

（二）汉代丝织品的整理和研究

上面说到的新疆的楼兰、尼雅、营盘以及扎滚鲁克、山普拉等地发现的汉晋时期的丝织品很重要，是我们研究的主要对象。接下来我们再说一下整理或者初步的研究。

首先我们来看看织物。汉代丝织品有锦、绮、罗等各种各样的产品，但是最重要、最华丽的是织锦。锦是织彩为纹，把彩色的丝线织成一个图案，就叫锦。“锦”这个字，半边是“金”，表示贵重；另外半边是“帛”，我们中国丝绸博物馆的标识就是用了“帛”字。帛其实就是普通的丝织品，在当时是丝绸的一个总体称呼。像黄金一样贵重的丝织品，称为锦，所以锦肯定是最好的。锦基本上是一种组织结构——平纹经锦，是一种专门的结构，这里不多说了。它的图案特别漂亮。在汉代特别流行云气纹样（图 13），整个汉代最重要的织锦一般而言都可称云气动物纹锦，就是有云气、有动物，还有汉字这三种图案的基本要素。有的时候云纹是一团一团的，有的时候连成一片，跟马王堆刺绣的云纹很像。云气动物纹锦里面有很多动物，这些动物有时候叫得出名称，有的时候很随意，叫不出名称。

图 14 是汉代织物中的动物纹样。左上一张有很多的斑纹、金钱纹，今天说起来可能是一个豹子，但是它也有可能是其他动物。右上一张造型看上去像只虎。左下一张是翼龙，有小翅膀，当时的龙都是行走的龙。右下这张可能是辟邪。在南京城外，有很多像狮子一样的南朝石雕，应该就是辟邪一类的东西。

还有一些其他的纹样（图 15），比如说左面两个动物可能是麒麟，因为是独角兽。右上这张肯定是鹿，角、斑纹都比较清楚明显。鸟类的纹样比较少，右下这张是一个鸟，也许是凤凰，也许是仙鹤，也许是别的东西，这些都有人做过考证，特别是根据汉代人的祥瑞传说进行考证，但是有时候考证起来也不是特别容易。

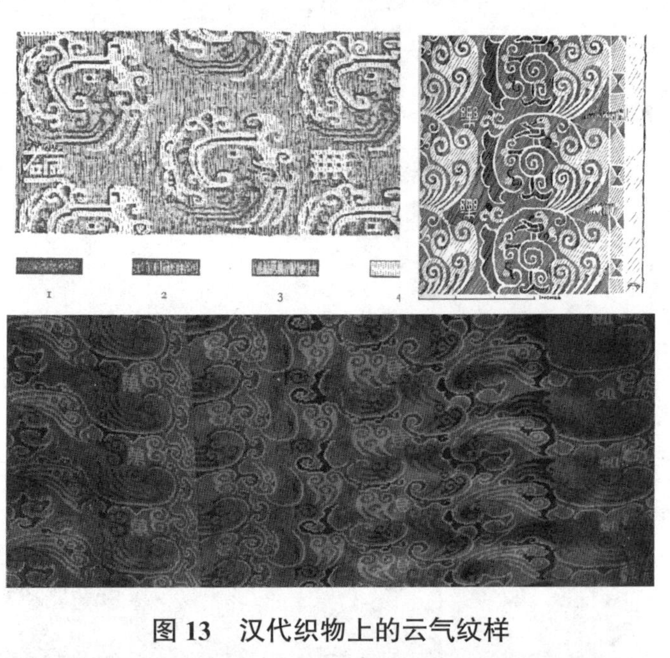

图 13　汉代织物上的云气纹样

图 14　汉代织物上的动物纹样

图 15　汉代织物上的动物纹样

还有跟人物有关的图案（图 16），左上这张就是一个骑士，骑在马上，快马加鞭的样子。当时很多图案都跟升天有关，所以在云气纹样边上，会加入各种各样表示跑得特别快的纹样，这个骑士就是其中一种。右上这张是一个羽人——长了翅膀能够飞的人。这个人的造型，肩部非常短，肩上像翅膀又像小的衣服，下面穿着像超短裙的裙子，脚在前面，整体是羽人的概念。另外还有两个比较特别的人物——西王母和东王公，经常成对出现，在当时的汉画像石上有很多。为什么它可以认定为西王母？因为西王母头上会戴一个特别的冠饰，叫胜。胜是什么呢？就是织机上面的经轴，

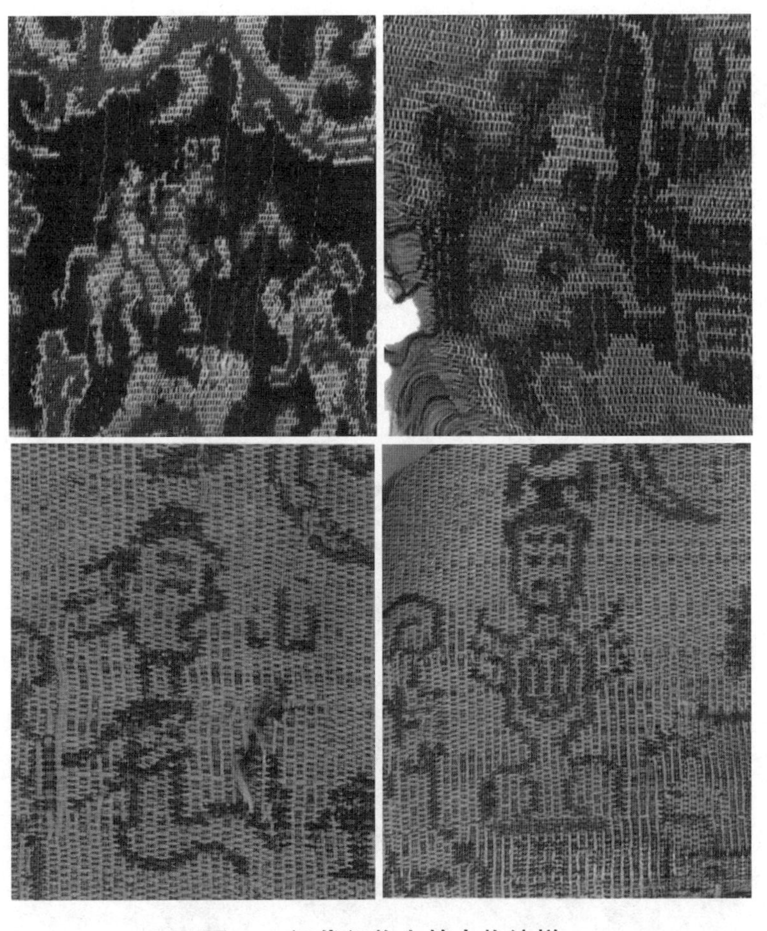

图 16　汉代织物上的人物纹样

现在叫“胜”，是同一个意思。西王母是特别经典的一个形象，头上戴滕就可以定为西王母，当然还有很多其他的证据，但这是最典型的。有了西王母，同一件上面的另外一个人，理论上就应该是东王公。

再看结构。这代织物纹样里经常会出现飞龙（就是翼龙）、小的飞禽，以及长翅膀的兽，有回头的、有往上爬的等，都挺有意思的。当时的整个纹样结构就是一长条。这件“王侯合昏千秋万岁宜子孙”锦，非常有名（图17），刚才讲到的云纹是连起来的，但是这件织物上的云纹是一朵一朵的。

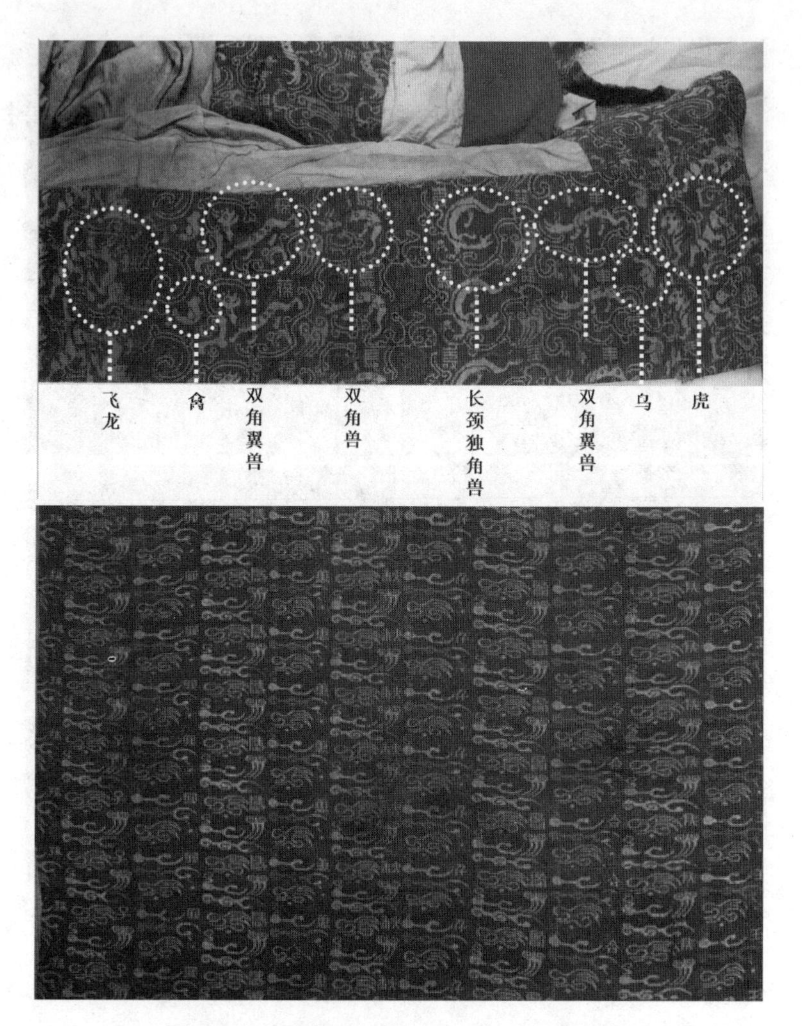

图 17　“王侯合昏千秋万岁宜子孙”锦

另外一个非常重要的方面就是文字。当时的文字也是比较多的。在这之前我先讲一下新疆地区出土丝织品的年代。从墓葬的角度来说，我们基本上都把这些遗址定在汉晋时期。尼雅、楼兰那边大量的遗址，特别是塔克拉玛干沙漠南边的那些遗址，当时肯定是绿洲，有人生活。这些绿洲里面的水从哪里来？主要是靠南边的昆仑山。到了夏天昆仑山冰雪融化，水从北侧流下来，一直流向塔克拉玛干沙漠，水大的时候就可以冲进沙漠，能冲多深就跟气候有关了。在当时冲得还比较远，所以在沙漠内部形成了一个个绿洲，到今天所有这些绿洲都干枯了。水冲不到的地方绿洲就在退缩，沙漠化严重起来，整个绿洲都往边上退，越来越靠近山，所以现在新疆产和田玉的和田等地就靠山越来越近。这是一个历史的过程。在当时，居住在绿洲里的人群是被迫迁徙，所以这些城市废弃的时间是可以知道的，我们判断大概在公元4世纪，即公元300多年的时候。也就是说这些地方挖出来的所有的墓、所有的遗址，都是在这个时期。只是很难判断确切的年代是公元200年还是300年，因为他们的生活状态变化不大。所以笼统地认为这些遗址的年代是汉晋——东汉到魏晋南北朝。至于这些遗址里出土的丝绸到底是什么时候的，其实也不是很清楚，只能说个大概。

图18是我们新发现的一件丝绸，是后来采集的，也就是说它不是由考古学家从某一个墓葬里面挖出来的，而是其他人发现的，出土在尼雅附近。这件织物上面织了四个字“元和元年”。这件织锦我们可以非常明确地说就是元和元年做出来的。元和这个年号汉代有，唐代也有，但是这个肯定是汉代的。汉代的元和元年就是公元88年，也就是公元1世纪。有这件锦作为一个标准器，我们就知道那个地方的织锦，早的话可以到公元88年，晚的话可以到这个遗址废弃的年份。

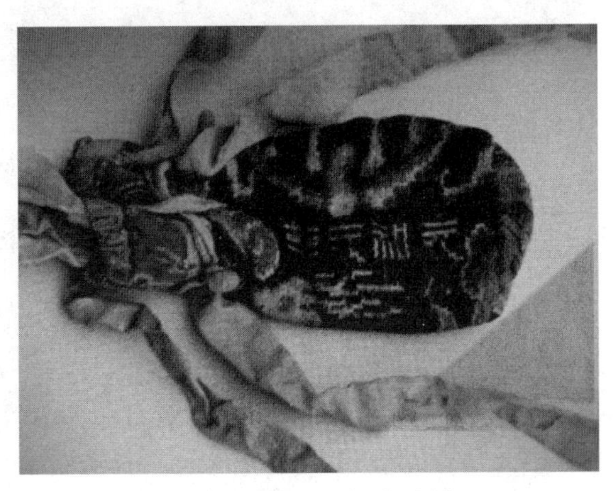

图18　元和元年鹿纹锦

这些丝织品都称为汉锦。汉锦的铭文各种各样，归纳起来大概有三类：一类基本上是跟个人、跟家族有关，保佑子孙、保佑自己等，比如最常见的就是“延年益寿大宜子孙”，自己要延年益寿，子孙也要。还有“延年益寿长葆子孙”“千秋万岁宜子孙”等。或者是“安乐如意长寿无极”，这是对自己而言，基本上全是这样。第二类的铭文稍微短一些，比较简明。比如“长寿明光”（图19）、“长乐明光”、“长乐大明光”等（图20），看起来跟长乐长寿有点关系，但是可能这些更多的是跟当时的建筑有关，比如说长乐宫、明光殿等。还有一些比较含蓄一点，不直接说我要什么，而是和其他的环境联系起来，比如说阳山、广山、威山，这些都是仙山，跟长寿有关，但是没有直接用长寿、延年益寿这些词。第三类更有政治高度，听起来比较宏观，比如像“五星出东方利中国”，看上去是给国家做的，可能是在官营作坊里面做的，再如“王侯合昏”“恩泽下岁大孰长葆子孙”（图21）、“恩泽下岁大孰”等。因为是要祈祷整个国家的风调雨顺，看上去就更有高度一点，不是为自己家庭、家族或者子孙的，而是站在国家天下的角度来看。

图19　“长寿明光”锦

图 20　“长乐大明光”锦

图 21　“恩泽下岁大孰长葆二亲子孙息弟兄茂盛寿毋极”锦

汉锦还有一个特点就是色彩。中国很讲究阴阳五行，阴阳五行就是金木水火土，与之对应的还有五色，就是青、黄、红（赤）、黑、白五色。另外我们经常说的天地五方，东南西北中，对应的是青龙、白虎、朱雀、玄武，中间是黄土（图 22），也是有色彩对应。因为织锦是五彩缤纷的，里面就经常体现五色的概念。我们现在看到织锦最多的色彩就是五彩，像“五星出东方利中国”锦上就有五颗星，五颗星刚好就是五种颜色，它的丝线一共也是五种颜色。五种颜色常常没有黑色，而是用绿色来替代，另外就是蓝色、黄色、红色、白色。这个五色跟丝绸的结构也有关系，我们叫五重结构，即织锦的任何一个地方都有五种颜色。但是有的织锦每个地方都要织五种颜色太辛苦了、很难，有的地方就是四种颜色或者三种颜色，在不同的区域里面变换颜色，最后整个区域里面加起来是五种颜色。就像图23这件织锦，绿颜色和白颜色就是在替换的，加起来有蓝的、红的、绿的、白的、黄的，最后也是五种颜色。这个很有意思，当时对五色的追求很讲究。

二、汉代织机

以上从出土情况、图案、铭文、色彩等方面对汉代丝织品做了一个简单的梳理。第二部分我们讲一下汉代的织机，这是一个技术史的

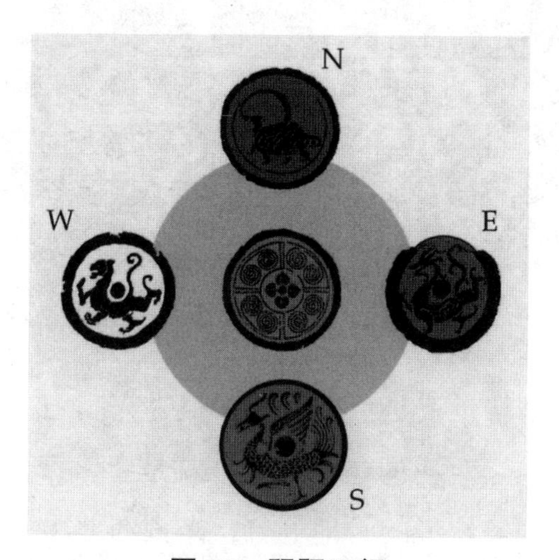

图22　阴阳五行

图23　“延年益寿长葆子孙”锦

问题。

汉代织机分为两个大类，对应的织出来的丝绸也可分为两个大类：一个是素织物，平纹，没花纹的，这种没有花纹的织物织出来之后可以用刺绣、印花加上花纹，或者再经过扎染，也可以直接用素的。另外一个是织出来就有花纹的，像绫、绮、罗等。织出来就有图案的，叫提花织物，是用提花织机织的。

首先来看素织机。在汉代最重要的一种类型就是踏板织机。踏板织机以前的织机比较简单，没有踏板，直接靠手来操作，效率太低了。踏板织机出现后，人们就用脚踏来完成一些基本的动作，提高了生产力。踏板织机在历史上非常重要。

这里稍微简单说一下汉代丝织品的产地。从西周、东周的情况来看，中国各地都有丝绸生产，在汉代时全国已经有很多地方都生产丝织品，重要丝织品生产的地方，即技术比较高或东西比较好的地方，在汉代的时候，主要有三个。一个是长安，也就是现在的西安。长安当时是首都，所以有非常发达的官营作坊。这个官营作坊史料里面记载叫“织室”，在汉代的时候有东织室、西织室。从实物的角度来说，前些年汉阳陵发掘出一块方印，叫东织令印（图 24）。织室是一个场所，一个作坊或者机构。织令就是主管官职的名称。在汉阳陵，肯定是生产一些比较重要的丝织品，比如之前说到的一些跟政治有关的主题比较宏大的织锦。

图 24　东织令印和织室令印

除了长安，山东也是一个非常重要的丝绸生产地。山东临淄一直设有服官，专门给皇帝做衣服。当时需要做春天、夏天、冬天三季的衣服，因为秋天跟春天的气候比较接近。专门给皇帝做衣服的官员就称为三服官。据说工匠有几千人，每年耗费很多资金。山东从历史上来说，丝绸生产比其他生产更为重要，就是因为这个传统。

在秦汉时期开始兴起的丝织产地是四川。中国的文明发展总体上来说北方比较快一点，黄河流域会比较好一点，四川那边偏落后一点。汉灭秦之后，很多中原的人家都迁到四川去，那儿渐渐就开发、发展了。汉代前后就出现了四川的蜀锦。成都设了锦官，成为织锦的一个管理部门。蜀锦越来越有名，特别是到了三国的时候，蜀国主要就是靠卖织锦来赚军费。诸葛亮当时说："今民贫国虚，决敌之资，唯仰锦耳。"

西安、山东、四川是当时丝绸生产重要的三个区域，当地丝绸生产的技术就代表了当时中国的最高技术。这些地方都有什么样的织机？我们先说踏板织机。中国出现织机应该说很早，图 25 这台织机是在杭州边上的良渚文化遗址的墓葬里面出土的。它出土的时候只是几个玉器，相距 30 多厘米，成对出土，中间应该有木头朽烂了。从侧面可以推断中间烂掉的木头的形状。复原后差不多是左图的样子。这种织机在历史上很普遍，是一种原始腰机。它有经轴，中间有挑花杆或者是开口杆，有一个卷布轴或者织轴，织轴会绑在腰上，所以称为腰机。一边绑在腰上，一边用脚撑着，整个的身子、腿的长度就是织物的长度。这个织机已经具备最基本的一些功能。

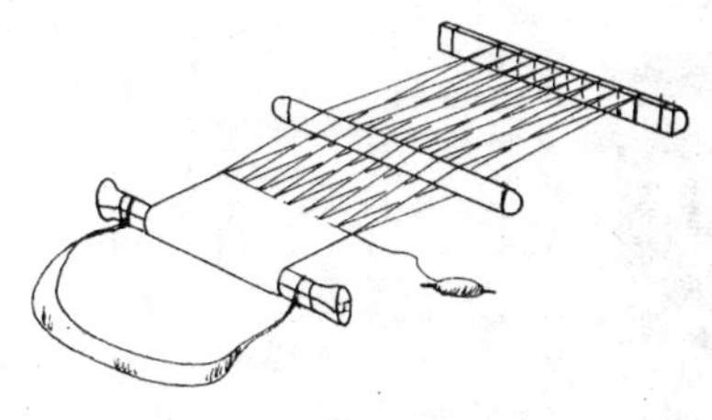

图 25　良渚织机玉饰件

织布有几个基本的条件。一台织机在织造的过程中要完成五个步骤，其中最重要的是开口。所有的织都叫交织，交织首先要摆好经线，纬线去织，织的时候一定要把经线最少分成两层，纬线从经线中间穿过去，才能形成交织。经线分开的口子叫梭口，形成梭口的这个动作就叫开口。没有开口就无法交织，开口是整个工作里面最重要的步骤，开口要开得非常均匀。如果要提花，开口就很复杂，当它有一定规律的时候，就可以得到一定规律的图案。

开口之后还有其他几个步骤。比如投梭，开口开好了，梭子过去就很简单。梭子过去后要打纬，要把纬线打紧，不打紧它是散的、不平的，或者有紧有松。还有两个步骤是什么呢？也很简单，经线在前面织完了要一点点把前面织完的绕进去，没织的放出来，一个叫卷取，一个叫送经。

我们最近在办一个关于世界的织机的展览。我们中国早期的织机，还有南美洲的原始腰机，都是这样纺织的。南美洲到今天为止还是这样做，非常简单，但是效率比较低。如果要提高效率，一些步骤需要交给脚来完成，这样手可以做得更快。这个时候就出现了有机架的织机，这就成为比较正式的织机。原始腰机绑在身上，因为有人的身体作为支撑，好像是完整的，但是人一旦离开，把织机拿下来就是几根穿了线的木棍而已。而有了机架的织机，等于是用织机的机架替代了人的身体，不需要人时刻支撑。另外也把开口的工作动力交给了脚，脚一踩踏板，开口就起来了，踏板放下开口就关掉了，或者形成另外一个开口，这样就是“机”。

织机的“机”字，繁体是“機”，可以看出，左边的“木”字旁指织机是用木头来做的。右边部分跟图 26 中的机架是基本一样的。不同的是“機”字有两绞丝，这两绞丝挂在机架上后，就和汉代的织机形象一样。

图 26 “機”字的形意

图 26 中这台织机模型由法国纺织爱好者 Krishna Riboud 收藏，她去世之后捐给了法国的吉美博物馆。这类汉代釉陶织机模型还有很多相关资料，特别是在汉代画像石中可以看到很多。

在中原地区，比如山东、河南、江苏的北部，出土了大量有织机图案的汉代画像石，四川成都也有关于织机的汉代画像石。可以看到跟图 26 的织机形象基本相同，有个架子，经面是斜的，所以称为斜织机，同时还有不同的踏板（图 27）。

踏板织机是中国的创造发明，对它的研究已经进行了很长一段时间，最早进行研究的是南京博物院的宋伯胤先生，大约是在 20 世纪 50 年代末 60 年代初。因为江苏北部出了很多画像石，所以他最早开始进行汉代织机的复原。下图就是宋先生根据江苏洪楼出土的画像石做的复原图（图 28、图 29），实际上不能动。

后来我们考古界非常重要的人物夏鼐先生又复原了一台斜织机。夏先生家里面是开丝织作坊的，所以他有这个经验。他觉得能动，但事实上还是不太好动。这台织机现收藏在西安的陕西历史博物馆里（图 30）。

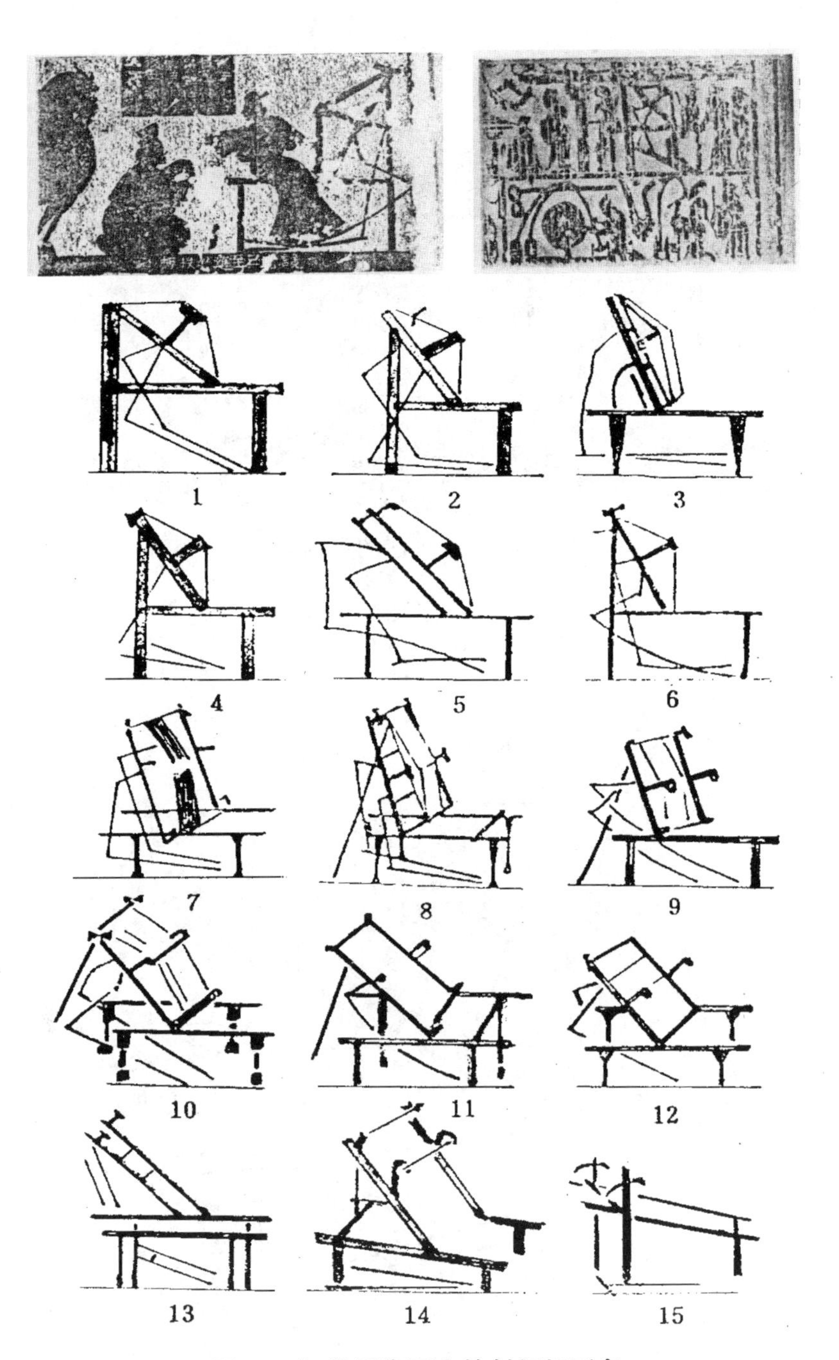

图 27　汉代画像石上的斜织机形象

图 28　江苏洪楼的汉画像石

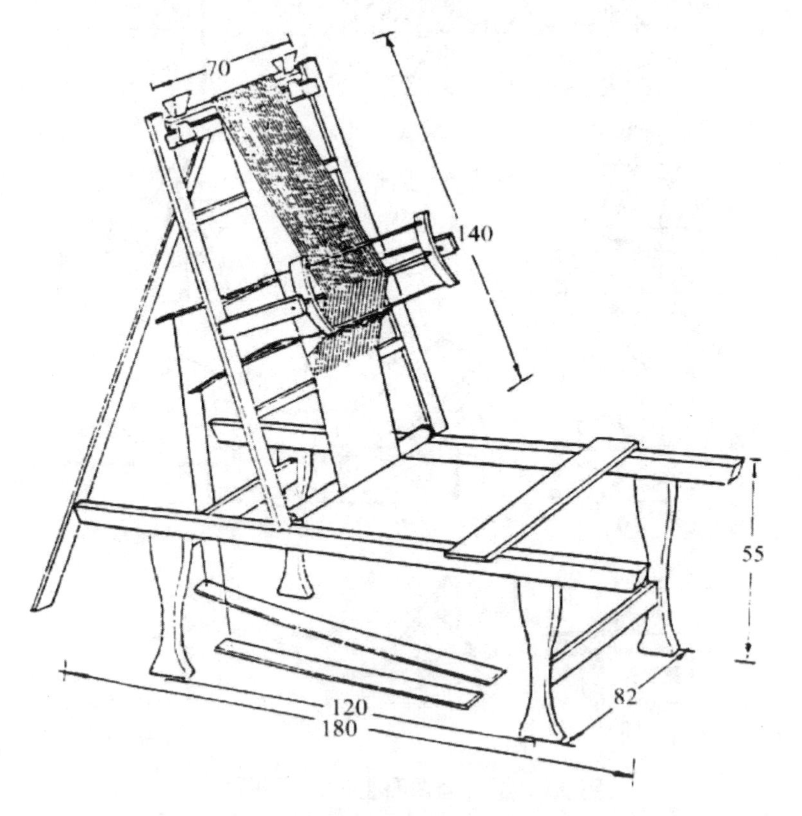

图 29　宋伯胤复原的汉代斜织机

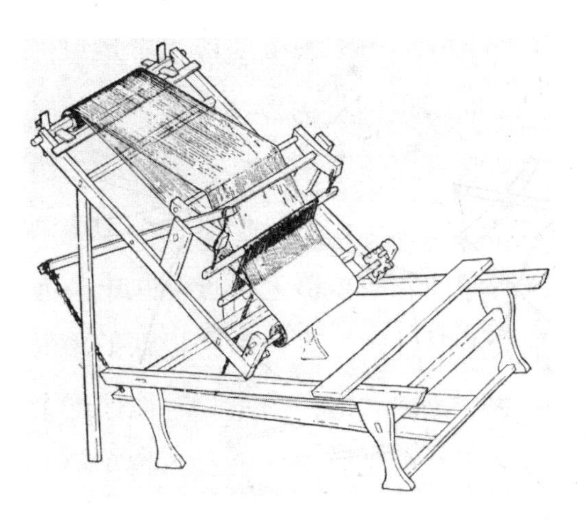

图 30　夏鼐复原的汉代斜织机

在此之后非常重要的汉代织机研究是《中国纺织科学技术史》的撰写。《中国纺织科学技术史》是纺织史领域非常重要的一部著作，由科学出版社出版，主编陈维稷是当时纺织工业部的副部长，他是搞技术出身的，组织了一支团队来做纺织科技史的研究。他的研究起因就是 1972 年马王堆发掘之后很多纺织界的人去做马王堆的研究，这样在纺织界就掀起一个做古代纺织研究的高潮。为首的是当时上海纺织科学研究院的高汉玉老师，他们发现中国纺织的东西很多，内容非常丰富。

宋伯胤先生、夏鼐先生都是搞文物的。纺织界进行的纺织科技史研究因为相关学者有工程技术的背景，所以稍微有点不一样。屠恒贤老师是当时华东纺织工学院（今东华大学）的第一届研究生，当时毕业的四个研究生都是做纺织史，包铭新老师现在很有名，徐国华当过南通纺织博物馆的副馆长，张培高在教书。屠恒贤老师的硕士论文做的是战国秦汉的织造技术，仔细研究了当时的织机，到底怎么样能做出来。因为有工程技术的背景，研究得比较细，特别研究了江苏泗洪曹庄画像石上的织机（图 31）。

它是一个斜织机，有踏板，这个踏板很有意思。它有两块踏板，两块踏板中间有一个曲柄连杆机构，这个地方弯的时候很奇怪，一般我们想象中一踩就把它一面压下去，杠杆另外的一边提起来，前面所有的复原都是按照这个原理来做的。但是这个图像画得非常明显，它是两边向相反的方向弯曲，所以屠老师推测在中间有一根轴，踏板踩下去的时候这个轴会逆时针转，另一个踏板踩下去的时候它会顺时针转。我觉得这是屠老师特别大的一个贡献，他把这个关键的部分合理解释了。当然他的论文没有复原出一个真正的实物，因为他当时是硕士研究生，工作状况、资源等不具备复原的条件，要把整台织机复原还有很多很多的细节。后来我比较幸运，有一个机会发现了一台比较完整的织机模型，大小、形状都在，而且当时我已经是博物馆的馆长，有一定的资源，所以我就把它做了一个比较完整的复原，整个中轴都复原，结构非常奇妙（图 32）。

最早记载可见于《列子》，里面讲到纪昌学射，他说要想射箭射得准，需要练习眼睛盯得牢。他就躺在妻子的织机下面，眼睛一直看着踏板在动，“目承牵挺”。牵挺我认为就是中轴，最关键的就是中轴的两个方向成 90 度伸出两根杆子，跟下面踏脚板的两杆相连，踩下其中一根中轴逆时针转，踩下另外一根中轴顺时针转。踏下这根杆子的时候，感觉像把它拉下来了。但是踏下另外一根杆子的时候，感觉是把它挺起来顶上去了，这样使得它两种动作的时候有两个方向的转变。这是我们的复原，也是开口的原理（图 33）。一般它有一个自然开口，然后在拉的时候就会有另外一个与自然开口相反的开口，一定要有两个开口才能交织。还有关于张力的一些细节，我们都做了一些推测，我个人觉得还是比较成功的一个复原。

图 31　江苏泗洪曹庄汉画像石

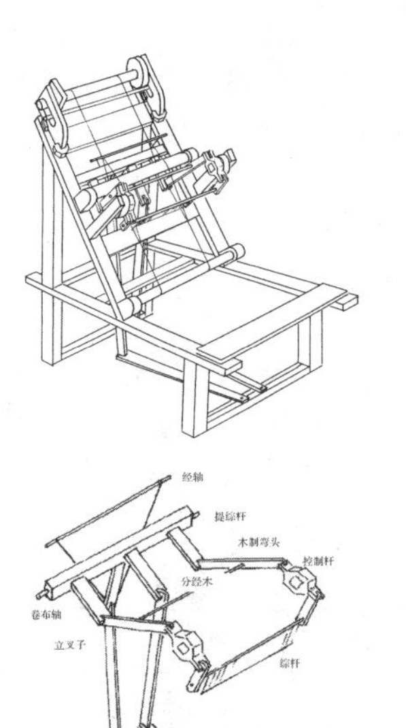

图 32　赵丰复原的汉代斜织机

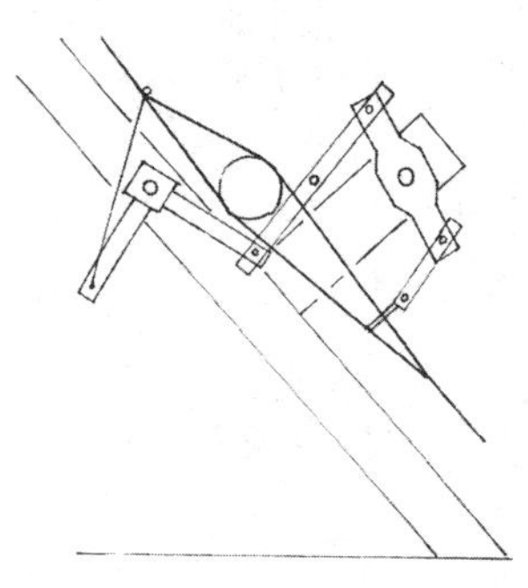

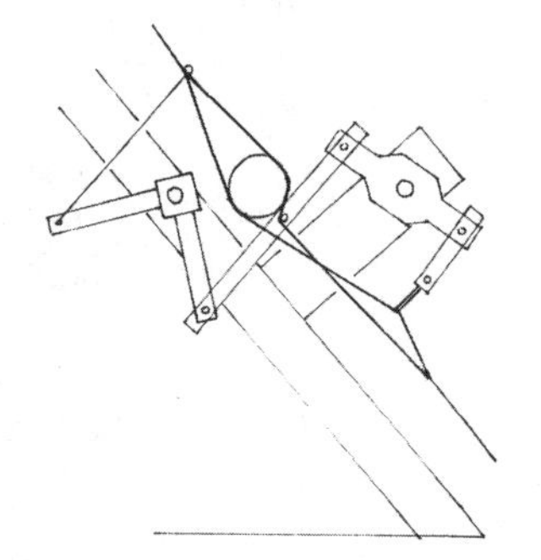

图 33　斜织机的开口原理

这个复原还有一个佐证。中国汉代的东西到后来很多都没有了，斜织机到后来也没有了，但还有一点遗存。我们在做元代织机研究的时候，发现有一种踏板立机，是垂直的织机。这种织机当时的史料记载非常详细，元代薛景石的《梓人遗制》，讲明了织机的每一个零部件的尺寸，装配基本上也说了（图 34）。我是先做了这个织机的复原，20 世纪 90 年代初做的，1994 年的时候正式发表（图 35）。立机子的原理也是有一个中轴，中轴连接两块踏板，一块是往下拉，一块是往上顶。所以它和斜织机的原理是比较接近的，可见这个结构一直沿用到元代。

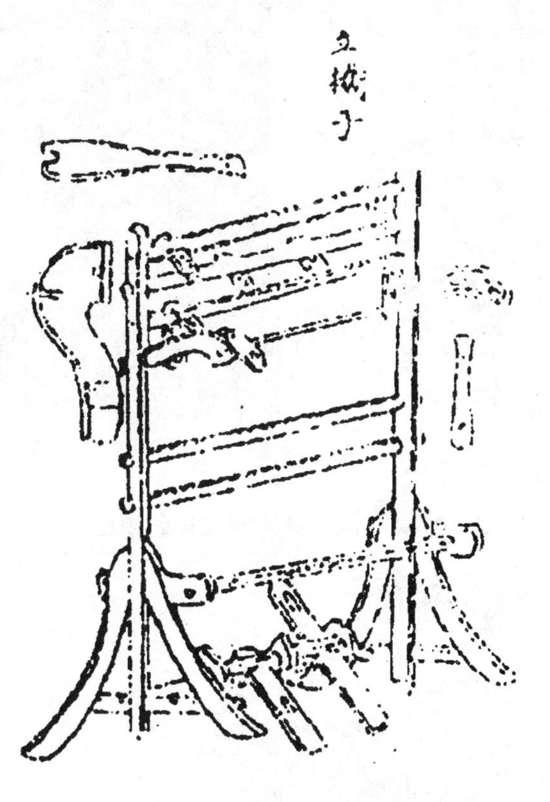

图 34　《梓人遗制》中的立机子

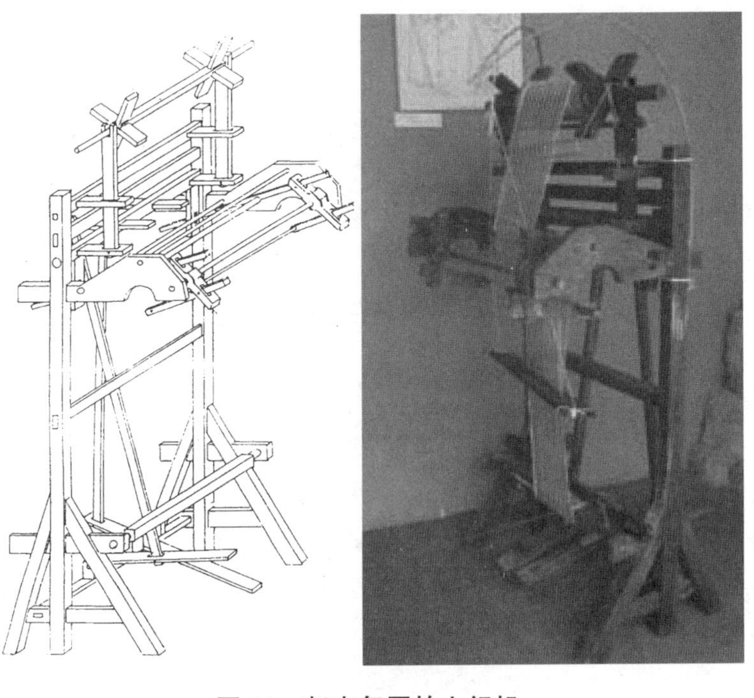

图 35　赵丰复原的立织机

立机子的图像材料很多。山西开化寺的宋代壁画里面就有立机子，唐代或者五代时的敦煌壁画里面也有立机子，到明代仇英《宫蚕图》里面也有立机子。立机子是有很多遗存的，改革开放之后我上大学，山西有人给我寄照片，我认为里面就是立机子，但是后来这些照片找不到了。我觉得汉代踏板斜织机上的中轴式原理，一直延续使用在后来的立机子上。

在汉代还有一个比较重要的记载是“敬姜说织”：

> 文伯相鲁，敬姜谓之曰：“吾语汝，治国之要尽在经矣。夫幅者，所以正曲枉也，不可不强，故幅可以为将；画者，所以均不均、服不服也，故画可以为正；物者，所以治芜与莫也，故物可以为都大夫；持交而不失、出入不绝者，梱也，梱可以为大行人也；

推而往、引而来者，综也，综可以为关内之师；主多少之数者，均也，均可以为内史；服重任、行远道、正直而固者，轴也，轴可以为相；舒而无穷者，樀也，樀可以为三公。”文伯再拜受教。

在这段文字中，敬姜把治理国家比作织造时对经丝的处理，选用官员犹如使用织机上的部件，因此，这段文字其实也就是描述了一架当时的织机。据考证，幅即幅撑，画即筘，物是一种棕刷，梱是开口杆或挑花杆，综为综杆或综统，均乃分经木，轴为卷布轴，樀为经轴。根据这些机具，我们可以复原出一种水平式双轴织机（图 36）。

刚才的踏板织机有经轴和卷布轴，都在织机的机架上面做好了。经线只要拉起来丝线就会紧，但是松下去的时候会散乱。如果这个机架是固定的，就要使它能调节经线的张力，没有调节的话就没法用。

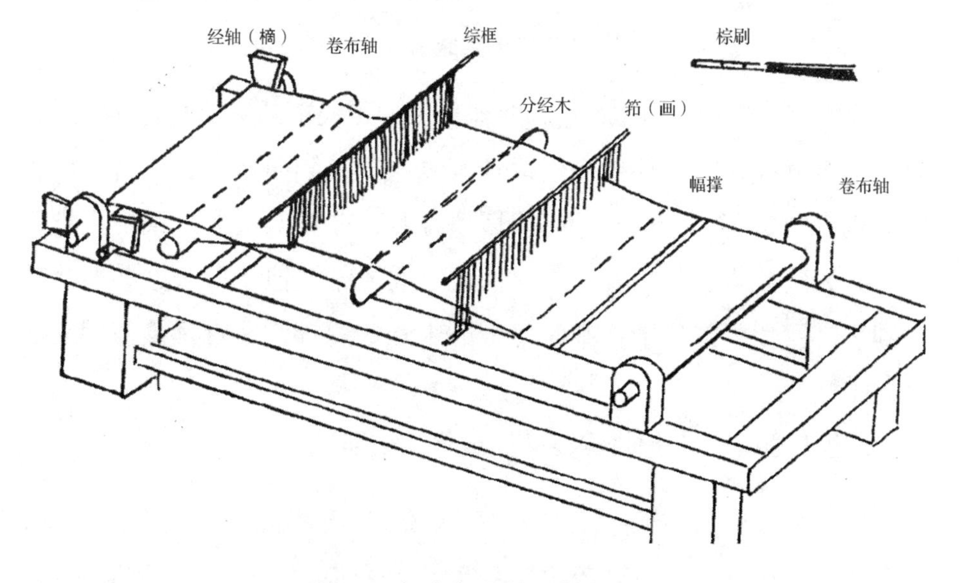

图 36　赵丰复原的双轴织机

中国纺织很多时候都靠腰、靠人的身体去拉紧经线，腰部稍微变化一下可以把丝线绷紧了，绷紧了就好织。踏板织机里面另外有一种叫踏板腰机。踏板腰机有踏板，但是调节张力是靠腰部。在汉代的时候已经有了，前面提到的成都画像石里的织机，就是用的这个原理。图 37 是我在美国怀古堂看到的一个模型，里面有台织机比较简单，估计也是这种，卷布轴是绑在腰上的。

我前一段时间在延安学习，在延安一带一直到洛川会议的那个地方都能见到很多腰机（图 38）。当时南泥湾大生产时使用的那些织布机也全是踏板腰机，这些腰机在陕西一带特别流行。我们馆以前在陕西扶风征集了一台踏板腰机。我们这次织机展览也展出了韩国的一种踏板腰机（图 39）。

现在我们看到的最多的踏板织机是缂丝机，是一种互动式的踏板机（图 40）。这种踏板织机以前认为可能在欧洲先出现，然后来到中国，但是现在我们发现中国少数民族地区大量的踏板织机都是互动式踏板织机。

图 37　怀古堂藏汉代模型

图 38　延安窑洞中的踏板腰机

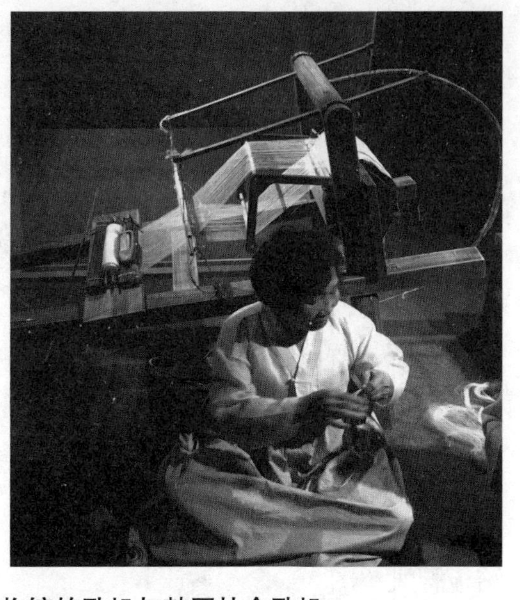

图 39　中国丝绸博物馆的卧机与韩国扶余卧机

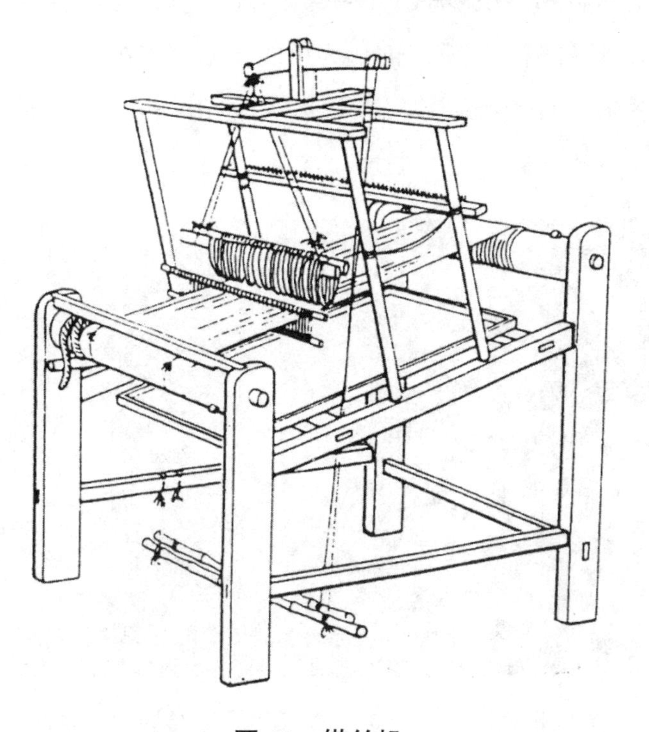

图 40　缫丝机

接下来讲一下提花机。提花机我们研究得还是很多的。首先是文献方面，有很多先生都进行了研究。文献里面最重要的就是东汉王逸的《机妇赋》，里面描述了一台织机，应该是一台较为大型的提花机：

> 胜复回转，剋像乾形。大匡淡泊，拟则川平。光为日月，盖取昭明。三轴列布，上法台星。两骥齐首，俨若将征。方员绮错，极妙穷奇。虫禽品兽，物有其宜。兔耳跧伏，若安若危。猛犬相守，窜身匿蹄。高楼双峙，下临清池。游鱼衔饵，瀺灂其陂。鹿卢并起，纤缴俱垂。宛若星图，屈伸推移，一往一来，匪劳匪疲。

按孙毓棠先生的考证，这里的织机应该是一台束综提花机，高汉玉老师、张培高等也持同一说法。其中最为重要的部件应该是“高楼双峙”，高楼就是后世的花楼；“下临清池”，就是排列整齐的经丝。“游鱼”是梭子，“纤缴”是通丝或衢线衢脚，“星图”就是线制的花本。随着织造的推移，花本也在变换。我也曾推测这可能是一种低花本式的提花机，类似于竹笼机或帘综机。

另外跟这个稍微有一点关系的是《西京杂记》，这本书可靠性稍微差一点，里面提到了陈宝光妻为霍光家里面织散花绫，机用一百二十镊。镊一般是指头上的钗子，这里我们觉得它应该是指综杆，有 120 根综杆。织的是散花绫，到底是什么样的其实不是特别清楚。但是 120 片综杆装到一个织机上面，机器会很大，可能操作不了。最近我在印尼看到一种提花机，是一个很简单的腰机，放在地上，连一个机架都没有，但是它上面的提花杆可以达到上千根。它的工作效率并不是很高，而且织的图案有的在边上，有的在中间，上下前后都要变换，这就需要很多综杆。后来还有一个文献记载，稍微晚一点，记的也可说是汉代的事，是《三国志 · 方技传》裴松之注里，讲到扶风马钧巧思绝世，改进当时的织机，就说“旧绫机五十综者五十蹑，六十综者六十蹑”。

三国时期说旧绫机显然就是汉代的情况，这种一蹑控制一综、蹑综数量相等的织机，应是踏板式多综提花机，今人称为多综多蹑机。这个多综多蹑机与四川成都双流县的丁桥织机应该是差不多的（图41）。马钧改机的时候尽管提到了“旧绫机五十综者五十蹑，六十综者六十蹑”，但是他的着眼点是在后面，“先生患其丧功费日，乃皆易以十二蹑”。就是说马钧看到当时的织机技术不行，要改变，全部把它做成十二蹑，“其奇文异变”，织出来的图案更加漂亮了。

我的博士生导师周启澄先生从原理角度出发，做了一个科学的可行性的复原，用12个踏脚板去控制五六十个综片，有点像排列组合一样，他认为是可行的。当然他只做了一个图，我们也没有真正地做出实物来，只是一个推测（图42）。马钧是一个科学家、技术家，这是一种发明创造的尝试，不一定得到推广。

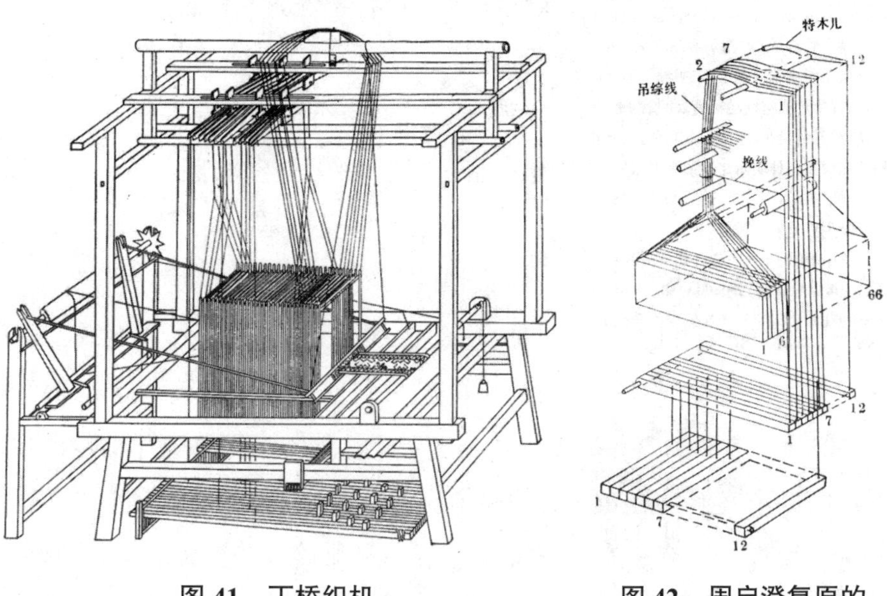

图41　丁桥织机

图42　周启澄复原的多综织机省综方案

那么当时实际上用的是什么样的织机呢？我们大部分的研究是史料的研究，更多是从汉代出土的织物出发。前面介绍了很多汉代出土的织物，图 43 这件其实不是汉代的，比汉代更早，是在荆州出土的战国时期的织物。

这件织物的横向图案有一对一对的凤凰、龙、麒麟、马，尽管看起来是循环的，但实际上不是。纵向的图案是循环的，特别是我们可以看到在方框标示的地方长方形被打破了，这里的图案有问题，也就是说一旦有一个程序做了一个破的长方形，在下一个循环的时候会重复，永远是破的，无法纠正。这是一个非常重要的现象，说明中国的提花织造技术在那个时候开始出现了，就是它有循环了，哪怕是错的循环，它也要继续循环。

到了汉代的时候，这种纵向循环的图案风格完全延续下来了。图 44 是斯坦因发掘的“韩仁绣文佑子孙无极”锦，图案也是这样。横向的字都不一样，但是纵向是循环的。

这个图案规律在别的织物上也有，不只是织锦上面。图 45 是我们博物馆收藏的一块罗，在浙江安吉出土，很有意思。它总体上是菱纹，还有一些小动物。菱纹在别的地方都很规整，但是在方框所示处拐了一个角，而且不光是菱纹拐角了，同一地方的树也拐了角，旁边小动物的耳朵或者角也拐了一下，这就说明它的综片在使用时并没有按照常规的先后顺序一一提起。在这个位置，部分综片前后反复多次使用。这反映的是多综织机的一种规律，当时暗花绮的图案规律也是这样的。

图 46 是我们博物馆收藏的绛地团窠鹿纹锦，年代大概要到 6 世纪左右，它上面的图案很有意思。可以看到有一个圆圈，把它放直了看上面有一对小鹿，中间也是像鹿一样的，里面是三对孔雀、凤凰、狮子，从示意图可以看到最后形成了一个比较大的团窠，但是事实上它的图案单元并不大。这个图案最初的循环也就是 A 区域，分成两部分，大

图 43　马山一号楚墓出土战国舞人动物纹锦

图 44　“韩仁绣文佑子孙无极”锦

图 45　安吉楚墓出土的菱纹罗

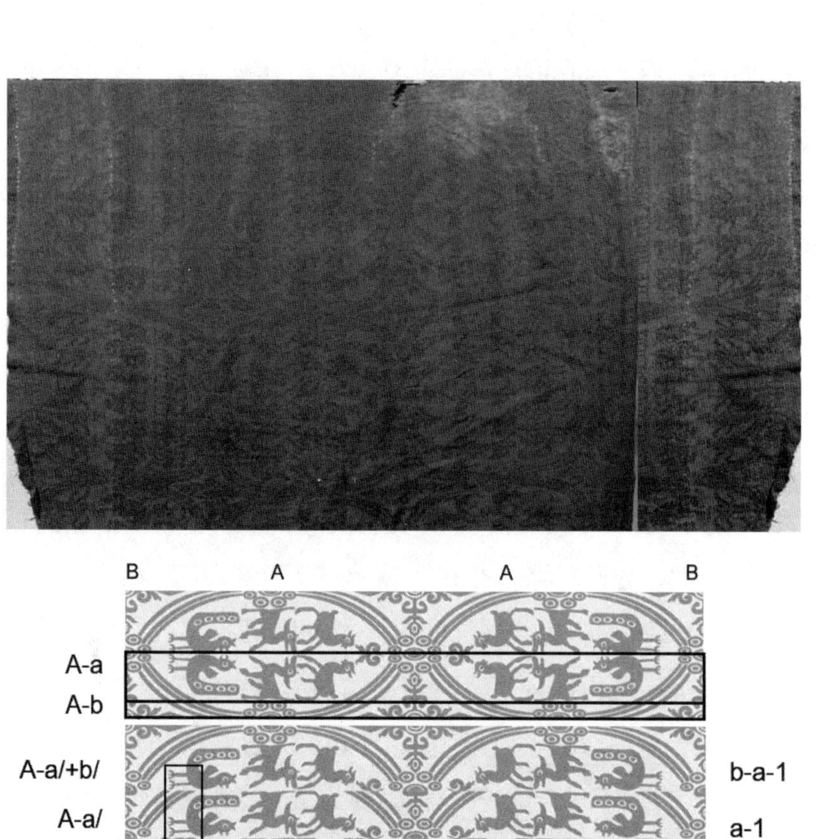

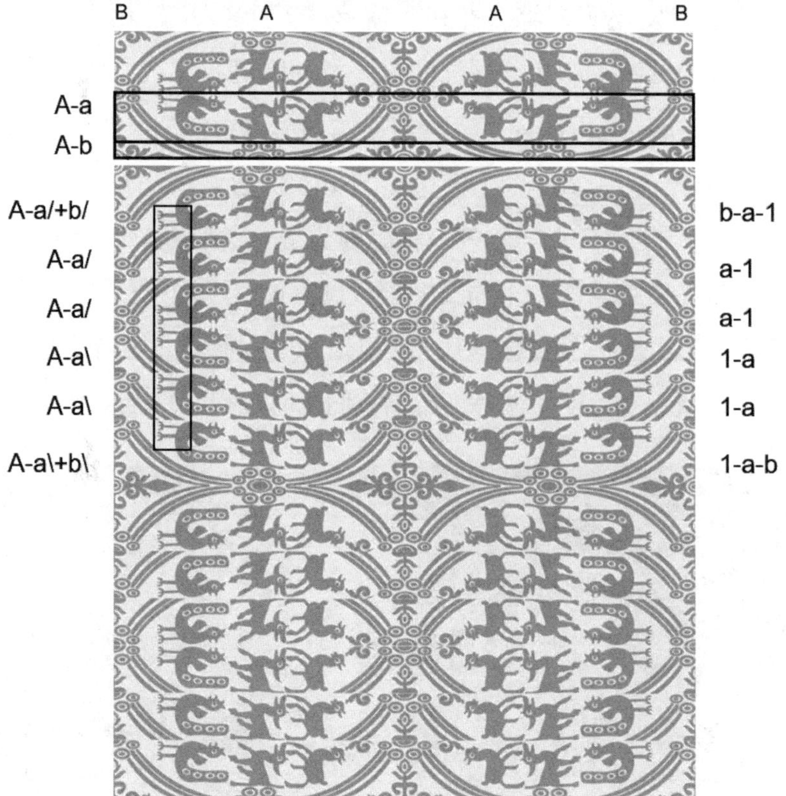

图 46　绛地团窠鹿纹锦图案单元示意

一点的是主体区域，小的是过渡区域。在织造的时候首先把A区域全部织了一遍，之后只循环中间的一部分，如果用数字来表示，就是先从1到50，之后局部从10到50重复，对称的从50到10重复，最后50到1。这说明多综织机可以比较随意地控制一部分的综片，在纺织的时候虽然一共只有50片综，但是它最后织出来的图案就像有500片综那么大。

关于当时的提花机，我们再来看民间调查的东西。民间调查的工作也有不少人参与，像丁桥织机就是我们的前辈四川成都的胡玉端老师在参与编写纺织科技史的时候发现的（图47）。他调查了丁桥织机之后我们就发现了多综多蹑机，就是“五十综者五十蹑、六十综者六十蹑”这样的一种织机。同样的这一类的织机我在云南也有看到（图48），这次织机展览里面还有一台广西靖西的多综织机，也是这个原理。

还有另外一类织机，叫帘综机（图49）。它其实是有花本的，这个花本比较小，挂在中间，这种帘综机在广西、云南、贵州等地较多。花本图案是放在帘综这里，上面提完都放到下面，下面提了再往上，可以一直这样做。而这些图案总体上来说也是纬向不循环，经向的循环有限。但是它可以做到上百根的循环，所以我们当时觉得它也是一种可能性。

图47　四川丁桥织机

图48　云南德宏多综式织机

图 50 是傣族的另外一种帘综机，跟老挝的织机非常像。这种织机可以织出很大、很漂亮的图案。

还有一种是环式帘综机（图 51），其他的帘综机花本是从上到下，而这种环式机的花本不下去，而是转过来分成前后两层。

竹笼机的前后两层花本是用一个竹笼来支撑的（图 52），变成在竹笼上面的一个环了，把竹笼拿掉，一挂起来也是前后两层。这些都是我们研究汉代织机的非常重要的参考。

图 49　云南傣族帘综机　　**图 50　云南水傣族帘综机**

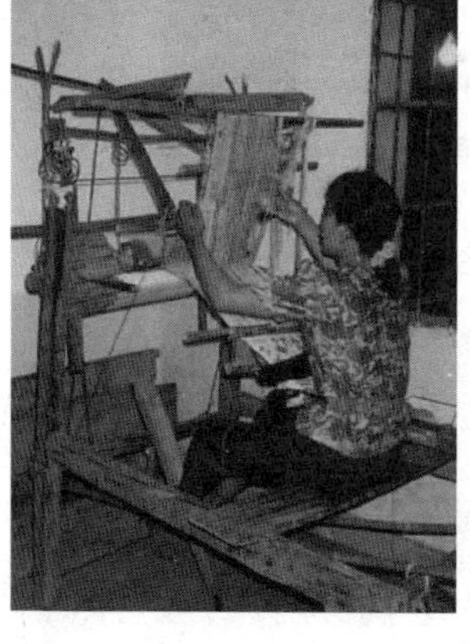

图 51　云南元江环综机图　　**52　广西壮族竹笼机**

到目前为止，汉代织机最可靠的直接证据来自于2012年年底到2013年年初在四川成都老官山发掘的汉墓。它是一座西汉的墓葬，里面出土了四台提花机的模型（图53），另外还有摇纬车、整经工具、15个木俑等，模拟的是一个丝织作坊。这四台机子里，我们复原了两个类型，一个是滑框式一勾多综提花机，另外一个是连杆式一勾多综提花机。

四台提花织机模型相关参数

编号	方位	尺寸	类型	格栅数	横木条	圆榫头	方榫头
186	东北	长85宽27高50	滑框	19	5	3对6支	4对8支
189	东南	长67宽19.6高36	连杆	13	4	3对6支	2对4支
190	西北	长64宽〉19高37	连杆	12	现存2个	3对6支	2对4支
191	西南	长63宽20高36	连杆	12	4	5对10支	

图53　四川成都老官山汉墓出土织机模型及参数

从名字来看就知道这两台都是多综片的提花机。186号织机出土的时候一共有19片综的位置，有5片综保留下来。19片综就是多综的概念。一勾是指上面有一套将综片拎起来的系统，有一个选综的机制，通过锯齿形的横梁去选择。提综的动力是下面的一块踏板。织机两侧有个很大的框，只要在选综的时候不超过这个框，19片综就都可以提起来（图54）。所以这台称为滑框式的勾综提花机。我们在2014年接的这个复原项目，在 2015 年的时候就把整个织机复原出来了（图 55）。复原出来之后首先做了一款战国时期的织物。

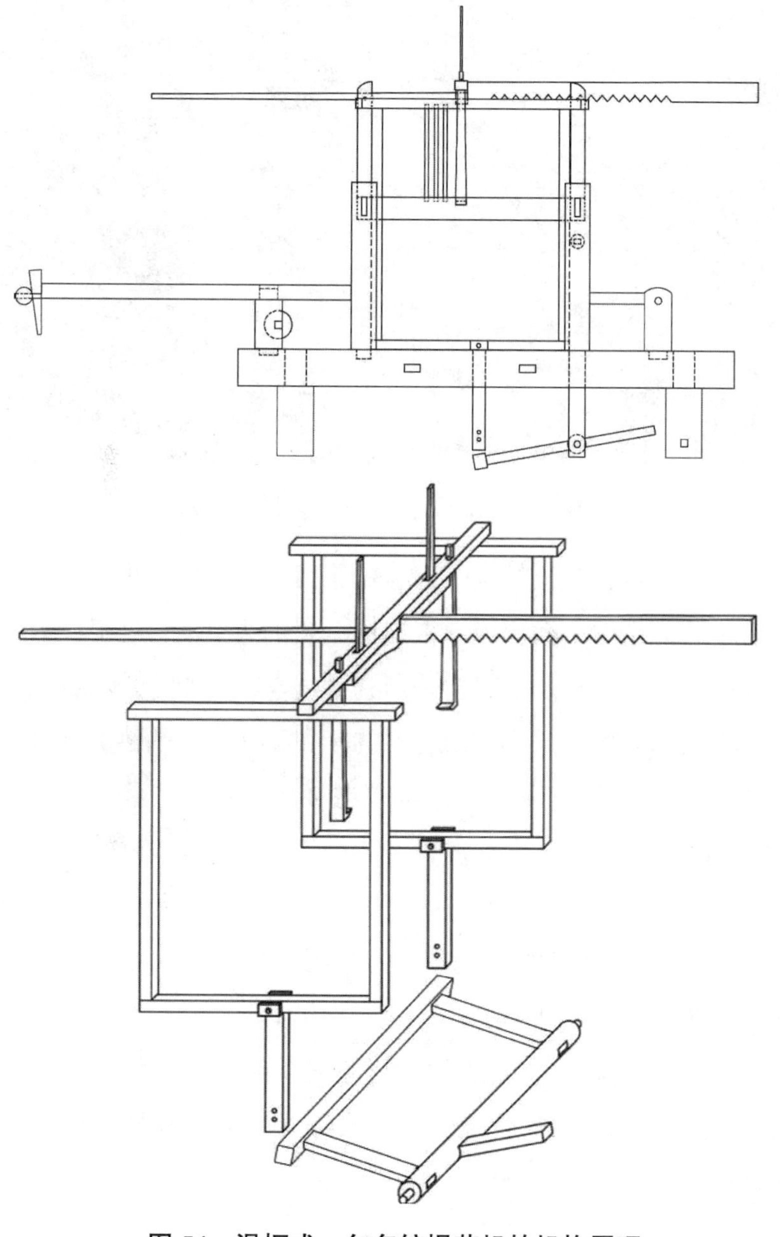

图 54　滑框式一勾多综提花机的机构原理

图 55　复原的滑框式一勾多综提花机

另外还有一种称为连杆式的勾综提花机，形式比较小一点，比较简单，没有平行的滑框，简化成一根连杆，装了两个勾，这根杆子在最中间的时候可能是垂直地上去，但是当它滑过勾的时候，是斜着把它提上去，所以它织出来的效果不是最理想的，在综片不多的情况下也可以工作（图 56）。这个研究成果后来发表在 *Antiquity*，这是一个比较好的考古类期刊。

2016 年，我们接了新疆的一个任务，要复制“五星出东方利中国”锦。我们当时的想法就是要用汉代的织机来复原汉代的织锦，所以我们用老官山出土的织机来做“五星出东方利中国”锦。这是第一次尝试，因为老官山织机是新出土的、刚刚复原成功的织机。之前我们解决了很多原理问题，但是如何实际织出一块非常复杂的汉锦，对我们而言还是新的尝试。

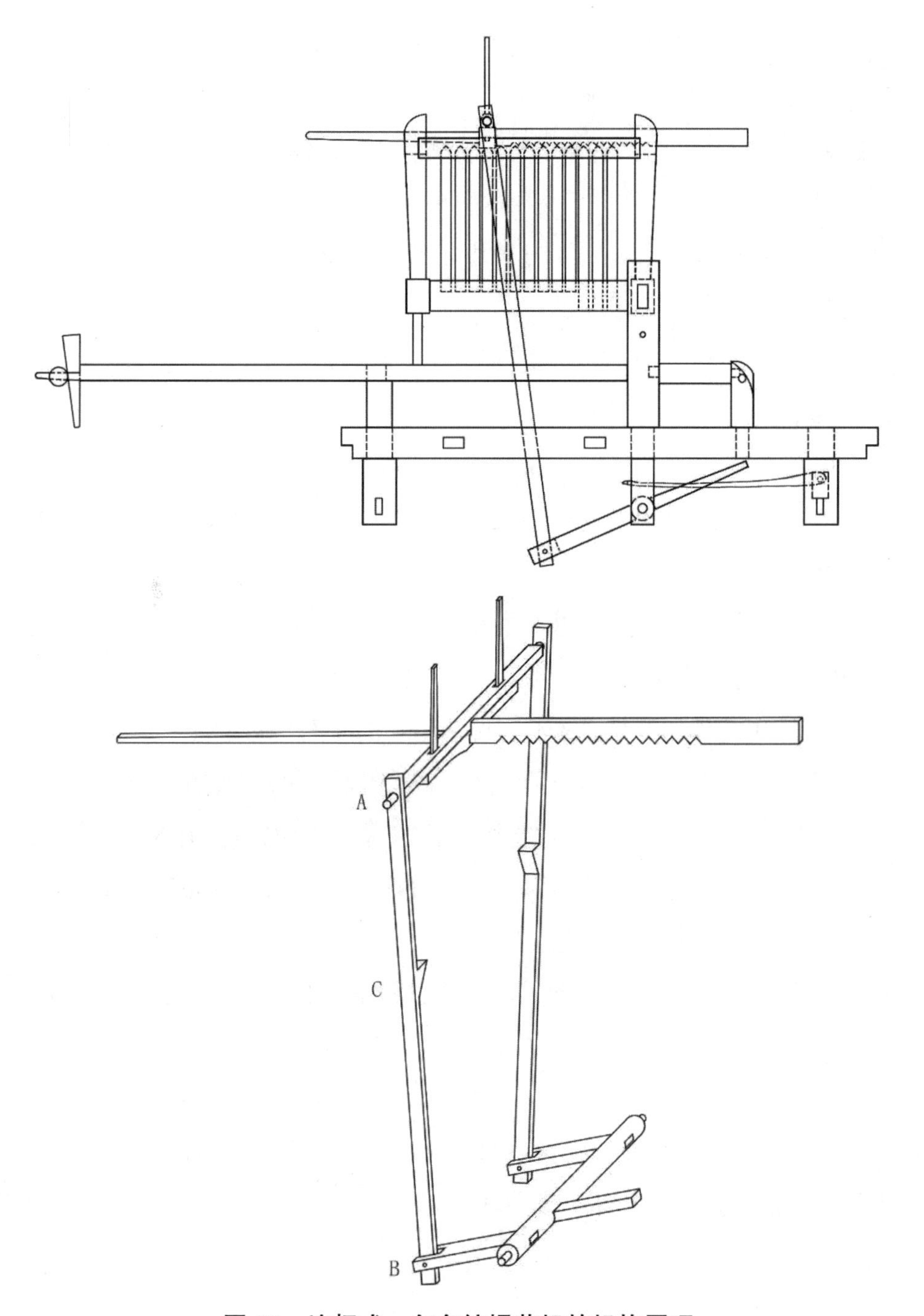

图 56　连杆式一勾多综提花机的机构原理

“五星出东方利中国”锦出土在尼雅，是一块护膊(图57左)，另外又有一块小的碎片(图57右)，当时有人说上面的铭文是“讨南羌”，我后来把它解释成为“诛南羌”，两块是连起来的。

我们也做了整个图案的复原(图58)。当时这个文字只能复原为“五星出东方利中国诛南羌”，过了中轴线“诛南羌”后面是什么字推测不出来，找了很多很多案例，其中有一件跟它很像，叫“绮伟并出中国大昌四夷服诛南羌乐安定与天毋疆”（图59），这里用的是“诛”。

后来我们又看到了另外一块织锦，是“五星出东方利中国诛南羌四夷服单于降与天无极”。这块织锦是在民间流传，专家看过之后认为它是真的，我们就以这块织锦的文字为基础，把整个“五星出东方利中国”织锦复原完整了。

我们重新绘制了意匠图（图60）。它有五种颜色，50厘米里面有10470根经线，要穿过86片综，每一根经线都要穿过去（图61）。我们从2017年的年初开始，做了将近一年半的时间，是真的“一丝不苟”，不能穿错一根线，穿错的话后面的图案就错了。综穿过之后还要穿筘，筘是打纬用的，这个就叫“丝丝入筘”。在提综的时候有84片花综2片地综，每织一次花纹就要对应提起其中的一片综（图62），综片上上下下的过程就叫“错综复杂”。

最后我们把它织出来了(图63)，过程中克服了很多很多技术困难。从原理的复原到把一个真正的东西做出来还是很遥远的。很多人说我是“纸上谈兵”的人，就只会在纸上织，其实我自己不会织，而是靠我的团队，特别是现在报道的罗群老师。他是我们最重要的复制专家，带着一支团队把它做出来，非常了不起。

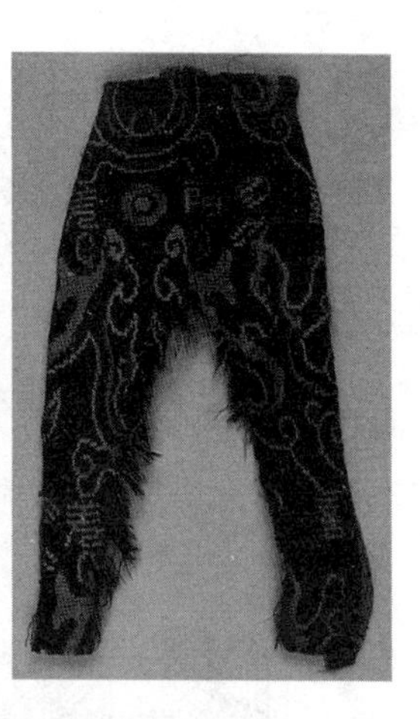

图 57　“五星出东方利中国”锦与“诛南羌”锦

图 58　“五星出东方利中国”锦

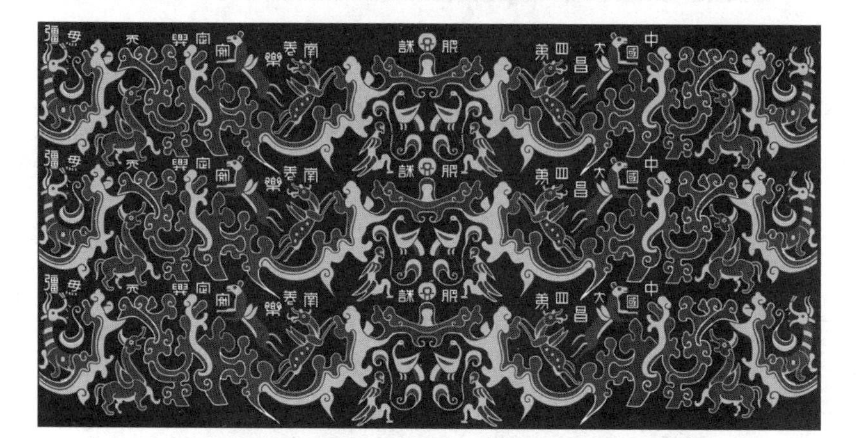

图 59　“绮伟并出中国大昌四夷服诛南羌乐安定与天毋疆”锦

图 60 “五星出东方利中国”锦意匠图与实物拼合

图 61 “五星出东方利中国”锦复制时的穿综过程

图 62 “五星出东方利中国”锦复制时的纹综

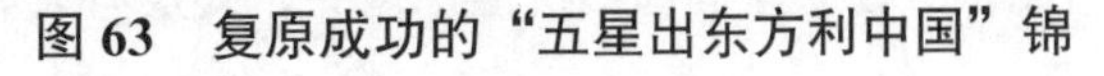

图 63 复原成功的“五星出东方利中国”锦

当然这个复原研究还有很多细节要去解决。比如现在我们织了一部分，但是因为整个丝线从后面穿过86片综，在前面织的时候可能这个丝线很好，随着反复的交织摩擦，经线能不能扛到最后我们也不知道。还有一个，我们现在主要是解决它的织造问题，所以没有做植物染色，目前的色彩是用化学染料染的。

总的来说，这个提花织造的研究过程综合了各种研究方法，包括对古代文献的梳理对相关文物与考古报告的研究、民间的调查、实验的复制等，最后我们得到了应该说是到目前为止比较好的结果。所以很多人看到的时候非常兴奋，特别是我们做中期汇报的时候，邀请了当年见证出土的北大的齐东方老师，他就叫“东方”，当年拿了五星红旗去尼雅遗址，那天就看到挖出一个“五星出东方利中国”锦来。还有当时的一个小伙子李军，现在是新疆文物局的副局长。他们看到这个复制成果都觉得非常激动。我也很高兴，最后能够把它做成了，而且是用复制出的老官山织机来复制这个织物。

三、汉代之后提花织造技术的发展和影响

最后我再非常简单地说一下中国传统的织机。说实话这类织机像丁桥织机到现在已经很少了，很多东西都失传了，为什么？因为中国后来整个技术体系变了。中国的丝绸通过文化交流，特别是在丝绸之路上的交流传到西方之后，西方想学做中国的丝绸，但他们看到的只是一块布，而没有看到整个技术体系，所以他们用他们的方法来仿制。这样的仿制大概发生在公元1世纪的时候，因为在以色列马萨达发现了一块公元70年前后仿制的织物。它到底是用什么样的织机仿制的？我们在伊

朗那边找到了一种织机，现在也在我们的织机展览中展出（图 64）。

这种织机采用的完全是一种纬线显花的挑花方式，可以控制左右循环，但是不能控制经线循环。对这种技术我们也做了推测（图 65）。

后来这种技术传到中国，中国又把它和传统的技术混在一起，在唐代初期的时候，形成了一种既能经线循环又能纬线循环的束综提花机。束综提花机在宋代的图像里面就有（图 66）。

我们认为束综提花机是在唐代早期形成的，而且是在丝绸之路的交流当中形成的，后来到了清代的时候就变成了云锦机这种大花楼的织机（图 67），这种织机其实在唐代的晚期已经有了。不过我们看到的这种织机织出来的织物一般都是云锦这类给皇家做龙袍等的面料。

我们现在有一台印度的织机（图 68），它跟中国的织机就比较接近，也是一个束综提花机，有一套 1-N 的多把吊系统（图 69）。

从织机的发展来说，首先是多综式的织机出现，然后是伴有花本的竹笼机等低花本织机，另外还有中亚的一套系统，两个系统结合之后形成小花楼的织机，小花楼织机又转变为大花楼织机，这大概是在丝绸之路上的一个演变过程（图 70）。而多综织机是中国的创造发明，在战国秦汉时可以说就是唯一的，到丝绸之路开通之后，出现了一些新的东西，中国又开始学习，所以丝绸之路上的丝绸技术的创新发明其实跟交流有非常密切的关系。这也是我们研究丝绸之路上丝绸艺术、丝绸技术发展的一个非常深切的体会。

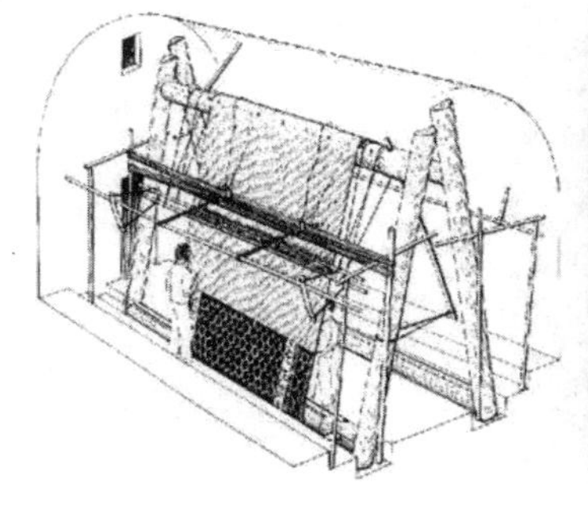

图 64　伊朗兹鲁织机

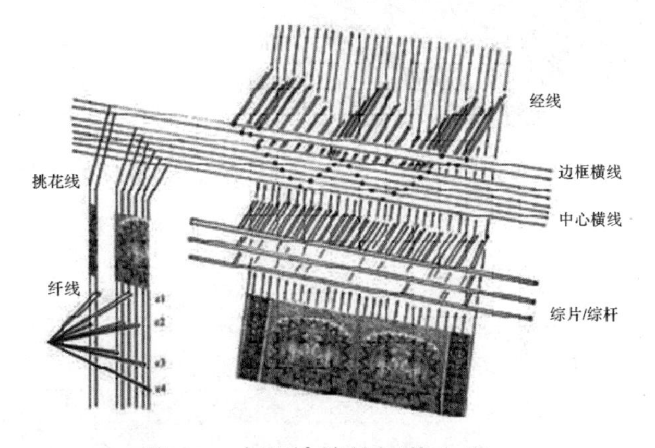

图 65　中亚纬锦的提花方案

图 66　南宋《蚕织图》中的束综提花机

图 67　大花楼织机

图 68　印度贾拉织机

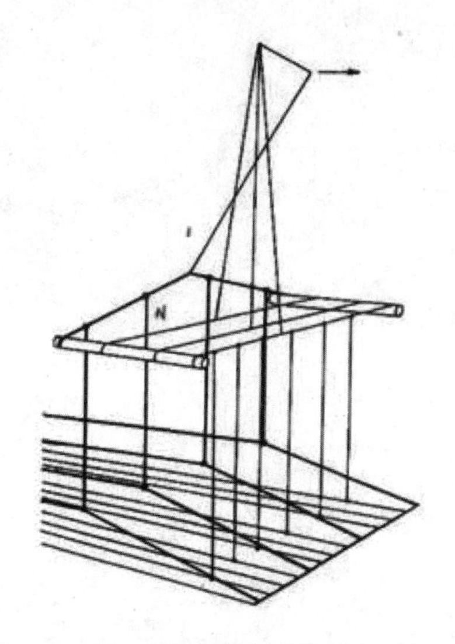

图 69　1-N 多把吊提综系统示意

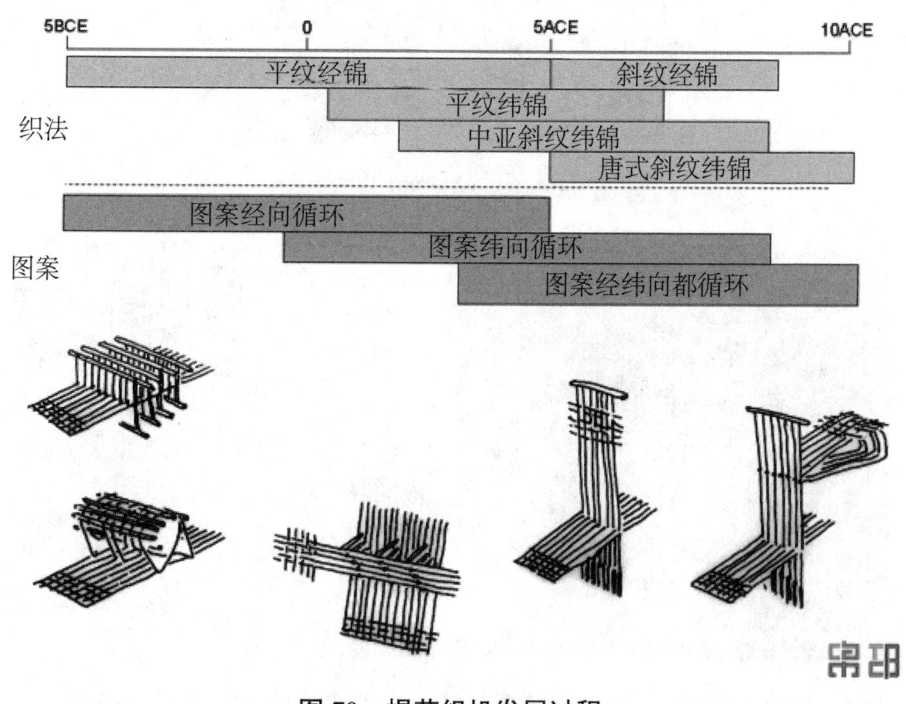

图 70　提花织机发展过程

知识之网：古代丝绸之路上的技术传播

陈　巍

说到丝绸之路，可能大家脑海里都会有些印象，比如敦煌或者沙漠里的商队这些经典意象，大部分属于贸易、文化、艺术这些方面。丝绸之路和科学技术有哪些关系呢？现在学者们已经就史前时代一些技术要素，像冶金、农作物等方面，沿着史前丝路传播，提出了一些证据。但是我将提到的时段，主要还是历史时期，就是能找到文献记载来参照的时代。

那么具体有哪些技术知识沿着丝绸之路传播呢？几年之前，我刚开始做这方面研究的时候也觉得一头雾水，那个时候，“一带一路”这个概念还没有正式提出，丝绸之路史属于中外交流史，是史学大家庭里面的一个门类。研究者对丝绸之路相关的科学技术史投入的关注更少，这样的状况一直持续到大概十年之前。近年来随着国家政策的推进，中国学界在这个领域涌现的成果急剧增加。但是我也发现国外学者对丝路主题的研究著作很多也是在进入 21 世纪后，中国推进“一带一路”前出版的。可以说人类命运共同体知识史的研究是全球学界共同关注的问题，这可能是全球化进程越发深入，且难以整体性逆转的必然结果。

我刚刚开始研究时的想法是，很多线索或许可以通过日常生活的各个方面来寻找，后来觉得这个结构还太简单。不过如果大家能从日常生活，也就是衣食住行等各个方面来对丝绸之路技术进行一些了解的话，也有助于我们更加贴切了解古代技术知识传播的历程。

图 1　元代“质孙服”（中亚风格，13 世纪中叶，现藏于美国克利夫兰艺术博物馆）

古人说“七十者可以衣帛食肉也”，我们就先从衣这个方面谈起。自古以来，中国人用于纺织的纤维原料最重要的就是丝和麻。大概十年前，美国纽约大都会艺术馆举行了一次展览，出版了一本非常好的图录，叫作《丝如金贵》，“*When the Silk Was Gold*”，那个展览关注了一种与丝绸和黄金都有关的工艺。我们知道黄金是延展性最好的金属，它能够延展成为非常细的丝，丝和黄金结合到一起就能形成一种叫作织金锦的纺织品。在历史上织金锦是蒙古时期从西域传过来的，本来叫 nasich，翻译成中文，在当时中国史籍里面就叫作“纳石失”。元代的时候就用纳石失来做一种叫质孙服的贵族服装，质孙服就是在宴会等各类礼仪场合中穿的服装（图 1）。我们从元代宫廷的遗物里面可以看到很多具有中亚风格的纳石失，即织金锦。

除了纳石失这种服装是从外来的，另外一种和我们日常生活关系更密切的外来物品就是棉花。现在的棉花主要分为旧大陆棉花和新大陆棉花。旧大陆棉花实际上在很早之前就已经为人所用了。旧大陆棉花最初起源于印度次大陆，从几千年前开始逐渐向外传播，中国现知最早的棉织物就是从新疆尼雅出土的印花棉布。但奇怪的是，棉织物从陆上丝绸之路传播的脚步到西域之后就戛然而止，没有进一步再往中原地区推进。相反在伊斯兰统治印度之后，棉花种植就从印度次大陆逐渐扩展到了两河流域，然后一直到了非洲。我们现在日常使用的棉花，主要还是从海上丝绸之路传过来的。我们耳熟能详的有一位叫作黄道婆的传奇人物，很难从她的生平确定此人是否真实存在，但可以确定的是，棉花从海上丝绸之路传过来后，逐渐成为我们日常生活中举足轻重的一种纤维，用于制作衣物。

再说到食，民以食为天。如果有出国经历的话，会发现，在国外想吃到一顿热乎饭并不那么容易。国外一般还是吃凉的，甚至是冷的，时间长了肚子会不舒服。要想吃口热乎、最好还带汤的呢，外国餐馆价格又有点贵。这个时候要是事先带些方便面就能解决问题了。要是没带方便面，国外很多地方都流行意大利面，意大利面浇上肉汁或者是加热了吃也很符合我们的胃口。

面条毫无疑问最早出现在中国。青海喇家遗址是中国文明源头之一，是西北地区的齐家文化里最重要的遗址。2002 年，在这个遗址发现了面条。有时会有新闻报道某个地方出土了古代葡萄酒，有些好奇的读者看了新闻之后会想，葡萄酒是不是还能试着喝两口？或者可以去检测一下，和现在的葡萄酒做一些比较，就可以大概知道出土的葡萄酒是什么味道的。但古代面条重新问世后很快就会氧化走形，所以想必没人有这个口福去品尝一下了。4000 年前人们吃的面条是什么滋味的呢？我们不太容易体会他们的感受。好在南北朝时期有一本农书，——贾思勰的《齐民要术》，里面介绍了一些跟我们现在有点关联但是又不太一样的面食的做法。其中有一种切面粥，就是把面揉成小粒，然后再蒸，蒸熟了之后把小面团变成小面片，接着放到锅里面煮，煮好了再浇上“臛浇”，也就是打卤，就做成打卤面了。另外还有䴵䴵粥，基本上也差不多，就是把饼泡湿了之后煮，煮熟了吃。

刚才提到的䴵䴵粥、切面粥，实际上和早期中东地区的面食非常接近。我简单地梳理了一下西方面食的两个主要的演化脉络（图 2）。上排是从圣经时期到古典时期，也就是希腊罗马时代。他们最早也有一种面，做法和前面的切面粥很接近，就是把面团揉碎了变成小片片，然后放到锅里面煮，煮好了再加上其他肉汁或者肉丸。它一开始叫作 itrium，后来叫 itriyya，itriyya 就是在阿拉伯和波斯比较常见的一种上面浇了肉丸或者是肉汤的面。再后来，它就变成 vermicelli，就是所谓的意大利粉丝，是一种非常细的意大利面。

图 2　西方面食的主要演化脉络
（上：itrium-itriyya-vermicelli; 下：烤面包 -lasagne-tortelli-macaroni）

还有一种从古罗马起源的饮食传统。我们知道烤馕在新疆比较常见，属于一种烤面团。我们熟悉的烤面包也是一种烤面团，西方很早就有这类食品加工方式，并且在古代城市化发展后，出现了专门的面包师。面包里面夹上馅，再加以烘烤，后来就变成意大利宽面条（lasagne）。这种意大利宽面条里面夹着肉馅，看起来有点像香河肉饼。此后这种意大利宽面条又逐渐演变成馄饨（tortelli），或者是意大利饺子（ravioli）。意大利饺子有馅，有的时候又是空心的，空心的后来又变成了现在的空心面（macaroni）。这是古代西方面食的主要演变脉络。

有些朋友可能会想，这说的是面条，和技术有哪些关系呢？其实面条和技术确实还是有关系的。因为西方用来磨成面粉、做成面团的小麦和我们用的小麦不完全一样。他们种植的是更适应夏季干燥气候的硬粒小麦。顾名思义，这种小麦的特点就是它的粒儿比较硬，磨成面粉的话需要更大的力气，揉成面团也特别费劲。这就要求当时地中海地区的人们开动脑筋，设计一些机器来帮助磨面。中国人做面用的工具很简单，最多用刀来切面或削面，更多是不用工具，用手工就可以搞定。但是西方的面和中国的情况完全不一样，于是他们就发明了很多工具。到了17—18世纪，他们就发明了齿轮传动的面条机（图3）。有些朋友可能家里还有这种老式面条机。这些都是欧洲人为了更方便地用硬麦做面条而发明出的机器，逐渐发展了之后传播过来的。

住的方面也有很多例子，这里主要讲一下房屋的取暖系统。中国传统的取暖系统主要就是炕。炕在中国东北，还有以前的中国华北都是家里常见的，有时还是必需的生活设施。我们冬天围在炕上面，它就提供给我们家庭活动的空间。炕最早起源于春秋战国时期的东北亚，也就是现在的中国东北跟朝鲜接壤的一些地区。根据它不同发展阶段的形态特征，最早的雏形的炕称为箱式灶，后来发展成低火墙，就是沿着墙砌出导热管道，人们坐在管道上面就能取暖。后来再逐渐发展成多烟道火炕。古代地中海地区也有火炕，在古罗马影响到的地方特别常见，他们的炕叫作 hypocaust。与中国炕主要用于家庭不一样的是，地中海地区广泛地把炕用在公共浴室里。从古典时期的文献记载可以

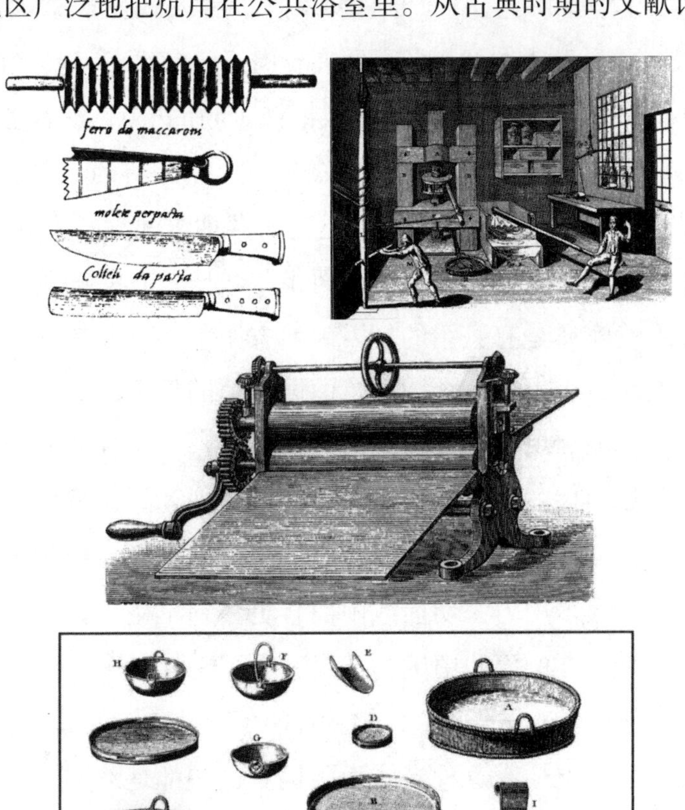

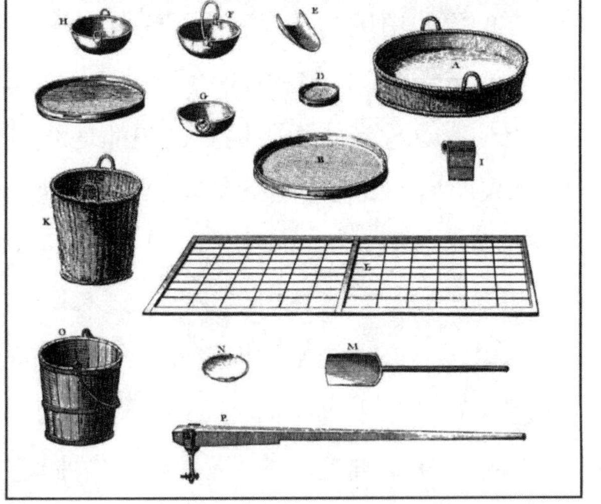

图 3　欧洲 16—18 世纪制作面条的工具

知道，公共浴室是地中海地区人们开展公共生活的重要场所。

图 4 是罗马浴室底下加热设施的样子，以及它的主要原理。罗马时期浴室传播非常广，后来影响到了伊斯兰地区，这也是占据很广大区

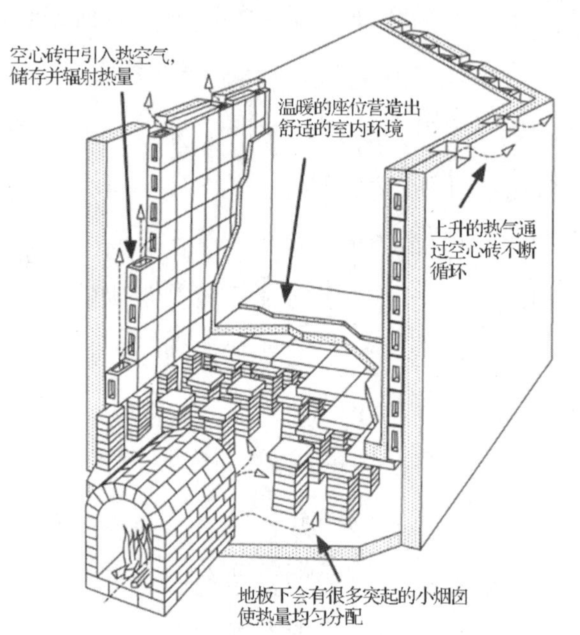

图 4　罗马时代浴室地炕（英国维冈）及其运行原理

域的一个文明。它继承和保留了此前古典时代的一些生活习惯，公共浴室被称为 hammam，在里面除了个人清洁外，还可以进行很多诸如商业会谈、赋诗唱词或者是护理养生之类的社会生活。

在浴室里开展公共生活在蒙古时代也很兴盛。在蒙古统一高原之前，生活在这一带的势力，比如 12 世纪辽朝灭亡后的残余势力逃到中亚，在那里成为影响很大的西辽，他们对中国东北古代的取暖设施本身就有一定了解，并把古代中国东北的炕带到了他们新的政治中心，即现在的吉尔吉斯斯坦一带，或者叫七河流域，他们把中国的技术带到了中亚。蒙古人占据中亚和伊朗之后，觉得炕实在是让人乐不思蜀，于是他们也成为烧炕取暖技术传播的一个重要推动力量。其中在东欧草原一带建立政权的金帐汗国，是蒙古帝国的一个分支，它经历了一个具有重要意义的历史进程，叫作金帐汗国的城市化。在这个进程当中，西方的 hypocaust，也就是公共浴室，在欧亚草原上广泛传播。

那么，西亚广泛存在的公共澡堂是否对中国有所影响呢？答案是肯定的。在北京故宫里还留有元代故宫的一部分，其中有个地方叫作浴德堂，现在好像还没有开放，那里主要是皇帝秘书平时坐班办公的地方，但实际上浴德堂的原始功能就和它的名字一样，是和洗浴有关的。很多人把它称为“故宫里面的土耳其浴室”，也就是蒙古时代从西亚传过来的皇家专用的公共浴室。在当时中国普遍用的澡堂和西亚的不太一样，中国澡堂没有地下供暖系统。蒙古的这种浴室后来发展得不是很理想，并没有广泛地在中国传播开。

金帐汗国之后，莫斯科公国的统治者通过种种手段，取得了金帐汗国的大汗位置，统治了广阔的中亚草原以及西伯利亚。它自认为是蒙古的接班人。莫斯科公国之后是俄罗斯帝国，十月革命之后又变成苏联。苏联的工矿企业里面就广泛地遗存下来公共浴室，然后公共浴室随着苏联对中国的影响一直流传到了中国东北乃至全国的工矿企业。东北人很喜欢泡澡堂子，这个渊源可以一直追溯到古罗马时代。

在行这个方面，有很多关于史前时代“行”方面的讨论，比如马车的起源和传播问题。中国古代马车在商代就已经出现，商代的马车到底是不是从西方传过来的，现在还有很多争论。这里说一下系驾法。如果用马或其他牲畜来拉车，就需要有一套绳带把牲畜和车辆连接起来。如何在牲畜身体上布置这些起到传导动力的绳带，就涉及系驾法的问题。以往科技史界，如李约瑟等老一辈学者普遍持有的一种观点是，中国战国秦汉时期的系驾法要比西方同时期也就是古罗马先进一些。因为罗马人经常把皮带绑到马的脖子上，用马脖子来拉车，前辈学者认为这样的话马就难以呼吸，使不上劲。

但实际上大概从 20 世纪 70 年代起，从西方学者做的一些模拟实验可以看出来，古代罗马地区的两种系驾法，也就是把皮带挂在脖子上和挂在前胸上，实际上效果很接近，并不会使马难以呼吸。而无论什么样的系驾法，最主要的都是要避免把动物的发力点定在脊椎骨在颈后方的一块突起的部位，这个部位叫作肩隆，也叫鬐甲。这个部位附近骨质较软，很难发力。把其他部位作为发力点的话，颈部要优于胸部，因为后者恰恰压迫胸骨，让牲畜难以呼吸。现在人们用胸带式系驾法主要是展示，而不是真正用于牵引重物。

也就是说，以前认为中国古代系驾法比西方古代系驾法要先进，可能是一个误读。不过这并不妨碍我们把系驾法作为丝绸之路技术传播，或者是古代技术知识全球化的一个案例来进行研究。实际上作为和交通运输有关的一项技术，系驾法在古代不同地区之间可以说无时无刻不在相互影响和扩散。另外马的系驾法也广泛地应用到了骆驼、狗，还有驯鹿身上，各个地方的系驾法从根本来说，区别并不大，我们所看到的不同形态往往是出于习惯和传统，在外观和次要部件上存在地区性差异。

接下来我们讲一些用的方面。近来国家博物馆有一个叫作“无问西东”的展览，里面有几件美第奇软瓷（Medici porcelain）。从名字上就可以知道，软瓷和中国的硬瓷有一定差别，根本原因在于它所用的原材料。西方当时还没有破译中国为什么能做出来瓷器，直到18世纪德国的一些工程师才知道中国用了哪些高岭土，或者是原材料才能做出来这么坚硬的、硬度比较高的瓷器。美第奇的这些软瓷，我们可以看到在风格上和中国元代以后的青花瓷非常接近。实际上不仅仅是欧洲地中海地区，从中亚一直往西，包括伊朗和土耳其，他们对中国古代的青花瓷都非常感兴趣，以至于他们把自己的陶器在外面加上釉之后也做了很多类似中国风格的花纹。我们可以看到这些陶器的边缘都比较黄，这一点跟中国的瓷器还是有很明显的差别。但如果乍一眼看上去的话，可以看出陶器上的凤凰，还有伊朗很多龙的图案，都和中国的传统纹饰非常接近。（图5）

图5　各式仿中国风格的釉陶或软瓷

左上：帖木儿时代陶盘，可能产自内沙布尔，15世纪下半叶；左下：美第奇软瓷，16世纪末；右：釉上彩陶瓶，产自伊朗，16世纪。

除了陶器之外，我们知道很多技术是和文化传承有关的，我们中国人常把文具概括成文房四宝，笔墨纸砚。纸就不用说了，四大发明之一，对于整个世界的文化发展都非常重要。另外一个就是制墨技术，中国古代很早就开始制墨。当然这在世界上并不是特例，其他很多地方，如古埃及、欧洲等地，因为人们都有书写的需要，制墨出现的时间都是比较早的。中国的墨，近代西方称为印度墨（Indian ink），这是18世纪英国和印度贸易逐渐增加之后出现的名字。这种墨的主要特征就是，书写颜色非常乌黑，又非常持久，显现出明显的优良品质。但实际上印度墨往往原产自中国，在印度阿旃陀石窟的壁画或者是佛像上面，已经有印度墨的痕迹。

中世纪伊斯兰地区在科技领域有了很大的发展，制墨技术不仅在科技领域，在行政管理领域都是非常重要的一个方面。政府下发文件，墨水最好满足以下要求：一是要持久，不能随便褪色；第二就是要体现出政府的权威，最好是纯黑色。当时伊斯兰地区用的墨主要还是从古典时代流传下来的地中海地区的制墨技术，一来不太能持久，二来颜色有点浅。这个时候他们发现中国墨非常强大，写出来之后效果非常好。于是他们就开始研究，怎么能够仿制中国的墨呢？因为当时的中国墨不远万里到了西亚，价格昂贵，伊朗的制墨工匠就开始做各种实验，用矿物、植物原料来尝试仿制中国墨。但他们发现怎么仿效果都不太好，想做出来和中国墨相媲美的效果，就要加一系列非常名贵的香料还有颜料。最后他们经过努力，对墨的制作技艺做了很大改进。所以中国墨对伊斯兰制墨技术有激发和促进。

从衣食住行用几个方面了解了沿丝绸之路进行传播的几项重要技术之后，我们再进行一些理论上的归纳和分析。

首先，我想把题目里几个重要的概念逐个解释一下，丝绸之路具体是什么，怎么从历史的角度来看丝绸之路，什么叫作技术知识，什么叫作传播，以及古代全球化的一些特征。然后再把一些技术门类按照前面的这个框架来解释分析一下，最后做一个非常简短的总结。

现在我们对于丝绸之路这个名词已经非常熟悉了，旅游的话有很多丝绸之路专线，书店里摆着许多本《孤独星球》，这是非常好的旅游参考书。我到中亚到伊朗，都是参考《孤独星球》走下来的，《孤独星球》专门有《丝绸之路》这一本。近年来，“一带一路”国家倡议提出之后，丝绸之路这个词就更广为人知。

我们是现代人，“丝绸之路”本身也是一个现代观念，它是在19世纪末由德国地理学家李希霍芬（Ferdinand von Richthofen，1833—1905）提出的。当时李希霍芬在构思一条从中国到欧洲的运煤大铁路，因为那时山东被德国占据，划为势力范围，他想把铁路直接从山东一直修到欧洲。这个时候他就发现，自古以来中亚的人类活动对于整个欧亚大陆历史演进具有非常重要的意义，于是他在地图上描了一段线，给它起了个名字叫丝绸之路。这条线就是现在我们去看展览，在门口都会展出来的大地图的雏形。现在经常提到的，不仅有陆上丝绸之路，还有海上丝绸之路，连接各个主要城市以及海上的主要港口。实际上李希霍芬虽然只画出来了陆上丝绸之路，也就是从塔里木盆地分出来的南北两线，但他对海上丝绸之路的重视似乎要更甚于陆上丝绸之路。他认为海上丝绸之路实际上运载量更大一些，同时他也没有期待历史上能找到哪个人或者是哪些商队，直接从东亚，也就是从远东一直跑到远西。总体上他在书里用这个词的次数不是很多，而且他很快就改用一些别的描述了。

在他之后一个叫赫尔曼（Albert Herrmann，1886—1945）的德国学者更加大胆，直接把中国和罗马进行比较。这实际上是对李希霍芬的观念的一种强化，直接把中国和欧洲联系起来。后来这个概念的另一个重要吹鼓手是李希霍芬的学生斯文赫定，他在很多通俗小册子里广泛地用了丝绸之路这个词。李希霍芬总体上还是一个严谨的学者，他经常嘱咐斯文·赫定（Sven Anders Hedin，1865—1952）一定要学好地质学、地貌学之后，再来中国到处考察。但斯文赫定并不完全听从老师的教诲，他经常来考察，很快跑一圈后再很快写一本书，还有办法把书卖得很好。从此之后，一方面他的家族因为他写的这些书日进斗金，另一方面他把“丝绸之路”这个词通俗化了。也就是说，“丝绸之路”在赫尔曼和斯文赫定的努力下逐渐成为连接中国和欧洲的一条道路。而李希霍芬本来比较重视的中亚还有西亚这些中段国家就显得不是那么重要了。

那么在历史上丝绸之路是否就呈现为一条东西方交流的“高速公路”呢？是不是古代的道路就像现在地图上画的这些表示高速公路或铁路的线条那样畅通无阻，从中国一直一节一节地走到罗马，或者更往西，像西非的摩洛哥这样的大陆尽头呢？如果像现在这么快速移动，运载量又很大，包括知识还有物资，在古代显然不太可能。但是在我们所能看到的日常的历史叙述当中，大家又经常把这个“高速公路”潜移默化地放在我们的表达里面。比如前些年，有人说春秋战国时期罗马的一些残兵败将跑到了中国西北，建了一个叫作骊靬城的城市，是不是欧洲人跑到中国建立了一个城市，然后把古罗马的一些战斗方式传给秦国军队，秦国军队从此就变得非常强大，然后把六国都吞并了呢？微信微博曾经广泛转发的一个信息，说秦始皇陵里面有很多伊朗的元素。那么有一些人可能就会有这样一个印象：是不是秦始皇陵的设计者里面，就有伊朗来的工程师？前两年有一则新闻报道，在英国的一些古典时代的墓葬里面，发现有一些好像是带有中国或者东亚血统基因的人，然后就说，中国人是不是在 2000 年前就已经在英国或者是不列颠群岛存在了，或者进一步发挥重要作用了？

这样的新闻容易给人印象，就是中国文化、西方文化是不是很早就相互影响了？这些论点都是比较可疑的，主要因为人们普遍存在探秘索隐的趣味，但这样比较实际上是把丝绸之路简单化了，把中间这一段丝路主体区域都给忽略了，因此我们对丝绸之路的认知，在地理上就不连续。

2017 年，牛津大学的杰西卡・罗森（Jessica Rawson）教授在北京大学开办了一个系列讲座，在这个系列讲座里面她把从先秦时代一直到魏晋南北朝时期中国和外界的交往进行了非常细致的梳理。她提出在春秋战国时期中国的周边就存在一个她称为是“中国弧”的地域，在这个地域里面华夏文明和西部、北部的游牧民族长期共处，进行物质、思想、文化各种因素的交换，在这个地域，游牧民族再往西地方的一些东西试图向东传，但是最后没有传过来。中国的一些东西想往西去也没有传过去。但是在这个区域里面依然保留了中原地区和西方（西域地区）早期交往的一些痕迹。

如果我们回归历史，看看丝绸之路在历史上究竟是什么样的，近年来比较好的一本书是美国学者芮乐伟・韩森（Valerie Hansen）写的《丝绸之路新史》，这本书已经翻译过来了。她提出丝绸之路整个能够贯通的话，需要参与者，也就是参与的王朝付出非常大的努力。因为参与的王朝，例如初唐或者盛唐，想维持这条路的话，就得给驻守在西域的士兵发工资。那时发工资不是给钱而是给丝绸，这样实际上对中央财政是非常大的压力。如果我们看另外一本书，日本讲谈社出的《中国的历史》里的隋唐卷（《绚烂的世界帝国》）就说，其实盛唐时期对丝绸之路的控制时间非常短，并不是我们想象的那么长。安史之乱之后的唐朝没有足够的力量再去维持西域的驻军，那么这个时候的丝绸之路是什么样的？中原王朝衰落的时间要远远长于中原王朝鼎盛而有能力去掌握西域的时间，西域逐渐被很多地方性的割据政权各占一块，在这种情况下丝绸之路就很难称得上是一个比较均匀、一直保持畅通的交通要道了，而是变成以某些城市为中心、有一定辐射区域的通道，类似于一条由很多珍珠串起来的链子，这个链子中间有很多很脆弱的地方。

韩森教授认为丝绸只不过是丝绸之路上流通物品的一小部分，在丝绸之路上未必有很多丝绸，但丝绸之路仍然是各个民族交往、文化融合的重要脉络。它也未必就是东西方之间，而是可能到任何方向。如果有一个人想跟四周的人做生意，那么他有可能往东也有可能往西，当然也有可能往北或者往南，从总体来看方向充满了随机性。

另外一种是我认为近年来比较重要的一个方法，就是用地理信息系统（GIS）对丝绸之路展开研究。论述得比较全面的是英国一个很年轻的学者，叫威尔金斯（Toby C. Wilkinson）。他的博士论文出版了，这本书的名字非常好，叫 *"Tying the Threads of Eurasia"*，就是把丝线给编织起来，最后编织成一张网。他在这本书里提出，距离是影响文化传播的一个非常重要的因素。比方说周边有几个商店，可能这些商店价格不一样，离得远的价格可能便宜一些，离得近的价格贵一些，这个时候我们就要仔细想了，是去远的地方买便宜的东西，还是在近的地方买同样的东西，省点力但多花点钱。这个是我们在日常生活中都经常遇到的事情。在古代也是如此，物质和思想交流中，距离是非常重要的一个因素，比如一个村子的姑娘嫁到了邻村，她就会把自己村子里面怎么致富的一些方法传播到嫁过去的村子。或者部落里面的一个牧民，他春天在这里放牧，秋天到那里放牧，另外一个牧民春天不和他在一块，秋天正好和他聚在一起了，这个时候他们就开始互通消息，讲一些远方的见闻。在这种情况下，距离就成为我们日常生活当中传播知识非常重要的一个因素。

威尔金斯提出一个“相对距离”的概念，和“绝对距离”不一样。比方说，这里是二楼，在旁边有一个30层的楼，我们和那个大楼的直线距离非常短，但是我们要爬28层楼的楼梯，这样的话实际上相对距离是很远的。另外有一个地方，距离我们500米，都是平地，那么我们可能会觉得到那里更容易一些。所以，我们在考虑文化和物质传播的时候，要把地形、地貌还有气候种种因素都考虑在内，这样就做出来一个相对的距离。在这本书里面，威尔金斯把史前时期几类非常重要的传播的物质，包括石料（就是像青金石、黑曜石、玛瑙这些贵重品）、金属制品，还有纺织品等传播的可能性综合到一起，编织成一张网。例如，两河流域一个比较古老的王朝乌尔发现了很多青金石，但青金石的主要产地是在现在的阿富汗和塔吉克斯坦之间一个叫巴达赫尚的地方，这个地方产的青金石比较有名，其他地方都没有。在这么远的距离里，青金石走哪条路最划算，即最容易传播呢？他列出了一个成本最低的路线，他认为这是一个传播效率和传播概率相对最高的路线。

有了这些局部的网络之后，整个大的丝绸网络，也就是整个欧亚大陆的一个交流网络就逐渐形成了。这张网在所用的丝线种类、时间和空间跨度上还可以继续扩展。在这本书里面他用了很多方法，我认为他的方法是我们技术史研究以后可以尝试借鉴的。

但是应当注意的是，局部的网络并不一定就能够互相影响。有一些局部性网络，如香料之路、琥珀之路、茶马之路等。香料之路是以红海为枢纽的印度—东非—罗马的交流网络。琥珀之路指的是波罗的海到地中海一条运输琥珀的商路。茶马之路分三条，剑浮沙—多门城之路，跨撒哈拉之路和伏尔加河—第聂伯河之路。

在香料之路上行走的商人显然很少到茶马之路去进行横跨欧亚大陆的贸易。香料之路是非常重要的，因为它在中国跟罗马交往很少的时候就已经把印度和罗马还有东非这些地区紧密地联系起来了。罗马作家普林尼就提到中国丝绸非常值钱，罗马人为了中国丝绸花了很多钱，丝质薄衣把罗马的社会风气都败坏了。但是可能大家想不到，除了丝绸这个远方的产品之外，我们所熟悉的一种现在习以为常的东西，在当时也让罗马金银大量外流，这个东西就是大米。大米在古罗马是一种名贵药材，也非常值钱，罗马为了买大米也付出很多钱。从古到今，我们可以看到这些大国的统治者为了满足自己的奢侈欲望，经常需要承担金钱滚滚外流的代价。从丝绸之路也能够以古鉴今。

再来解释一下什么是技术，以及什么叫知识。首先，什么叫技术和技术史？以前中国的技术史研究方法比较朴素，就是有一个器物，我们对这个器物或者是史料里面记载的器物信息展开研究，如果可以联系的话就把不同地域、不同时间以及相关原理的器物和记载联系起来，总结出一个体系。现在比较热门的是技术人类学。20 世纪初法国有一个叫马塞尔·莫斯（Marcel Mauss，1872—1950）的人类学家，他提出技术里面蕴含着总体性，他把技术分为工具技术和身体技术。身体技术是连通工具和身体之间的一些特殊功能的技术，就是说人自己的身体本来就可以做很多事情。人和动物的区别就在于人的这些身体所做的行为受到社会和习俗思想的很大影响，而且人的技术知识可以隔代传递，人和人之间可以互相学习。通过这类论证，莫斯大大扩展了我们以前对技术和技术史的认识范围。我们原来说技术，比方说有一辆古代马车，我们要研究的就是古代马车或者是古代冶金技术，但是对于中国人自己这个身体是怎么利用的，以及和身体有关的事情都不太重视。比方说中国人是怎样喂饱自己的，采集、狩猎、烹调等等，也是技术，这样的话生活中技术的涵盖面就非常非常广了。后来莫斯的一个学生勒儒瓦·高汉（André Leroi-Gourhan，1911—1986）认为，在不同的地区出于社会和环境的需要可能会出现一些非常相似的技术。莱蒙里尔（Pierre Lemonnier）等更晚的学者到20世纪末又提出技术系统人类学。总体上来说，人类学家认为技术不仅仅是（我们自己划分的）内史和外史的区别，内史的意思是说一定要探究这个技术的原理是什么，外史的意思是说技术和社会之间的互动关系是什么样的。技术人类学非常重视外史这方面，我的一些同事近来也做了很多这方面的工作。

另外，什么叫作知识？知识就是技术，但技术不一定变成知识，我们很多技术最后并没有转化成知识，成为成体系的理论。所谓知识，一方面能够解决实际问题，也要能预测到下一步的行动。它具有一些非常重要的特征，比如它一定要是真的，它一定是能让人信服的等等。但是知识不仅是私人的和头脑中的，不仅是个人的或者是单一民族的，我们还应该考虑传播和转移，也就是对知识在语境里面的位置，以及它在不同语境之间转换的关注，应该更甚于它最初是怎么被创造的。在知识传播的过程当中，发出者，就是最早获得知识的人，他可能先获得了相关知识，但是他这个知识太超前了。在历史上有很多这样的人物，他的思想太超前了，结果反而被埋没了，在这种情况下他的知识就没有传播出去。

在研究的时候不仅要关注知识是怎么发出的，还要关注知识是怎么被接受的，也就是接受的这一方在接受知识的时候，在自己的社会环境以及心理上做出了哪些准备。如果做不好准备的话，知识传过来也就是昙花一现，就像之前提到的纳石失在元朝之后很快就在中国失落了，也就是说这方面的知识没有传下来，但是有一些知识传过来，就很顺利地进入到中国的传统里面。

我近来比较关注的就是怎么把知识动力学应用到古代丝绸之路的传播研究里。知识动力学也称作知识管理，它把古代知识分成显性知识和隐性知识。古代技术里面，显性知识能够应用于实践的是非常少的，比如像一些建筑方面的知识，清朝有一些建筑则例，里面详细地规定了物料要用多少，怎么用。但在建筑本身，比方说伊斯兰建筑，我们去清真寺的时候就能看见里面有很多蜂窝拱，就是有一个拱形，上面有很多类似于蜂窝一样的小单位。这些单位如果要贴金箔，怎么计算这个单位的面积和体积？因为要贴金箔，计算的面积差一点的话，可能就要付出更多的代价。15世纪阿拉伯数学家阿尔·卡西（al-kāshī，1380—1429）写了一本书《算术之钥》，里面讲了怎么计算蜂窝拱表面积，但是这一本书显然对于实践当中的工匠没有太多的指导意义。

古代比较有指导意义的显性知识，有一种就是历书。美国学者瓦莱斯科（Daniel Martin Varisco）就也门（也门位于红海南边入口）的历书与社会生活之间的关系展开了很详细的探讨（图6）。也门和现在埃塞俄比亚（红海东岸）之间隔海相望。古代也门灌溉农业发达，具有很高的文明发展水平。

图6　美国学者瓦莱斯科对也门中世纪农民历的研究著作

总体来说，虽然有历书这样与实践比较密切关联的显性知识，但古代绝大多数技术知识都是隐性知识，隐性知识的特征就是不可编码，也就是写不下来，很难用文字去传承，而且高度语境化，也就是说在这个情况下管用，到另外一个地方就不管用了。在传播中它很容易和其他知识相结合产生变异。

那么隐性知识是怎么传播的呢？最有效的方式是通过面对面传播，也就是师徒相传，师傅教几年徒弟，然后徒弟出师了，等于把师傅的隐性知识都学到手了。这种情况下距离的效应就又出现了，通过面对面的互动，频繁和重复的接触，来传播知识。这就要求师傅和徒弟之间最好不要离得太远，最好就是师傅从附近招一个徒弟，或者是从不远的地方招一个，很难想象在和平时期，整体地把一群工匠搬迁到别的地方，因此隐性知识不容易传播到非常遥远的地方。用现在人的说法就是，比起海洋和大陆，智力突破肯定更容易跨越走廊和街道。

前面说到纳石失，元代有一个制造纳石失的机构，叫作“荨麻林”，现在大多数人认为是在张家口万全县洗马林（图 7）。当时荨麻林这个地方聚集着来自中亚撒马尔汗的 3000 户回民，在这种规模的工匠聚集下，纳石失或织金锦才能在中国的土地上得到比较好的传承。但后来这些回民聚落也散了，现在在荨麻林也找不到元代的遗迹，这个技术从此失落。由此可以看见专门化的隐性知识传播所需群体的集聚程度，这 3000 户的规模可以和我之后将要举的一个例子形成对比。

再看什么是传播。本文的标题里面虽然没有“传播”，但是全球化的这个说法，很明显就是技术知识要到处传播。传播理论有好几种模式，关于古代文明是怎么传播的，一种说法是传播论，思想自己会走，思想和知识观念自己会从一个人群传到另外一个人群。另外一种说法是迁徙论，思想不会走，只能跟着人的大脑走，只有这个民族到了另外一个地方，思想随着一起传过去了之后，另外一个地方才会出现这

图 7　元代织造纳石失的机构“荨麻林”（现张家口万全县洗马林）

种想法。

现在我们说起来，人群迁徙，或者是写封信，把一本书传过去，好像没有太大区别。但在 20 世纪冷战时期，这个区别非常明显。社会主义阵营的学界更推崇传播论，不支持一个地方的人整个民族迁徙或者是入侵到另外一个地方从而传播文明的说法。但是实际上 20 世纪末科技考古、基因技术兴起之后，大家逐渐觉得迁徙还是比较重要的一个因素。

另外还有一种超传播论，就是说相隔很远的两个地方有一些元素是相同的，以此得出结论这两个地方的民族本来就是相同的，举个例子，比如一些人认为所有人类都是亚当夏娃的子孙等等。超传播论现在遭到学术界普遍的质疑，它在逻辑上非常有问题，证据也非常片面。我们平时阅读文章的时候应该注意尽量避开这些陷阱。

最后还有一个是平行演进还是传播扩散的问题，也就是这些发明到底是在每个地方独立发明，然后各自平行演化，还是相互之间一直都存在着交流？这就引发一个从跨文明比较到跨文明传播的跨越。

从生物相似性我们知道人都是人，人都需要吃饭、穿衣服，那么这是否能够推出来，我们在基础的一些技术上具有很大的相似性？因为我们都要吃饭，为了吃饭我们需要去采集、打猎、捞鱼，在这些行为里面有没有出现一些比较相似的技术解决的路径？

马克思主义学者普遍认为是可以的，因为实践是一切知识的来源，文化是实践的镜像。但也有很多学者认为事实恰恰相反，马克思的文化观点有很多漏洞。比如 20 世纪末在西方学界影响很大的人类学家萨林斯（Marshall Sahlins），他用文化和实践理性来代指之前说的马克思文化观。萨林斯认为文化理性要比实践理性更优先，也就是说我们为了满足我们生活的最基本的需求，需要研发出来一些科技，但是除了这些最基本的科技之外，我们还有很多技术是由文化传统决定的。现在年轻人说中国的一些技术是由儒家伦理决定的，西方可能就是由别的文化传统决定的。选择在哪些技术上进行发展，文化比实践更加重要。在《文化与实践理性》这本书里，萨林斯举了美国人为什么不爱吃狗肉，以及太平洋的一些小岛上土著居民拥有的一些食物禁忌。他认为美国人和太平洋上的这些原始部落实际上是一回事，在文化上虽然好像一个是现代，一个是原始，但实际上在文化的选择上具有很多相似之处。

因为西方学界考古学和人类学不分家，萨林斯对考古学家的影响很大。加拿大著名考古学家崔格尔（Bruce G. Trigger）有本书叫《理解早期文明》，他在这个书里贯彻的理念就是不讨论传播，因为早期文明交流非常有限，讨论传播的意义远小于从比较的角度讨论这些文明的相似之处，然后从相似之处逐渐生发，讨论不同之处。

不过现在越来越多的证据表明即便是早期文明也存在很多传播的迹象，我们原来认为是孤立的一些岛屿或者是在大洋深处的一些地方，好像与世隔绝，但仔细梳理的话，还是能找到很多金属冶炼、农作物，还有美学观念等方面传播的迹象。2017 年年底我对于人类早期（在哥伦布之前）发现美洲的历程进行了一些探索，写过一些公众号文章。我发现非常有趣的是，在哥伦布之前实际上人类可能已经有很多次发现美洲，但是我们现在对于这些到访带来的影响了解得还非常有限。

随着考古手段的进步以及各个地方遗迹的发现，传播研究慢慢进入了很多原来认为不可能的领域。技术史研究里一个比较著名的观点就是中国科技史研究的先驱李约瑟（Joseph Needham）提出的一种传播模式，叫作激发式传播。这种传播和我之前说的思想之间传播需要距离、需要密度恰恰相反。李约瑟认为孤立的知识载体也可以带来知识的传播。在两个地方之间有一些性质接近的东西，可能是非常偶然的，比方说我看到你有一些什么理念我就拿过来用，我做出来一个完全不一样的东西。他认为这也是一种传播。实际上是一个信息加密打包和解码复原的过程。由于李约瑟所处的年代还比较早，那时候缺乏充分证据，他为了证明中国对西方产生影响，需要弥补中间的很多缺环，因此提出这样一个激发式传播的理念。

激发式传播的首要出发点，是李约瑟想证明中国文明对欧洲文明近代的发展起到过什么作用。丝路中间的这条长链，阿拉伯、中亚、西亚这些对象就只是他寻找证据的场所，而不是他用来论述的对象。而如果直接把远东和远西进行比较，那么就会产生像激发式传播这样的一些困境。当然实际研究中如何弥补这些缺环，确实比较困难。我们如果把伊斯兰地区，还有阿拉伯地区的文献、考古资料纳入考虑，一些问题的探讨就会有所进展。

下面一个概念是关于前现代全球化。什么叫作全球化？这里的全球化，还是取一个比较通俗的、大家都能想象的解释。文化全球化已经比现在我们所谓地球村更早，在很久很久以前，在文化方面就已经出现了一个地方能够对另一个遥远的地方产生影响，然后激荡那个社会的现象。日本学者杉山正明认为蒙古时代蒙古人以及更早的草原文明对欧亚非一体化或者全球化起着非常关键的作用。德国马普学会科学史所的所长雷恩（Jürgen Renn）教授在一本讨论全球化的书里面，认为我们今天的处境或许更应被理解为已经包含许多描绘现代全球化进程维度的历史进程的结果。

通过丝绸之路的研究，我初步总结了全球化的一些特征，其中一点就是同时化，也就是实际上技术知识的传播比人本身的交往要快一些。前面提到的马塞尔·莫斯，他也认为技术很快就可以学会，这样的话技术知识实际上传播的速度要更快。在这种情况下，很遥远的地方也很有可能会出现一种趋于同时的情况。比如我们说中国这个方面的技术比欧洲要早几百年，但是如果我们再仔细看史料的话就会发现，实际上欧洲，或者和中国比较近的伊斯兰文明在同时期也已经出现了，或者是时代相隔不远就已经出现了非常接近、非常类似的一些行为或者活动。

这里可以举一个例子，9 世纪中叶，伊斯兰有三兄弟，都是天文学家，叫穆萨兄弟（Banu Musa），他们受麦蒙哈里发的指令，测量了大地经纬度，只比中国僧一行测量经纬度晚大概 100 年。就是在这期间中国的一些数学知识和天文学知识对阿拉伯世界产生了一定影响，考虑到这中间的知识传播过程，以及阿巴斯王朝（就是阿拉伯帝国阿拉巴斯王朝）比唐朝的巅峰期要晚差不多 100 年，这样的话就可以视为基本上是在同时。

到 13 世纪末，中国以郭守敬为代表的天文学家做的事情就和伊斯兰地区的天文学家基本同步了。在国博的“无问西东”展览里面，就有一个中国耕织图对文艺复兴时期油画的影响的展示，这个也非常有趣。在元朝，也就是13世纪末到14世纪初，蒙古的统治者刚刚弘扬耕织图这个传统，几十年之后这个传统就一下子在意大利的一些画作里面淋漓尽致地体现出来。这个例子进一步说明，欧亚大陆上远东和远西之间技术和理念的传播非常快速。

除了同时化之外，还有一个特征就是同质化。在技术史里面经常用的一个理念是巴萨拉的技术进化论，即我们如果对一种工具用得非常熟练的话，这种工具就会衍生出来很多相似的类别。比如一个工人使用的一套钳子里会包括很多型号，或者一套螺丝刀，大的小的可能有几十把。但同质化不是对技术进化论进行颠覆，而是说一种技术可能在一个地方开枝散叶然后进化，这个时候来了一种外来技术，很快两种技术融合了，变成了一体，来自两个背景的技术变得非常相似。之后这项技术又在各个地方演化，变成一系列的子技术，之后又从外边传进来一个技术，在这种情况下，这些技术实际上越来越趋于接近。

刚才说到系驾法，图8是西藏的系驾法，现在有的时候看到在路边停了一辆做小生意的马车，我们可以观察它的系驾法就是这个样子，

图8 西藏唐卡上的马车，系驾方式与现代完全相同，17世纪，现藏于法国吉美博物馆

和其他很遥远地方的系驾法没有什么区别。云南地区或者欧亚大陆上其他很多地方的系驾法都是这样前面有一个圈，后边有两条线，中间绑着一个肚带，但在欧洲也有一些别的方法。我们认为，系驾的方式可能会在早期有一些变种，到现在可能全世界通用的就那么两三种。当然这样的技术还能举出来很多。

第三个特征就是技术全球化能够对远方社会形成影响，促使远方社会出现更加丰富复杂的层次。一些外来技术能够融入当地传统，成为当地文化的一部分，这就促使当地出现该技艺的接受者、使用者，然后能够从心理和物质上做好准备，并且迫使当地应对因之出现的更复杂的局面。

以缂丝为例。缂丝是一个外来的技艺，从唐代开始传过来，在宋代发扬光大。但在宋之前很长时间，缂丝技艺只在中国西北的一些边缘地带发展，直到后来和中国绘画技术融合到一起才飞速发展。中国绘画一开始是用绢，就是在丝绸上面画画，然后缂丝就把丝绸织得像画一样，不管是材质还是笔法，呈现出来的面貌都非常接近。有些具备一定艺术史基础的朋友可能会发现，图 9 这件缂丝作品和宋徽宗的《瑞鹤图》非常接近，实际上这是一个宫廷颂圣的丝织作品。这就说明，外来技术在融入当地传统的时候，找对门路就可以极大地影响当地传统。

接下来再举两个例子，第一个例子是马镫的起源和传播。西方学者首先注意并重视了马镫。我们所编著的《中国古代重要科技发明创造》一书，编写了 88 项条目。当时选择条目的时候，曾有一些学者认为马镫太简单了，意义还不够重大。但是西方学者认为这项发明很重要，因为马镫对于后来的重装骑兵和欧洲的封建社会都产生了非常重要的影响。

已有的关于马镫起源和传播的观点，我认为还有很多说得不够清

图 9　宋代缂丝《仙山楼阁》，题材与宋徽宗《瑞鹤图》相同

楚的地方。已有的关于“马镫之路”的一些认识，认为最早在古印度为了方便人们在大象或者大马上面坐稳，或者为了帮助上马，就在脚趾头上面套一个套。这种脚趾套有可能就传到了中国，成为马镫发明前的知识储备。在长沙金盆岭出土的一件公元 302 年的骑兵奏乐俑上出现了单镫（图 10），所谓单镫，就是只在马的一侧有。这件文物就收藏在国博，非常容易看到。南京东晋王廙墓出土了一匹公元 322 年的陶马，上面有双镫的图像（图 11）。这几个发现年代的确比较早，人们就认为汉文化区最早出现了马镫。后来华北地区慕容鲜卑的遗址里出土了一些四世纪中叶的马镫。这促使很多学者按照时间排序：既然汉文化区出土的马镫比鲜卑人早，马镫就应该是在汉文化区发明，然后逐渐传播到鲜卑人那里的。在这种情况下，因为单镫的时间比较早，可能有方便上马的作用，所以认为单镫是双镫的祖先。这好像也符合事物从简单到复杂的一般发展规律。按照大多数学者描述的传播路线图，鲜卑人的马镫又继续扩散到东北的高句丽，漂洋过海到日本，

图 10　长沙晋墓（302 年）出土的鼓乐队陶俑中的一件，可以看到垂下的镫环呈三角形的单侧马镫

图 11　南京东晋王廙墓（322 年）出土的陶马，镫环形状也是三角形

对东北亚的马镫产生影响。到六世纪，马镫通过一些西北的游牧民族开始往西传播，在 6 世纪末就传到东罗马了。传播速度还是很快的，发明之后 200 多年就从东亚传到了小亚细亚。

但是这种叙述有很多问题，遗物年代过近，导致演变和传播脉络存在疑问，也就是说两个东西的年代就差十几年，或者一二十年，那么是不是说那个晚了一二十年的地方，再往前推上这么多年，这些马镫就真的不存在？这就迫使我们去寻找更早的证据，看有没有更早的马镫出现的实物或者模型。马镫类型学与地域对应还存在混乱关系，这就需要我们按器型的族属、地域、年代重新进行组织。对马镫的第二波传播（从汉文化区到东北，这是第一波；从南北朝时期往西亚然后往东欧，这是第二波）的研究重要在哪呢？第二波研究的马镫的器型和现在用的马镫是一样的，但是第一波，也就是最早出来的马镫，和现在用的马镫完全不一样。也就是说，它向现代器型的演变过程目前还缺乏讨论，也缺乏与其他技术解决方案的参照。骑马的话好像马镫也不是必须的，除了需要骑手水平高超之外，也还有很多其他的技术解决方案。

我们可以具体看一下国内学者的已有论述。从马镫的形制可以看出，不管是长沙出土的还是南京出土的，基本上都呈三角形。上面有一个缺口，再上面有一个约束在一起的带子。年代稍微晚一点，安阳孝民屯晋墓、山东青州南燕墓葬出土的 5 世纪初的马镫（图 12、13），我们可以明显地看到这两种马镫的形态是不一样的。有的马镫看起来挺软，或者就是个绳环比如辽宁北票市北燕冯素弗墓出土的马镫（图 14）；或者是铜皮里面包着木心，这类马镫叫作长柄镫。可以对这类马镫做一个简要的制作工艺分析。如果仔细看这个马镫的形态，会发现中间有一个木楔，起到加固作用，这一点是江南马镫所缺失的。

长柄镫确实对东北亚影响非常明显，图 15 是日本的一件陶马，图 16 是百济国的马镫。日本的稍微晚一些，韩国现存的百济马镫年代和中国华北的接近。但是到了 6 世纪，马镫的形制就完全变了，从慕容鲜卑的长柄镫开始向突厥的圭首镫变化，圭首镫和现在的看起来差不多。圭首镫有没有祖先呢？考古报告里提到在蒙古国东北部发现了一些疑似匈奴时代的马镫（图 17），年代还定得非常早，公元前 3 世纪到前 2 世纪，如果中间有点误差，那误差还可以允许有五六百年。蒙古发现的这两个马镫尺寸都比较小，所以只能叫模型。

那么问题就来了，到底游牧民族和农耕民族哪个更容易发明马镫呢？我们之前说，农耕民族很少接触马，上马也不太方便，就需要一些马镫之类的工具来辅助；而游牧民族对马镫的需求也很大，因为他们本身就骑马，在马上做很多动作，这都需要用到马镫。

图 12　安阳孝民屯晋墓出土马镫　　图 13　山东青州南燕墓葬出土马镫

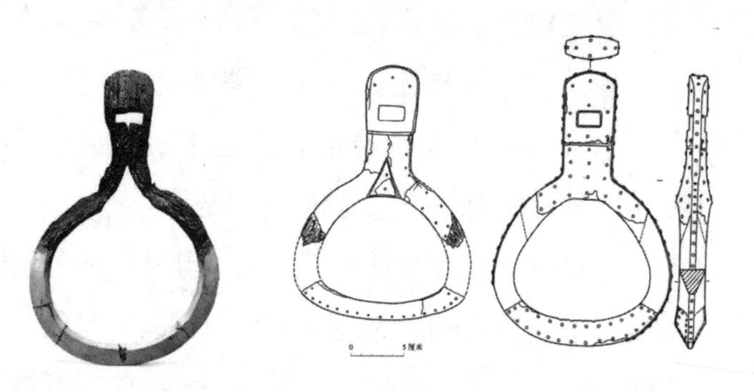

图 14　辽宁北票北燕冯素弗墓（412 年）出土马镫

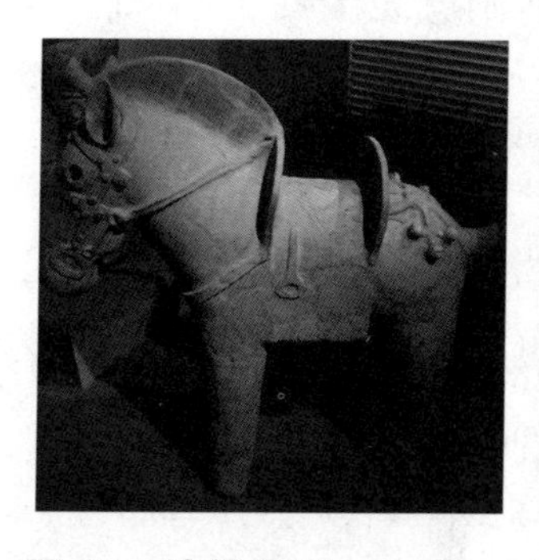

图 15　埴轮陶马，日本，6 世纪，现藏于法国吉美博物馆

图 16　百济马镫，4-5 世纪，现藏于韩国国立中央博物馆

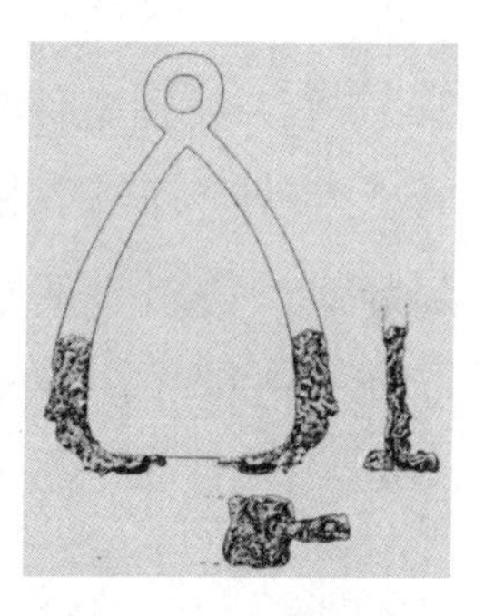

图 17　蒙古肯特省 Duulga 匈奴墓葬出土马镫模型

从需求侧来说，游牧民族对马镫的倚重并不逊色于农耕民族，而且马镫的最早取材不一定是金属，也可能是树枝、木条、皮革等，可能早就腐烂了，我们现在很难找得到。但无论如何，由于性能更优越，制作起来也更方便，主首镫比长柄镫还是要方便得多，最后长柄镫就被取代了。相反而言，农耕民族的马镫，比如长沙和南京出土的，器型相对简单，实际上更有可能是马镫的简化，也有可能是没有用金属，最后只在模型上面保存下来。《世说新语·规箴》里就提到，东晋时代和北方作战的时候也用了马镫，这和北方慕容鲜卑的年代很接近，实际上就是一个时期的。我认为农耕民族的单镫可能反而是双镫的简化，形态和制作工艺上变得更简单。

马镫的广泛传播把世界上其他地区很多由同样需求所带来的技术发明都掩盖了。在马镫出现之前，萨珊波斯（相当于中国魏晋南北朝时期）主要通过用皮带把腿固定在马鞍上的方式，来把人固定在马上面。罗马帝国则是把鞍鞒做得很高，前面有四个脚，这样就能起到一定的固定作用。最后马镫因为制作简便，使用更安全，战胜了其他解决方案。采用皮带固定的方式，万一人在马上被拖着跑的话，是没有办法解脱的，马镫虽然也有一定危险，人被击倒后，还能从马上逃出来。现在我们基本上不再提波斯还有罗马帝国的这些解决方案。

以上就是我对马镫传播的一些想法，一方面它出现了同质化的因素，另一方面它也对社会产生了很大的影响，中国马镫传到西方之后对于欧洲封建社会的形成和发展起到了非常重要的作用。

第二个例子是织机。前一段时间中国丝绸博物馆举行了世界织机的展览，让我深受启发。织机在古代具有非常重要的意义，它是古代机械的一个代表，最后发展出来的高层次的提花机更是展现出了超前的存储、提取的理念，对于现在计算机的发展有一定的启发意义。织机的传播所体现的就是多层次同质化，即一开始世界各地出现的织机具有一些相似因素，然后在一波又一波的传播之下，世界各地的织机在每一个发展阶段都体现出非常明显的相似性。而多种层次的织机又是在同一个社会里同时存在的。

我们先看看早期织机。世界各地早期织机的共同特征就是，人们要想办法把经线绷直，并且想办法把经线通过分组来开口，然后织出一个平纹织物，一个在上面，一个在下面，相互交错。从图 18 我们可以看到，古埃及的织机就是在上端两头钉上一些木条或者是石头固定，这种方法到现在还存在于非洲的很多地方，像马达加斯加的织机也是如此（图 19），和古埃及流传下来的基本上没有太大区别。其他织机除了用各种方法固定这两个杆把经线绷紧之外，还在腰上有腰带，把织机给绷紧，这就是身体技术，利用人体自己腿的关节等把织机绷紧。地中海地区的织机，则是通过在线下面绑上锤子把线绷紧。另外还需要有综片，综片在织机上面交错提升把不同组的经线提起来，然后就把纬线穿过去，用了综片就可以织出斜纹或者是段纹的织物。随着综片渐趋复杂，控制综片抬升的机械装置逐渐出现。这是织机从简单到复杂、从原始到现代演进的重要一步，因为它让整个传导力的机械结构更加丰富了。一开始传动机构还比较简单，主要是利用脚操纵线圈来牵拉综片升降，我们在

图 18　古埃及水平双杆织机，用木桩固定双杆

图 19　双杆织机仍见于马达加斯加等许多地区

中亚、非洲、印度、欧洲都发现了类似的情况，人们用脚趾就可以操纵综片升降，这种织机逐渐演变成为家庭里面织造日用品的主要工具。后来传导的机械结构变得更加复杂，从软线圈进一步变成连杆，还运用了支点、杠杆等原理。同时织机就从无形的框架变成有形的木架，从而使工作环境更加优化了，此外，从线圈演变成踏板，因为人的脚趾头套进线圈还是很费劲，从线圈到踏板演变，便于增加踏板数量，使花纹更加复杂。这种织机在中国很早就出现了，在汉代画像石里面就能见到很多（图 20），或为中国家庭男耕女织里“女织”的主要工具。到现在这种织机在中国南方一些少数民族地区仍很常见。这种织机在欧洲出现的年代要稍微晚一些，图 21 是剑桥藏的 13 世纪中期的踏板织机的图像，这个是西欧目前发现最早的织机，欧洲这种织机出现得比较晚和他们用的纺织材料有关系。

图 20　汉代画像石中的木框架织机，江苏铜山洪楼汉墓

图 21　中世纪欧洲踏板织机图像，约 1250 年，现藏于剑桥大学三一学院

框架织机再进一步发展，就变成提花机。提花机比织机更进一步，除了底下的踏板之外，又有了一套存储更复杂花纹的装置，叫作花本。现存最早的实物是成都老官山汉墓出土的织机模型（图 22），通过提花机，一个女性自己在家就可以完成织布的全过程。提花机是一个非常复杂的工艺的集合，除了织工本人以及在上面负责提花的拉线工之外，还需要给它制作花本，即绘制纹样的蓝图，然后把蓝图转换成花本。所以到后来明清时代，提花机就不是一两个人能够搞定的事情了。这就体现出显性知识和隐性知识是结合的，显性知识越往后越重要，呈现为不同工序的知识组合。但是在开始的阶段总的来说隐性知识还是占据更大比例，就像汉代的提花机，有一两个工匠就可以织出来不错的作品。

图 22　成都老官山汉墓出土织机模型

提花机具体是什么时候往西传播的呢？ 在安史之乱前中国唐朝军队和从西边来的阿拉伯军队打了一场大仗，叫作怛罗斯之战，这场战争后有一个中国人被俘虏到阿拉伯帝国，他在阿拉伯帝国境内转了一圈回来之后写了一本书叫《经行记》。《经行记》里记载他在巴格达见到了中国的几个手工艺人，其中就包括两名织工。很多人就说，这样的话中国的提花机可能在唐朝，也就是 8 世纪中叶就已经传播到了阿拉伯帝国。一开始我觉得不太可能，按照我刚才的观点，除了织造和提花需要的两个人之外，把花本制作出来、把所需的花纹做到花本里面，实际上也需要别的工序的工人配合。织金锦，就是纳石失，在中国制造需要荨麻林的3000户回民工匠，缂丝向中国传播也需要很多回民工匠在陕北等周边地区聚居之后，才更有可能传播。考虑到这两个例子，在巴格达只有两名中国工匠的情况下，中国的这个工艺是不是能够传过去，是很值得怀疑的。但是成都老官山汉墓发现之后，说明两个人就可以用这种织机，这样的话，传过去的可能性也是有的。但即使传过去了，这个技术体系对当地是不是能造成很大影响，需要史料的支持，或者进一步分析中世纪伊斯兰的纺织品，才能确定。但无论如何，我认为回纥工匠（回纥是唐朝后期9世纪到10世纪在中国西北非常重要的一个民族）对于提花机的传播具有非常重要的意义。提花机向西方传的年代不晚于公元10世纪。

17世纪初之后出现了一个非常重要的人类历史事件，叫作工业革命。而织机，还有纺线机等其他纺织类机械，正是工业革命里最先突破的领域。那么西欧在织机这一方面进行突破之前，我们看一看17世纪初在世界各地的织机都是什么样的。从中国《天工开物》以及更早的耕织图，可以看到中国13世纪到17世纪的提花机，当时叫作“花楼织机”，就是像一个楼一样的提花机。当时这种提花机已经比较成型，在江南奢侈的丝绸织造业里占据非常重要的地位。同时，《天工开物》里面也记载了家用的比较简单的踏板织机。再看看欧亚大陆其他地方，图23是伊朗德黑兰的织机，现在看不到他们在17世纪是什么样子了，但是通过传统工艺调查可以大概推想出17世纪传统的织造工艺，他们的提花机比中国的要稍微软一些，但功能是一样的，他们的花楼在上面。图24是法国里昂的提花机，17世纪初有一个工匠给改进了，人不用坐在上面，坐在边上就可以提花。图25是印度依然保存着的瓦纳拉西的贾拉织机。图26是摩洛哥非斯古城的织机，15世纪初西班牙逐渐收复，原本占据在那里的阿拉伯后倭马亚王朝的伊斯兰工匠就从西班牙格拉纳达等地跑到了摩洛哥非斯，据说非斯的织机就是从西班牙回流的。我认为17世纪工业革命之前，甚至更晚，东方广大地区用的提花机就是这样的。这个时候提花机在各个地方已经广泛出现，结构非常相似。

图 23　伊朗德黑兰 20 世纪 60 年代的织机

图 24　法国里昂提花机模型，1605 年

图 25　印度瓦纳拉西贾拉织机

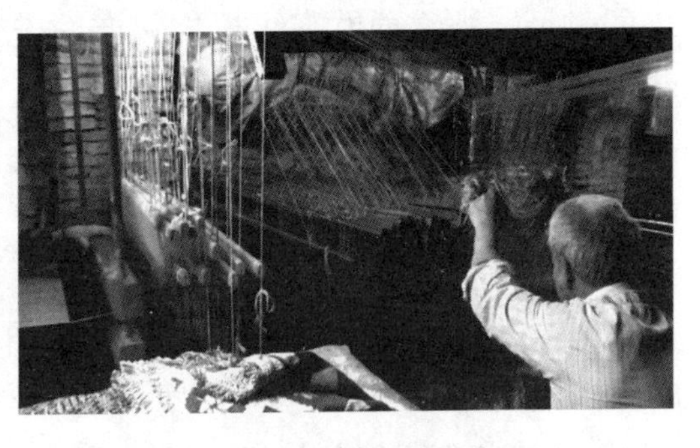

图 26　摩洛哥非斯古城的织机

提花机在传播过程中不断与各个地方的传统进行融合。中国丝绸博物馆的赵丰馆长提到过伊朗的兹鲁织机。兹鲁织机的提花功能比较有限，没有非常好的储存功能，最好的储存器还是人的大脑，所以它实际上比提花机的技术工艺更加简单一些。可它出现的年代却不是很早，在十五六世纪才出现。我觉得可能是伊朗已经有了提花机和织地毯的简单织机，这种织机在伊朗和中亚都非常常见，他们进行技术融合之后制造出兹鲁织机，不过这个猜想还有待进一步证明。世界各地都有织机，但世界各地织机演进的步伐不一样，而这演进的过程受到传播的很大影响。丝绸之路也可以称为“织机之路”，“织机之路”对于目标社会复杂性的促进是非常明显的。我们看到刚才这些例子中的织工都是男性，联想到中国明朝末年的苏州织机工人暴动，暴动的主角也是男性，这说明当时的织工已经是外出做工了。传统的家庭织造之外，织机的发展大大提高丝绸纺织品生产率的同时，也让很多男性成为织造的主角，影响了不同性别在经济当中起到的作用。最后，织机本身也是通向了工业革命，工业革命最早就是在纺织产业里面发展起来的。

简单总结一下。以丝绸之路为代表的古代世界交流网络是文化全球化的重要促进因素，各个地域的文化都对知识整体作出贡献，其地位应予以平等看待。不管是非洲的民族，还是游牧民族，他们在丝绸之路上的意义都非常重要。丝绸之路研究有助于我们形成天涯若比邻的视野，不仅可以去看看欧美发达国家，也可以看看一带一路沿线国家，去旅行，去看那些古迹，也是非常有意义的事情。丝绸之路的科技史研究现在仍然处于起步阶段，尤其是历史时期的科技史研究，欢迎更多力量的加入。

中国古代航海造船技术与海上丝绸之路

陈晓珊

在开始这个话题之前，先说两个故事。它们来自杨宪益先生的著作《译余偶拾》。其中一个是唐代《酉阳杂俎》里面记载的，故事的讲述者在广西，情节听起来和我们熟悉的灰姑娘故事非常相似：有个女孩子生活在一个关系复杂的家庭，平常过得很不开心，经常被继母和姐妹欺负。但幸运的是有神灵来帮助她，送给她漂亮的鞋子，她穿着鞋子去参加当地的节日庆典，受到了人们的关注。在被发现之前，她迅速离开了会场，后来国王根据她丢下的一只鞋子，到处去寻找，终于找到她，两个人终成眷属。

这不就是灰姑娘的故事吗？为什么会出现在中国的广西呢？因为早在汉代，广西就是中外海洋交通线上的重要港口，这个故事是从那里传入中国的。在汉代，中国人乘船出海，过了中南半岛往西走，一直到印度。后来航行的路程越来越远，从印度再往西，一直可以到东非。除了往南往西以外，还可以往东往北走，到朝鲜半岛和日本。这两条路联结起来，是一条非常长的航路。我们平常印象比较深的是在东南方向，有一些重要的海港城市，比如明州、广州、泉州、福州，但除了这些重要的南方城市以外，北方海岸线上的城市同样应该受到关注。比如我们要说的另一个故事——“板桥三娘子”，它来自唐代的《河东记》，也见于《幻异志》。讲的是有位神秘的老板娘，她开了一家客栈，做荞麦面饼，客人们吃了这种面饼就会变成驴子，被老板娘卖掉。这个故事流传于北方海港，荷马史诗里也有类似的故事，说住在岛上的巫女用麦饼招待客人，人们吃了就会变成猪或者驴子等动物。这是一个来自东非的传说，它和灰姑娘的故事一样，在海上和陆上许多交通线的沿途都会出现，是古代世界各地人们文化交流的结果。

从很久以前起，人们就利用各种工具在江河湖海里航行。具体有哪些呢？比如非常大的葫芦。这在今天一些南方少数民族的生活中依然可以看到，比如黎族的腰舟，就是把葫芦系在腰上，人们就可以漂在水里面渡河。再比如一些描绘台湾地区早期风俗的图画里，也能看到小朋友渡河的时候，身边带着葫芦腰舟。这些是早期人们生活中司空见惯的事情，天长日久，后来的人不用这种方法航行了，或者是没有这种风俗的地方，会觉得这种技术有些奇怪。但这些风俗会通过一些其他的方式保存下来，比如变成传说，或者被写入小说情节。在《西游记》里面，师徒四人渡过流沙河，就是坐着一个大葫芦渡过去的。再比如庄子的朋友惠施有个非常大的葫芦，他说葫芦这么大有什么用？干脆把它砸碎算了。庄子就建议说可以把它当作浮游的用具，畅游于江湖之间。南方的葫芦个头是很大的，那北方人民有没有类似的工具呢？他们是用充气的羊皮做成筏子。直到今天，我们依然可以在一些地方的民俗旅游中看到“羊皮筏子漂流”这个项目。

此外还有我们都很熟悉的独木船，浙江萧山跨湖桥遗址出土过一艘七八千年前的独木船。东北还有一种桦树皮船，先拿木条编出一个里边的架子，外面再裹上树皮。不管是用树皮还是木板造船，总要把它们聚拢在一起，这是需要一定技术的。中国人一般是拿铁钉来钉船，有的地方缺少铁，人们就在木板边上打孔，再用植物纤维，比如椰子索，或者其他的东西，搓成绳子，把船板都连在一起。在一些地方改用铁钉以后，早期的线缝技术就淘汰了。但是印度洋周边长期有这种木板船存在，一些图画里边能看到板之间缝合的痕迹，有的是竖着平行缝合，有的是交叉着缝合起来。这样造船会出现一个问题，如果没有把缝隙抹结实，海水就很容易从孔缝里灌进来。《马可波罗游记》里曾经描述过，说海水昼夜不止地往船里灌。那怎么办呢？船上的人就用木盆把水舀出来，泼到大海里边。

很多人曾经质疑马可波罗到底有没有真的到过中国，但是马可波罗记载的关于中国船的一些线索，通常都被证明符合事实。比如他注意到中国用麻絮切成丝，加上桐油，和石灰搅拌在一起，把缝抹平，防止船进水。元朝有一次出征海外，遇上了风暴，船坏了，士兵们流落到东南亚的岛上，那里树特别多，船上还有不少铁钉、油灰，士兵们就砍了许多树，当场造船，用钉子、灰泥把它固定、涂抹好，做成十几条船，最后大家顺利乘船离开了。

马可波罗记载的中国船的另一个特点，就是著名的水密舱壁技术。他说船在海上航行的时候，有可能被鲸鱼撞一个窟窿，或者撞到礁石上，这该怎么办呢？中国的船是水密舱壁结构，就是用木板把船分成若干个独立的船舱，如果其中一两个船舱撞坏了，水也不会立即蔓延到别的船舱，船也不会马上沉没，补好以后再将水清除，这样会让航行更安全，更有保障。

有的外国研究者认为水密舱壁技术和竹子有很大的关系，认为中国人可能是受到了竹子里竹节的启发，造出这样一节一节的效果。其实水密舱壁刚开始出现的时候，可能并不是专门为了防水，而是为了让船变得更加结实。加了很多横向的舱壁以后，船会变得更加坚固。但不可否认的是，中国人对竹子非常熟悉，也经常把它用到船上去，比如撑船用的竹篙。再比如，船就算再结实，底部也难免会有一些积水。怎么清除呢？清朝人记载有一个方法，拿一个很大的竹筒，把竹节都去掉，将其打通，然后把它通到船底，按到有积水的地方。另外拿一根长竹竿，竹竿头上绑上一大团棉花，把它做成一根巨型的棉签。把这巨型棉签从竹筒里塞下去，浸湿了水以后提起来，每天这样吸水三四次，基本上就能把船舱底的水排空。这是利用虹吸原理的一种做法。

另外一种船与达摩祖师的故事有关。著名的"达摩渡江，一苇成航"，据说是少林寺的轻功，"踏雪无痕水上漂"一类。传说达摩祖师想要渡江，摘了一根芦苇，踩在上面漂着水就过去了，很多美术作品里都是这么画的。其实唐朝的学者早就说过，那不是一根芦苇，而是用一捆芦苇做成的"苇舟"，这在今天南美洲秘鲁等一些地方还经常可以看到。古埃及也有类似的纸莎草船，可以看到法老踩在这种船上的形象。

孔子曾经说过一句很著名的话："道不行，乘桴浮于海。"意思是说如果天下失道，他就会乘着木筏出海，离开这个地方。木筏、竹筏都是人们早期的航行用具，人们对它们的形象很熟悉，就像歌里唱的"小小竹排江中游"那样。以前中国的江河里有很大的木筏，人们可以常年在大筏子上生活。一直到近代的中国依然能看到这种情况，当时在长江里顺流而下的大木头筏子，多的时候可以由 1 万根到 1.5 万根木头组成。为什么会有这么大的筏子？因为它本来就是为了运木材的。在长江附近砍了木头，送到下游去销售，为了方便运输，人们把这些木头扎成特别大的木排，筏子像个移动村庄，当中一条路，两边搭上房子，人们就在船上过日子。在船头堆一片土，就可以在上面种菜。

与马可波罗齐名的另一位著名旅行家——摩洛哥人伊本·白图泰，也经常被质疑是否真正来过中国。但他关于中国船的记载，很多也得到了证实。其中一些和马可波罗说的很相近，另外他还说中国船非常非常大，当时的中国人特别有钱，船上的客房都是包间套房，听起来很像现在高级邮轮上的那些套间。说人在客房里一待，整整一个航程都不用出来，等到下船的时候，才看得到自己的邻居是谁。伊本·白图泰也提到在船上种菜的事情，说中国人用木桶木盆装上泥土，种各种瓜果、蔬菜、生姜。中国人有农业传统，种植经验非常丰富，对土地也非常有感情，有土地的地方什么都可以种，没有土地的地方创造出来土地还能继续种东西。郑和下西洋的时候，其职务之一是总兵太监，带了上万官兵出海，都是各地的卫所兵。明朝的卫所兵是农战结合，这么多有农业种植经验的人到了海上，如果没有蔬菜吃，那肯定是什么方法都能想出来的。人们在海上长期航行，如果不能吃到新鲜的蔬菜，缺乏维生素，就会生病，所以中国人的农业经验应用到海上，对健康很有益处。

《伊本·白图泰游记》里还提到了中国船的一个重要特点，就是中式硬帆。我们在影视作品里看到的外国帆一般是布帆，像《加勒比海盗》里那种。中国帆很多时候是用竹篾编成的、像席子一样的硬帆，用我们今天熟悉的东西来比喻，大概像那种反向的卷闸门。当风吹过来的时候，可以把帆打一个偏角，就利用风力和帆的夹角，让船按照自己希望的方向去航行。如果觉得风太大了，要控制速度，就可以把帆降下来一部分。如果想要让船行驶得更快，想要更好地利用风力，单凭现有的帆不够，那就可以在竹帆顶上，或者旁边再挂一些布帆。（图 1）

图 1　《中山传信录》里的封舟图[①]

伊本·白图泰还说到当时中国的海船很大，一艘船上往往有上千个人工作，600 名水手，还有 400 名武士，其中有弓箭手，有穿铠甲的人，还有投掷火器的人。中国内陆河湖的战船上也能承载很多人。明朝建立以前，朱元璋和陈友谅在鄱阳湖上打仗，陈友谅一方的战船很大，大的能装载 3000 人，小点的装 2500 人，最小的装 2000 人。朱元璋一方的船就要小得多，最大的也只能装 1300 人。陈友谅一方的战船都漆成红色，朱元璋这边是白色的，但两边的船一对上，白船反而把红船撞碎了。为什么呢？因为陈友谅一方的战船没有做全船加固措施，船虽然大，但是没那么结实。而朱元璋一方的战船全部都做了加固，船虽然小，但是一撞，就把陈友谅那边的船给撞碎了。

这么大的船在海上，如果靠人力划桨航行，会非常费劲，所以要

① 王冠倬编著，《中国古船图谱》，北京：生活·读书·新知三联书店，2000，彩版第 17 页。

借助风力。南宋的泉州知府王十朋，就是《荆钗记》的主人公，他描述当时的海船是“北风航海南风回”，依靠季风出行。出海的时候，中国的船要往南走，那就得冬天北风大作的时候出海，再回来的时候就要等到夏天，借南风北上，回到中国。借季风航行是世界很多地方的早期航海者都总结出的经验，像西方公元一世纪的《红海周航记》里也提到了这样的方法。

举个例子，郑和船队第七次下西洋，看看他们怎样利用季风航行。第七次下西洋是1432年到1433年，一年半的时间，航行时间大概是8个月，停留等风的时间有10个月。船队出了海以后先往南走，没有去马六甲海峡，而是先往南到爪哇岛。这时候已经到了赤道以南，停留4个月以后，等到东南季风过来，再借风往西走。过了马六甲海峡，再往西到苏门答腊，从这里开始分头行动，一部分去孟加拉，一部分去印度。到了印度以后，再分成几个小船队，去东非和阿拉伯海沿岸各地。明朝人记载，郑和船队有时会分成八个小船队，各自行动。那最后怎么再集合回国呢？约好一个时间，大家在马六甲海峡会合，明朝当时在那里修了一个很大的仓库，郑和下西洋的主要目标之一是宫廷采购，到世界各地去买东西，买回来以后，在马六甲海峡这个仓库里放着，等各个船队回来集合完毕了，到阴历五月南风很顺的时候，借着南风再往回走。于是第七次下西洋返航的时间，就是阴历4月20日到马六甲海峡，6月21日到太仓，从长江口进来。郑和没有能够活着跟船队一起回来，他在印度西南角的古里去世了，另外一位正使王景弘把船队带回了明朝。这就是郑和最后一次下西洋，当时的日程表很完整地保留了下来。

因为木帆船要靠季风来航行，所以“一路顺风”成为人们心中非常美好的祈愿，希望能够平安到达他们想去的地方。《顺风相送》是一部明代航海指南的名字，里面记载了船出海以后怎么航行，每条航线是什么样的。清代有很多中国船去日本做贸易，日本长崎港是当时一个大港口，有些日本画家绘出这些中国船的形象，他们管图 2 这种船叫唐船[1]，意思就是中国过来的船。在画里能看见当时中国船的尾部，巨大的舵的上方，有“顺风相送”四个大字。舵是用来控制船航向的工具，中国很早就发明了舵，它一开始是从尾桨演化来的。20 世纪 50 年代，广州东汉墓里出土过一个陶船，上面有个原始的舵，跟后来的舵就不太一样。到唐朝的时候，它已经变成了一种直立的、叶面可以绕轴转动的舵。后来宋代的《清明上河图》里，可以看到很成熟的平衡舵，也就是说舵杆朝向船头的地方也会有一部分的舵叶，可以让转舵更加省力。

图 2　《长崎名胜图绘》中的中国船图局部

---

① 《中国古船图谱》，彩版第 22 页。

后来还有一种开孔舵，是在舵上开一些孔，这种舵转起来也会更省力一些。同时由于表面张力的作用，它的性能并不会受到影响。每个地方的造船传统不一样，中国人是用舵，其他很多地方早期是用舷侧尾桨。20世纪在南京的明代宝船厂遗址发掘出一支舵杆，长11米多，普遍认为它应当是郑和船队里一艘船的舵。但从当时的记载来看，这肯定不是那种最大的船上用的舵。跟随郑和第七次下西洋的一个名叫巩珍的翻译，后来写了本书叫《西洋番国志》，书里说郑和船队使用的船非常大，船上的舵、锚、帆，都得两三百人一起抬，才能抬得起来。

明朝中后期有很多派往琉球王国的使臣，他们的船肯定没有郑和那时候的船大，但作为一个国家的使团用船，他们的船也还是很气派的。有位使臣记载了这么一件事情，他们在海上航行突然遇到风暴，把舵打折了，他们很发愁，不知道该怎么办，就向神灵祈祷来占卜，问现在能不能换舵。祈祷以后神灵给出了答案，说可以换，于是大家非常迅速地就把舵换了。这个使臣记载说，这个舵有两千斤，平常100人扛着都费劲，现在大家几十人瞬间就把它换掉了。这肯定就是人在危难时刻激发出来的巨大力量，因为舵是控制船航向的，如果它真的损毁了，舵杆断下来撞击船体，船很快就会四分五裂。

所以中国古代航海者对于舵非常重视，他们希望舵可以一直发挥作用，认为舵里有舵神，就给舵上了一个封号叫“镇静大将军”，意思是保证船平稳顺利航行。刚才提到的那位去琉球王国的使臣，写了一个应急的物品清单，舵要放四个，其中一个使用，另外三个备用。其实四个都不一定够，因为从这些去琉球的使臣写的记录来看，几乎每个船上的舵和备用舵都被打坏了。另一位使臣的船上总共三副舵，等到第三副被海浪打断的时候，船上的人觉得如果没有舵，大家就肯定完了，于是就把断了的舵杆取下来，先让船在海里漂荡，人们支起炉子现场打铁、造钉、削木板，把舵修好了。等到海风转弱的时候，人们又把舵重新安回去，大家历尽千辛万苦，终于回国了。几乎每位去琉球的使臣都曾经遇到过非常糟糕的恶劣天气，大家经历了千辛万苦，往往是九死一生，但比较幸运的是，去琉球的船，最后都还是平安回来了。

船上还有其他备用品，比如要带三十六支用来划船的橹，万一风不顺就只能划船了。还要带两艘摆渡的小船，如果船特别大，进不了港口，就用小船当摆渡船，让大船上的人可以顺利地出港入港。在紧急状况下，这些小船还有救生艇的作用。有时候海上没有风，大船又划不动，人们就要划着小船，拖着大船走。马可波罗和伊本·白图泰都曾经描述过类似的现象，比如说海上没有风的时候，中国大船的前面有三艘小一些的船拖着它前进，每艘船上都有几百人，用巨大的桨划船，挂桨的绳子粗得像鸡腿一样，船上的人一边喊号子一边划船，有的时候可能要连续划个几十天，才能够通过无风带。

船上还要带四个大铁锚，每个五十斤，当起了风暴的时候，就需要把铁锚抛下去固定住船，不让风把船吹走。一般来说锚抛下去是能固定船的，但有时候环境恶劣，抛下去锚都不一定能固定。陈友谅跟朱元璋在鄱阳湖打仗的时候，有一次风特别大，水流特别急，陈友谅一方有一艘船顺流直下，一连抛了五个锚，才让船停下。

船上的淡水也很重要，海船出海的时候要在海港举办一个仪式，往水里投一锭银子，叫作买水。海船上的淡水是稀缺资源，需要重点管理，水柜的钥匙由军官保管。在海船上只有使团的正、副使不仅是可以喝淡水，还有资格用淡水来洗漱的，其他的人只可以喝淡水。

除了这些以外，船上还带着农具。万一船坏了，人们坐上救生船，假如运气好，能漂到附近的岛上，大家可以用农具就地开荒，先种着地，希望有一天有船路过，能把他们救回去。上面提到的写清单的那位使臣，他提到出海之前很多人给他提各种建议，让他做好保险措施，有备无患，但他认为其实这些建议都没有用，真到了生死关头，只能是听天由命。船在海洋里遇到非常重大的自然灾害的时候，确实是做什么都无济于事的。

所以航海的人们都很信仰天妃，据说天妃是五代到宋代的时候福建一个姓林的女孩子，她生前经常帮助过往的航船，还给在船上航行的人治病。去世以后，人们就把她尊为天妃，认为她可以保佑航船的平安。后来的人如果在海上遇到了危险，无法解决的时候，就会向天妃祈祷。明清时期有很多天妃题材的画，都是天妃在上方，受到保佑的船在下方。跟随郑和下西洋的有一位僧人，刻了一部《天妃经》，经书前面有一幅很长的画（图 3）[1]，人们认为那就是郑和船队的形象。如果仔细看一下，会看到很典型的福建福船的特征。明朝人说福船是一种古代战船——楼船的延续，楼船是有防御设施的，明代的福船也有，就在船的两侧，可以看到高耸的舷墙。明代的福船外侧，有用竹子竖起来做装甲的一种挡水墙，叫作“遮洋”。《水浒传》里经常有这种东西出现，说梁山的水军和高俅打仗，打得天昏地暗，把船上的遮洋都给打得倒下去了，就是类似于图 4 福船里的这种防水墙[2]，可以用来做防御的设施。

图 3　永乐十八年《天妃经》引首木刻画中的天妃、观音和郑和船队

---

① 王伯敏主编，《中国美术全集 · 绘画编 20 · 版画》，上海：上海美术出版社，1988，32—33 页。

② 胡宗宪，《筹海图编》卷十三之《大福船式》，天启四年（1624 年）刻本，第 4 页 a。

图 4　《筹海图编》中的大福船

中国沿海各地区有不同的船，福建的是福船，长江口附近有沙船。上海附近的崇明岛，古代叫崇明沙，因为长江口以北的苏北海岸一带，浅滩地带特别多，船要在这里航行，如果用福建那边的尖底海船，就没法走，会陷到沙子里。福建的尖底船，适合破开深海里的大浪，在大洋里航行。所以郑和下西洋远航时用的就是福船。但是在北方的浅滩地带，就要用这种平底的沙船，这样它可以在沙子上面滑行，而不至于搁浅。

苏北海岸的浅滩航行起来很艰难，元朝的时候想要从江南往大都（今北京）运粮食，一开始是近海航行，结果单是从长江口到苏北这一带就有十八处浅沙，船经常搁浅，需要航行一年半载才能到天津，只能考虑开辟新的航线。元朝主持海运的人以前是海盗首领，在陆地上杀了人，官府过来抓人，他们坐船出逃，慌不择路，一头扎到深海大洋里去了，也不知道自己在哪，过了若干天抬头一看，发现自己漂到朝鲜去了，就这样很意外地开发出来一条新的航线。这个时候他们根据自己以前的航海经验，从长江口出去，尽量多走深水航线，避开北方海岸的浅滩。这样就大大缩短了航行时间。经过进一步完善，最快的时候十天就可以到了。

当时运粮食的船很多，千百条船，怎么指挥呢？那就要分队了。航行有口诀，叫作“白天看旗帜，晚上看灯笼”。大家分成八个船队，每个船队都有各自不同的颜色旗号，黑色、红色、白色、花色，跟我们今天看到的海军万国旗有点相似。每条海船按照相应的颜色，去找自己所在的船队。

今天的研究者认为，郑和船队里最大的宝船应当是福船型的。它有多大呢？现在流传下来的数据都很一致，就是长 44 丈，宽 18 丈，换算成今天的计量单位，是 100 多米的船。经常有人质疑，当时真的能造出这么大的木帆船吗？这么大的船能正常航行吗？明朝有很多文献记载过这组数据，其中一条文献跟其他的不太一样，是使用大写数字记录的。后来有研究者认为能有大写数字的记录流传下来，说明它应当有比较可靠的原始依据。古人造船有许多很巧妙的方法，只是早已经失传了，也许今天的人们只是不了解当时的技术，也可能是由于当时的计量单位和今天不一样，实际那些船并没有一百多米长，这都是有可能的。

古代文献里记载的郑和宝船还有一个质疑。长 44 丈，宽 18 丈，长宽比只有二点多。而今天的人平常看到的都是瘦长型的船，像宝船这样又短又胖的船，真的存在过吗？但 1974 年的时候，在泉州的后渚港真的就挖出来一艘这样的船，又短又胖，长宽比和宝船很接近。后来人们认识到，福船其实就是这样的船型，长宽比很小，底部很尖，适合很稳当地在深海里航行。这条古船出土，就印证了郑和宝船的比例是可信的，它应当属于福船船型。

郑和下西洋的主要任务之一是宫廷采购，给皇帝带回世界各地的珍贵物品，所以船队面临着一个非常重要的问题，就是怎样才能让采购来的东西尽量万无一失地送回中国。因为在当时的技术条件下，一旦在海上出了事，货物基本上是不可能救回来的。所以这就给船队提出了非常高的技术要求，一定要把安全性能提到最高的程度。可以想象一下，如果航行出了事，负责采购运输珍贵货物的人需要承担多么重大的责任。

明清时期留下来一些航海指南，有的在前言里就写到，当年跟着郑和下西洋，为了保证贡品的安全，一定要把路线上的各种数据写精确，把一路上的岛礁、容易出现风险的地方写清楚。目前明清时期的航海指南一般都是追溯到郑和下西洋。下西洋以后，中国的实用航海技术出现了很明显的进步，一些以前没有的技术这时候被引进了；一些以前不统一的技术，这时有了类似通行行业标准的规定。很大的原因是郑和船队里有来自中国浙江、广东、福建等不同地方的有经验的领航员，甚至还有高薪聘请来的外国领航员。怎么会知道是高薪聘请来的呢？从现存的文献里能看到，郑和的船队在外边打过几次仗，打完仗以后会公布赏赐战功的标准，从里面就能看出来，如果是中国的士兵或者水手有战功，一方面有赏赐，另一方面会提拔晋升。但是外国领航员，称为番火长（火长是领航员，番火长就是外国领航员），只给他们更多的赏赐，但不晋升。从这儿就能看出，他们只是被聘请过来进行技术交流的，只拿高工资，但并不是要留在中国当官。

而那些中国沿海来的领航员，特别是经常走海外航路的，他们在下西洋的船队里跟外国领航员一起交流，时间长了以后，就吸收海外航海技术，结合中国本土的经验，经过借鉴，融合，形成更完善更精确的技术。我们今天依然能看到的郑和航海图，记载于明朝的文献《武备志》中，航海图本来的名字很长，很官方，很符合明朝这类地理文献的典型特征，叫作《自宝船厂开船从龙江关出水直抵外国诸番图》（图 5）[①]。这个图很长，从南京一直画到东非。从图里能看到很多航线，其中有一些航线只画了虚线，没有写字，有可能只是作为资料保留，也可能是其中一个分船队曾经走的航线。而图中那些航线边用小字记录的数据，其中有一些还保留在《顺风相送》那一类航海指南里。《郑和航海图》刚画出来的时候应该是青绿山水画，中国古代绘画里有很多类似风格的作品，但郑和航海图里有很多航线的数据信息，它是一种地理信息与传统绘画结合的产品。前些年国内有单位重新整理了《郑和航海图》，把图里的字变成打印体，加了注释，说明当时的地名现在对应的是什么地方，这样看起来就很方便了。

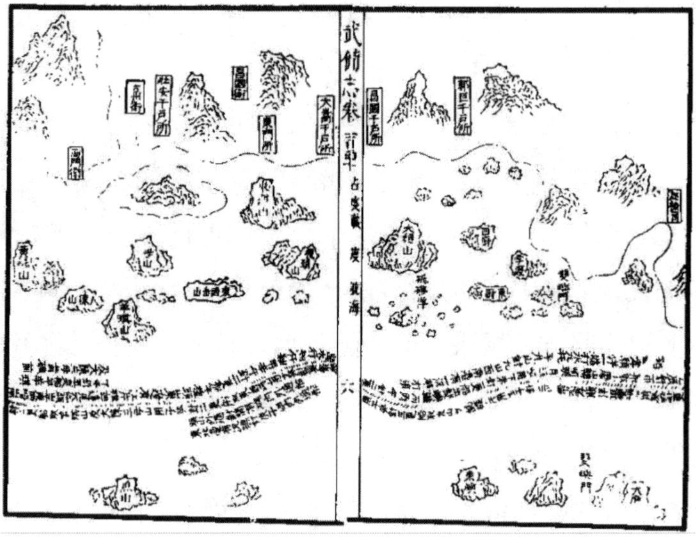

图 5　《郑和航海图》局部

① 茅元仪，《武备志》卷二四〇，续修四库全书，上海：上海古籍出版社，1996，子部第 966 册 321 页。

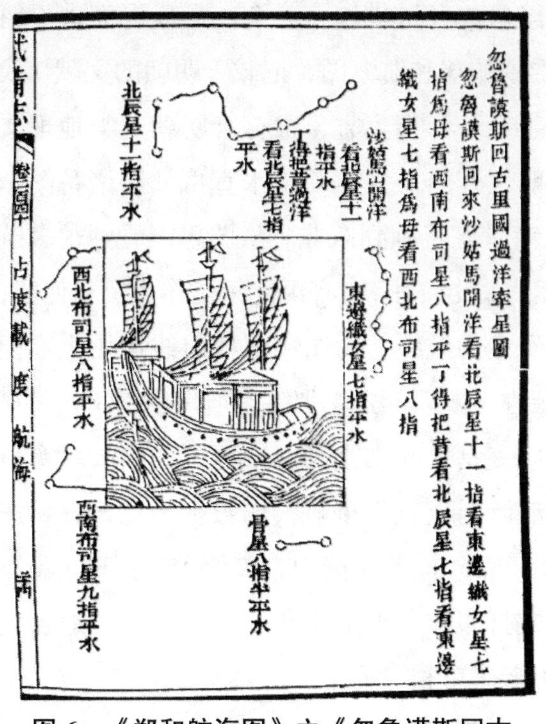

图 6 《郑和航海图》之《忽鲁谟斯回古里国过洋牵星图》

当时船队里都有哪些航海技术呢？比如根据日月星辰来判断方位，这在东晋的《法显传》里就已经有记载了。古代在西太平洋和印度洋上一直有这样的方法——根据北极星的高度判断一个港口的位置。比如伸出手，让手掌垂直海平面，下边贴着海平面，上边对准星空，在这个港口一看，现在北极星在第三个手指头这里，记下来，这个港口，北极星在“三指”这个高度。到下一个港口，北极星在第四个手指头这里，就记下这个港口的数据是“四指”。后来就用表示若干“指”的方木板测星高，起到标尺的作用，叫作“牵星板”。当船往某个港口的方向航行，航行到之前记录它对应的北极星相应高度的时候，船就可以再到达这个港口。有时候人们会多用一些方位星来判断自己的南北位置，比如《郑和航海图》里的《过洋牵星图》中某处记载，东边织女星七指，北边北辰星十一指，西南布司星九指，这样就更加精确了（图 6）[①]。

这个方法古代阿拉伯人用得比较多，因为阿拉伯人生活在沙漠里，沙漠有时候跟大海一样，也是四面一看茫茫无际，不知道自己在哪，所

① 《武备志》卷二四〇，330 页。

以他们在沙漠里总结出了一些根据星星判断位置的经验。中国海域里山岛比较多，有时候单看这些就能确定位置，所以不像阿拉伯人那么依赖天文导航。后来阿拉伯人根据他们自己的天文数学传统，把他们的三角函数和天文观测仪器的知识应用到航海上，有些比较有能力的、数学基础比较好的航海者，甚至能够根据星星的高度算出自己船所在的纬度。但更多的普通航海者并没有这么高的数学水平，也不需要了解具体纬度，只需要知道船航行到某一个港口的时候，当地北极星位置有多高，拿来做个参照就行了。印度航海者有时候甚至用更简单的方法，就是拿一块木板，上面系一根绳子，到达一个港口，就让木板垂直海面，下边缘对准海平面，上边缘对准北极星，对准以后，把绳子拽到自己鼻子的位置，打一个结，然后到下一个港口的时候，用这种方法再打一个结，就这样一个个港口记录下去。然后在木板的背面写清楚，哪个港口分别对应哪个结就可以了（图7）①。下次航行的时候，再按照这些绳结找海港的位置。许多领航员就是用这种简单方法来航行的。中国人在自己的南海里用尺子量星星的高度，记录某地的星星高度是几尺几寸几分，到了印度洋就拿当地人的牵星板来用，按照当地人之前用若干"指"记录的数据找港口，它们在实际使用方式上是一样的。这本质上就是个入乡随俗的习惯问题，就像今天人们在不同的地方使用不同的货币一样。

在古代的印度洋和中国南海，有很多航海技术在我们今天看来都是非常相似的。除天文导航之外，比如说要测海流，大家也都差不多，拿一团炉灰加点水搓成一个团子，往海里一扔，水流后面就会拖出一条彗星一样的尾巴，根据这条尾巴的走向就可以判断海流的方向。

---

① Captain H.Congreve, "A brief notice of some contrivances practiced by the native mariners of the coromandel coast, in navigating, sailing and repairing their vessels," *The Madras Journal of Literature and Science,* 1850,vol. 16,p.102.

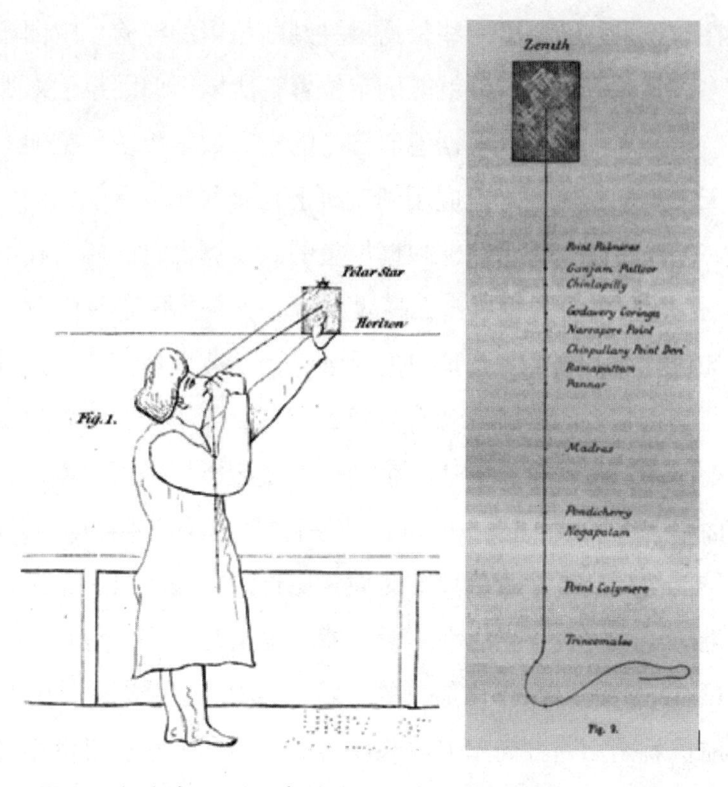

图 7　印度海员测星高的方法，每个绳结代表一个地名

又比如测深铅锤，就是一大块铅底下打一个坑，填一团动物油进去，给铅块系上一根很长的绳子，把它放到海底，等再把铅块提起来的时候，它底部的动物油上就会沾起一堆海底的泥沙。那些经验丰富的海员，根据这海底的泥沙特点，比如是黑泥或者黄沙，就能判断海底是什么样的情况，知道这个船现在航行到了什么地方。地中海地区使用这种铅锤比较早，在一些公元前几个世纪的沉船里面就打捞出一些这样的东西。在中国的北宋时期，使臣记录去朝鲜半岛的航海经历，几次提到船上使用这种铅锤。可以判断它是在海上交流过程中，从地中海一带慢慢向东传过来的。

在使用铅锤之前，中国人用什么测海水深度呢？水竿。很长的竹竿，有时候一头包一层金属，把它戳到水底去测深。这种水竿的好处是什么呢？如果这片海域不是特别深，把水竿戳到底的时候，甚至能判断出海底有几尺烂泥，铅锤就没有这样的效果，因为它不可能很深地砸到泥里去。但水竿在浅一些的海域有用，到了深海可能就不够长了，而铅锤上面系很长的绳子，更适合深海航行。这种铅锤沿用了很久，流传很广泛，像宁波小白礁的清代沉船里打捞出来的铅锤（图 8）①，就和地中海沉船里出土的铅锤（图 9）② 非常相像。

图 8　宁波“小白礁 I 号”清代沉船出土铅锡合金测深锤

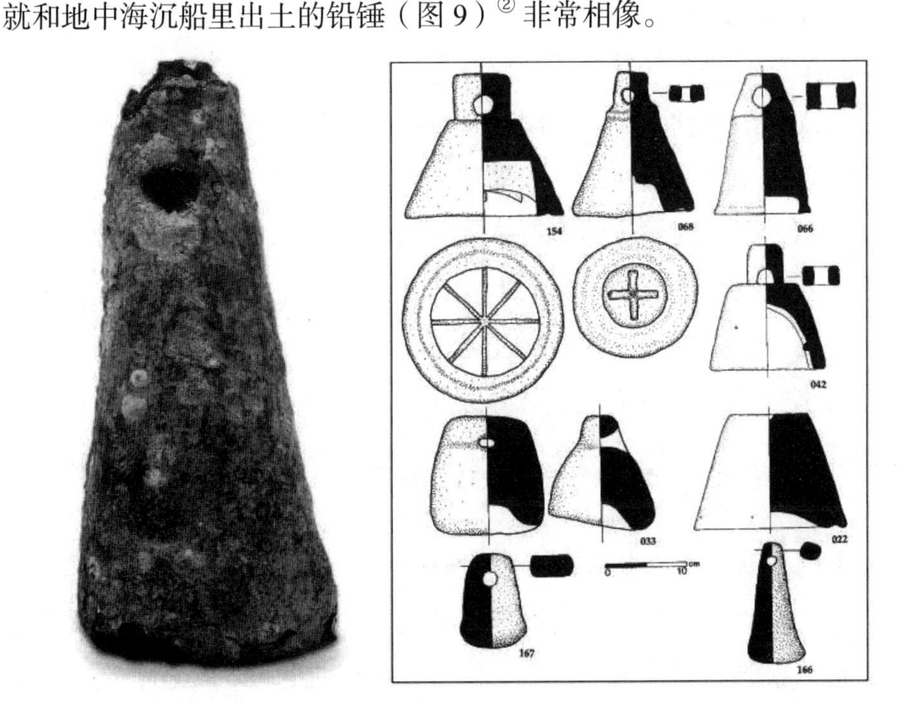

图 9　公元前地中海沉船中的测深锤

---

① 宁波市文物考古研究所、象山县文物管理委员会办公室、国家文物局水下文化遗产保护中心编著，《渔山遗珠：宁波象山“小白礁 I 号”出水文物精品图录》，宁波：宁波出版社，2015，122 页。

② John Peter Oleson, “Testing the Waters: The Role of Sounding Weights in Ancient Mediterranean Navigation,” *Memoirs of the American Academy in Rome*, Supplementary Volumes, 2008, p.122.

古代人在海上的导航，有点像人们今天开车时的导航 GPS，都是告诉你往某个方向走多远，但是它没有自动纠错功能。如果今天的人们开车，开到了错误的路上，导航就会告诉你，路线发生了变化，需要重新规划路径。但古代航行的时候是不会有提示的，所以领航员一定要时刻保持警惕，还要非常熟悉地形，不然就很可能会把船带入非常危险的境地。中国古代的航海指南主要是依靠指南针形成的，明代的航海指南《顺风相送》前面有一段话，记录的是祈求针神，还有其他各路神仙，比如指南祖师、轩辕黄帝、周公圣人等，希望他们降福，保佑海船航行平安。其中道教的先师比较多，像王子乔、李淳风、陈抟都出现了。李约瑟在《中国科学技术史》里提到过这个事情，认为这有可能说明罗盘最早是在内陆使用的，道家拿它看风水，后来人们在海上用罗盘的时候依然保持了这种习惯，就是把道教的先师都给请过来。我们经常看到的司南的形式，是一个勺子放在方位盘上，但在海上不能直接这么用，因为船在风浪里颠簸得很厉害，如果真是拿那样的司南去航行，勺子一旦遇到颠簸就会飞走了。所以在船上使用罗盘需要固定措施，后来出现的水罗盘、旱罗盘，都要保证不能让磁针飞掉。

中国人从天干地支和八卦里各自选一些组成了方位盘，把它跟指南针配合使用，就能知道自己航行的具体方向。按照今天的习惯，它们都可以换算成具体的度数。中国古人航行是这样的方法，先告诉你向某个方向，以平均速度航行多长时间，就可以到达下一个转向点。到了下一个转向点以后，调整航向，再以另一个方向另一个角度，用平均航速航行若干时间，就可以再到达下一个转向点。这样由很多很多的区间航段连接在一起，就可以一路开到非洲去了。

领航员的主要工作是看针，在舵楼里有一个专门的小黑屋，点着长明灯，天天在房间里盯着针看。同时还有舵手，专门掌舵。还有管计时的人，看船航行多长时间。但是海上一旦看到了山，看到了礁石、岛屿、港口，看针的领航员就可以休息了。接下来让掌舵的人来管，这就类似于我们平常开车，前面都开导航，一看快到地方了，就把导航关了，就看最后停车技术怎么样了。管舵的人就类似于最后这个停车的人，他需要拿着测深铅锤来测量附近水大概有多深，船要怎么过去。

古人想要在船上测定航速是很难的，因为航速受风浪影响很大，风一大速度就会变快，风小了速度就会变慢。而且那个时候没有精确的计时工具，只能靠燃香来计时。如果我们今天要算一艘船的速度，可以按照它通过的距离，然后根据它的航行时间，做一个除法就可以了。但是古代没有很精确的计时仪器，人们也没办法测出海面上两地之间的距离，所以没有办法直接算航速。他们只能用一些比较原始的方法，1850 年的时候，有人在印度海岸见到当地海员测航速的原始方法，就是一个人在陆地上有经常奔跑的经验，他知道自己以不同的速度奔跑时，在一段时间里大概分别能跑多少里。然后他在船上，把一块小木头片从船头扔下去，让它在海里漂着，他就跟着这个木头片一起往船尾跑，一边跑一边判断，估算出自己当前的速度。通过这样将在陆地上奔跑的经验移植到船上，就能大概估算出船以这种速度航行，在若干时间里能航行多远。15 世纪末之前，全世界人们用来测速度的方式都相当粗略，基本上也只能是估算，我们今天看哥伦布航海日记，就会有这样的印象。其实哥伦布的船上要测定速度更麻烦，有外国研究者认为，他的船上搭了很多建筑，人根本不可能从船头直接跑到船尾，所以只能靠目测海里的生物游速来估算船速。

古代的人经常会用不同海域出现的动物来判断自己航行的范围。但这也经常出错，因为有时候动物出现的地点并不是那么规律。当年鉴真东渡的时候，有很多大鸟停在船上，后来的人认为这些可能就是海上的信天翁。印尼爪哇岛上有一座佛教建筑，叫婆罗浮屠，它是公元8—9世纪建造的，其中有很多浮雕，表现的是早期印度人向印度尼西亚移民的历史。在婆罗浮屠的6号浮雕里有很多鸟的形象，有研究者认为是信天翁（图10）①。古代的记载里还经常出现一种现象，说动不动有几条白色大鱼陪着海船跑，人们就觉得这是祥瑞征兆，说明自己会出行平安。根据海洋学者的研究，这应该是中华白海豚，它的习性就是喜欢跟着船。现在海上都是轮船了，它依然有陪着船游的习惯。

图10　印尼婆罗浮屠6号浮雕

① Radhakumud Mookerji, *Indian Shipping: a History of the Sea-borne Trade and Maritime Activity of the Indians from the Earliest times*, London and New York: Longmans, Green and co ,1912, p.50.

婆罗浮屠另外一幅浮雕的右下角，在海船航行的方向有一个巨大的海怪脑袋，有可能是鲨鱼之类的，露着牙齿，张着大嘴在等着这一船的人过来（图 11）[①]。中国敦煌的壁画里也有类似的情景（图 12）[②]。敦煌在中国的西北部，印尼在中国的东南方大海里，但是随着佛教文化的传播，两边的画风都比较相似，都是这样在海船航行的方向，有个巨大的怪兽张开大口在等着他们。阿拉伯人也画海洋，但画风就和敦煌还有婆罗浮屠不太一样。

图 11　印尼婆罗浮屠 2 号浮雕

图 12　敦煌莫高窟隋代第 420 窟顶东坡壁画

人们第一次看到大海的时候，都是用海里的生物去跟陆地的生物对比，在陆地上见过牛、马之类的，有相似的动物在海里生活，于是就命名为海马、海牛之类，一般就是从这种习惯得来的。有一条明朝的记载，说中国南海里，经常会出现成群的鬼怪，只有一只手或者只

---

① *Indian Shipping: a History of the Sea-borne Trade and Maritime Activity of the Indians from the Earliest Times*, p.46.

② 敦煌研究院主编，马德卷主编，《敦煌石窟全集 · 26 · 交通画卷》，上海：上海人民出版社，2001，82 页。

有一条腿之类的，成群结队过来追赶海船。但是这些鬼怪不伤人，只要拿米饭去投喂就可以了。我第一眼看到这条记载，觉得这肯定是怪力乱神的不可靠传说，后来，我又看到一个阿拉伯人的记载，大概相当于中国五代的时候，他也写了类似的东西，提到在中国南海里会有一群小黑人从水里钻出来，往船上爬。但是不管数目有多大，都完全没有攻击力。这跟明朝的记载很像，既然阿拉伯人和中国人都这么写，说不定真有这样的东西。于是我就去查南海动物地理资料，原来它们是南海里成群结队的海豚。海豚确实很符合描述，鳍非常的短，可能被误解成没有手；海豚只有一条尾巴，所以被认为只有一条腿；说它性情很温顺，也不攻击人，就像人们常说的那样，海豚是人类的好朋友；拿米饭一投喂，它就走了，因为吃饱了当然也就离开了。

许多类似的传说后来都写进了小说，比如《西游记》里沙僧曾经待过的流沙河，旁边有块石碑，上面写着“八百流沙界，三千弱水深，鹅毛飘不起，芦花定底沉”。古代一直就有传说，说在中国南海，还有西方有些地方，有“三千弱水”。这些地方有什么特点呢？据说海里有巨大的磁铁山，船只要一靠近，磁铁山就会把船上的兵器、铁钉之类统统吸走，然后船就四分五裂了，《天方夜谭》里就有这样的故事。后来有人认为形成弱水的原因是水的浮力特别小，连鹅毛和芦花都飘不起来，都会沉到水底去。那这到底是什么原因呢？从各种迹象来看，应该就是海里有岛礁区。水底下礁石比较多的地方，海流情况比较复杂，容易形成漩涡。不管是大的船，还是比较小的铁钉、兵器之类的细碎物品，一旦进了漩涡，就有可能被吸下去。所以这类传说反映的其实是一种异常的海流状况。中国古代典籍里记载一个有三千弱水的地方叫溜山国，说这里有成千上万个岛，像迷宫一样，水流情况特别复杂。这个地方是哪儿呢？就是今天非常著名的旅游胜地——千岛之国马尔代夫。伊本·白图泰也写过这个地方，说这里由两千个海岛组成，外面的船来到这里，必须有当地人引航，才能够把船给带进来。

像这种地方，阿拉伯人的线缝船就派上了用场。这种船因为是用绳子绑木板造成的船，碰到岛礁的时候弹性比较好，所以比较适合在这种地方航行。于是当地成了一个盛产线缝船的地方。船在岛礁区容易出现怎样的问题呢？比如舵的损毁。舵通常是一个船位置最低的地方，当船撞到礁石上的时候，很可能不是龙骨先撞上去，而是舵先撞上去，舵撞折了以后，如果处理不好，这个船很可能就要遭遇灭顶之灾。在中国南海，还有马尔代夫、苏门答腊那边，都有一些类似的传说，中国古代航海者总结出一些术语，比如针迷舵失、针迷舵折、失针舵损这一类的，就是描述这种现象，意思就是说，如果掌握航海罗盘的领航员出现了失误，判断错了航向，把船带到岛礁区里撞坏了舵，后果很可能就不堪设想。

所以如何找一个有经验的领航员，非常重要。明朝曾经有一次派人出使位于马六甲海峡的满剌加国，结果因为领航员不熟悉沿途航路情况，这个海船在中南半岛附近沉没了，造成政府的千人使团基本全军覆没。这件事给后来明朝出使海外的使臣造成了非常大的心理阴影，导致后来明朝再派使臣，不管是去琉球还是去中南半岛什么地方，一些使臣会千方百计推托，不愿意出发。有的甚至故意把皇帝惹急，被廷杖暴打一顿，卧床不起，皇帝也只能换人出使。经常会有讨论，为什么明朝后来不下西洋了，原因之一也是没有人能够带兵下西洋。因为后来时代不一样了，人的想法也不一样了，所以像下西洋这样的事情并不容易复制。

明朝后来有一个传说，说郑和下西洋的航海档案，据说是叫作“水程”的东西，被明朝后来的官员刘大夏烧毁了，所以明朝就不能再下西洋了。这种说法完全就是一个谣言，实际情况是刘大夏曾经把之前明朝军队去中南半岛的档案给收起来了，过几天他就又拿出来了。结果过了二十年以后，不知道为什么这件事情跟郑和下西洋扯到一块去了。又过了八十年，出来一个更离谱的说法，说刘大夏当年放一把火，把郑和下西洋的水程全都给烧了。其实很多研究者以前就讨论过，这根本不可能。刘大夏后来官至兵部尚书，如果当年敢烧自己管理的档案，早就被查办了，不可能继续当这么大的官。而且出现这个谣言的时候，距离当事人去世都一百年了，我们能看到这个谣言演变的过程，完全就是后人以讹传讹造成的。

后来这个传说越来越离谱，甚至让人以为中国当时所有的航海能力都和传说中被毁掉的水程相关，好像没了那些档案，中国人就不会航海了一样。这当然是不可能的，郑和下西洋去的地方都是世界著名港口，世界各地的人们都在这些海域航行了千百年了。这种说法就好像是说，今天北京的书店里销毁几张世界地图，明天全国人都去不了马来西亚、泰国、马尔代夫了。这当然是不可能的。郑和下西洋这样的规模，属于朝廷组织的大型航海活动，和普通的民间航海是不一样的。当时许多民间航海者依然在外航海，当时浙江的民间贸易船哪儿都能去，多远的外国都能到。明朝政府后来不再组织那么大规模的航海是因为明朝国内形势风气的变化。

为什么会出现这个谣言？一个重要原因是明朝后期的人对于明朝早期的记载很不满意。最早说郑和航海水程被烧了的人，名叫顾起元，是明朝后期的一个学者，他觉得郑和下西洋这样的壮举，不应该只留下来这么简单的记载。他看到郑和的随员写的那些书里只是记载去了哪些国家，当地风土人情如何，人们是怎么样的生活状态。他觉得非常遗憾，认为这个航海过程中应该有很多很离奇的故事。所以他就猜测早年的记录是不是都被毁掉了，而后人又把他的猜测当成真事了。早期的记录比较简单，这其实是中国古代地方志记载的一种延续，从司马迁那个时候开始，中国人记录一个地方，往往有一套固定的写法。比如司马迁在《史记·货殖列传》里写北京附近，他说蓟这个地方交通位置不错，民风比较彪悍，跟赵国差不多。然后说这个地方盛产鱼、盐，还盛产大枣和板栗，这是我们今天依然可以在北京附近看到的。

从那个时候开始，中国历代地方志全都是这样一种记载方法。而且不论是宋代的《诸蕃志》，还是元代的《岛夷志略》，都是这种写法，属于中国地方志写作传统在海外题材的延续。《岛夷志略》里记载的地方，比郑和下西洋到的地方要多得多，跟着郑和下西洋的人们也按照前人的习惯写出使记录，只写当地土特产是什么，有怎样的风土人情。至于其他的出使经历、海上遇险之类，根本不在他们的写作范围内，所以是不会写的。每一个时代人们文化生活的特点不一样，写作的题材和形式也不一样。每一种文体的出现都需要时间，我们今天说唐诗、宋词、元曲、明清小说，它们都是慢慢出现，到了某一个时代才发展壮大并流行开来的。明朝早期和后期也是这样，两百年商品经济发展下来，人们写的东西和看的东西也已经不一样了。明朝后期流行写小说，有人以郑和下西洋为原型，写了一个小说叫《三宝太监西洋记》，跟《西游记》类似，基本上也都是出海历险，打各种妖怪，当时有些人对于郑和当年留下来的档案有很多幻想，也是希望能够多保留下来一些很精彩的记载。但事实上郑和下西洋留下来的都是一些很官方的东西，也不可能留下栩栩如生的记录。

郑和同时代的人留下来的下西洋相关的记载，至少有很大一部分，我们今天还是可以看到的。由于保管条件的关系，明初的档案本来也不可能保留太长时间，郑和下西洋的相关材料已经算是保留得比较充分了。在那之前或者跟他同时代，还有稍晚一点，中国有很多很重要的航海活动，比如每年向北方海运粮食，出使琉球等地，更是很少有档案留下来。郑和下西洋算是比较有关注度的事情，所以留下来的记载相对来说还比较多。官方以宫廷采购为主要目标之一的下西洋，和民间的西洋贸易是完全不同的。后来有很多人不太理解其中的差异，把明朝不能下西洋归结到没有水程上，说如果有了水程，明朝就可以继续下西洋了。这水程到底是什么呢？当年元朝从江南往大都运粮食，就保留下了航行的水程。永乐年间与郑和下西洋差不多时间有人去安南出使，也留下出使的水程。水程的形式非常简单，基本上就是说今天到某地，明天到另一个地方，后天再到一个地方，但不会告诉你该往哪个方向走。郑和下西洋的时候有没有这样的记载呢？也有的。明代著名的文学家祝允明曾经写过一本《前闻记》。祝允明这个人平常很喜欢收集书，收藏了很多绝版资料、内部资料。这本书里就记载了郑和第七次下西洋的里程。刚才介绍季风的时候，就是根据这份记录，来说明郑和第七次下西洋是怎么航行的，其中记载船队某天到某国，某天到另一国。从书写方式来看，这其实就是郑和第七次下西洋的水程。所以郑和当年的航海档案，我们今天依然是可以看到的。出使水程对后来的航海肯定有参考作用，可以为后来的航海做个规划。但如果只有这份水程，肯定是不够的，因为它不会告诉你船该往哪个方向开，也不会告诉你哪儿有急流，哪儿有暗礁。真要是想航海，还是得到海边找船老大，让他们拿《顺风相送》这一类的航海指南，用他们的经验说明该怎么样出去。每一年出海的时间是不一样的，即使郑和自己带队，他每次下西洋的时间也不一样，必须得让当地的海员看好了天气和海况，才能够选日子航行。

郑和下西洋时的随员马欢、费信、巩珍等留下来的书，今天依然可以看到。可能大家和顾起元一样，看到内容会有点失望，因为他们真的也只是记载当地的土特产和风土人情。像费信写《星槎胜览》，他很真诚地在每一个地方的记录后面都写了一首诗，赞美当地的人是如何生活，民风淳朴。如果不知道他记载的是外国，估计会以为写的是中国某个少数民族地区的生活状态。郑和下西洋有一个很遗憾的事情，就是他的船队里主要组成人员是士兵、水手和宦官，大家都没有很强大的写作经验和能力，也没有这个习惯。几位留下书的，都是船队里的翻译，算是船队里文化水平很高的人了。中国早期很多时候就是这样，关于航海方面的一些重要文献，经常是靠去西天印度取经的僧人写下来，比如《法显传》这种。其他经常出海的人，通常是商人，一般不写书，只记账。当然还有海盗，但更加不能指望海盗去写回忆录。所以后来就只能是靠宋朝和明朝的文官，他们是考试出身的官员，都是写文章、写诗写惯了的人，他们去海外出使，虽说通常都被吓得不轻，但写作能力非常强，写航海记录特别认真。而且在海上遇到各种风暴、危险的时候，生死关头，情绪被激发出来，就会写下很多人生感悟。国家图书馆前些年连续出了三编去琉球的航海资料，可以看到这些使臣对航海路线记载得很清楚，而且在海上遇到了风浪以后，怎样处置，怎样解决技术问题，他们都写得栩栩如生，让人觉得身临其境，也因此保留下来许多当时解决航海技术问题的珍贵记录，我们刚才已经介绍了一些。中国古代的木帆船技术其实后来差别不是特别大，我们看郑和下西洋留下的文献太少，觉得很遗憾，不知道他们途中经历了什么样的惊险故事，又是用怎样的技术解决的，那看一下这些去琉球的人他们是怎么记录的，很多也就可以想象出来了。所以想要了解中国古代的航海造船技术，是需要将从早期一直到明清的各种文献都综合起来看，看各种船型、各种航海路线的记载，把它们放在一起，大概就可以拼出一个比较完整的中国古代对外交流的情况。

郑和下西洋给中国的航海技术带来了很大的进步，比如说在他们第六次下西洋回来以后，绘制郑和航海图，通过这些航路数据的整理，实际是完成了一次对西太平洋和印度洋上实用航海路线的全面测定和校勘。而跟随郑和船队出去的福建、广东、浙江的领航员们，他们会把从船队里带回来的数据在民间共享，这套数据在当时的人们看来肯定是非常权威的，由此也形成了后来明清时期中国航海指南的基本形态。在郑和下西洋之前，中国人的航程以日夜为单位，如果一天之内经过若干个岛礁，就不容易说清楚这些岛礁分别在什么位置。下西洋之后，航程以 2.4 小时，也就是“更”为单位，精确度大大提高了。比如一天之内经过十个岛礁，你就可以写清楚往某个方向航行 1 更，也就是 2.4 小时，可以到达第一个岛礁；再往另一个方向航行 2 更，也就是 4.8 小时，可以到达第二个岛礁，这样就可以有效躲避岛礁区带来的风险。直到今天，郑和本人，还有另一位船队领导者王景弘，一直受到东南亚地区人们的广泛纪念和祭祀。为什么会这样呢？因为后来明清时期有很多向海外移民的人，他们其实就是拿着当年这些航海指南，用他们的航海技术向海外航行的。假如没有郑和船队当年传播的技术，他们一路上会遇到各种岛礁区和别的风险，很可能无法顺利到达他们后来生活的那些地方。所以我们今天看到的在印尼的三宝垄，还有其他一些地方，跟郑和、王景弘有关的那些纪念文物，其实都体现了当年郑和船队产生的非常深远的影响。

图书在版编目（CIP）数据

格致·考工·源流：中国古代科技发明创造 / 国家图书馆（国家古籍保护中心），中国科学院自然科学史研究所编 . —北京：北京大学出版社，2020.1

ISBN 978-7-301-31050-2

Ⅰ . ①格… Ⅱ . ①国… ②中… Ⅲ . ①科学技术 – 创造发明 – 中国 – 古代 – 普及读物 Ⅳ . ① N092-49

中国版本图书馆 CIP 数据核字 (2019) 第 295129 号

书　　名　格致·考工·源流：中国古代科技发明创造
GEZHI · KAOGONG · YUANLIU：ZHONGGUO GUDAI KEJI FAMING CHUANGZAO

著作责任者　国家图书馆（国家古籍保护中心）、中国科学院自然科学史研究所　编

责任编辑　翁雯婧

标准书号　ISBN 978-7-301-31050-2

出版发行　北京大学出版社

地　　址　北京市海淀区成府路 205 号　100871

网　　址　http://www.pup.cn　新浪微博：@北京大学出版社

电子信箱　dianjiwenhua@163.com

电　　话　邮购部 010-62752015　发行部 010-62750672
编辑部 010-62756449

印 刷 者　天津中印联印务有限公司

经 销 者　新华书店

720 毫米 ×1020 毫米　16 开本　25.5 印张　325 千字

2020 年 1 月第 1 版　2020 年 1 月第 1 次印刷

定　　价　76.00 元
